高等职业教育“十四五”规划教材
辽宁省高水平特色专业群建设项目成果教材

园林工程设计与施工

李蒙杉　杨　明　主编

中国农业大学出版社
·北京·

内 容 简 介

本教材是辽宁省高水平特色专业群建设项目成果教材，根据高等职业教育项目化课程教学的基本要求编写，教材结构按园林工程建设的先后顺序划分，包括土方工程、园林给排水工程、砌体工程、水景工程、园路工程、假山工程、园林栽植工程七个单元的内容，每个单元根据行业企业工作任务进行任务描述，介绍相关知识，最后进行任务实施。在内容编写上注重理论与实践的有机结合，图文并茂，可读性强。本书可作为高等职业教育园林类专业和相关专业教学用书，也可作为园林绿化工作者和园林爱好者阅读的参考用书。

图书在版编目(CIP)数据

园林工程设计与施工/李蒙杉，杨明主编. —北京：中国农业大学出版社，2020.10(2023.8重印)

ISBN 978-7-5655-2480-6

Ⅰ.①园… Ⅱ.①李…②杨… Ⅲ.①园林设计-高等职业教育-教材②园林-工程施工-高等职业教育-教材 Ⅳ.①TU986.2②TU986.3

中国版本图书馆CIP数据核字(2020)第225507号

书　　名 园林工程设计与施工
作　　者 李蒙杉　杨　明　主编

策划编辑 张　玉　张　蕊　　**责任编辑** 张　玉
封面设计 郑　川　李尘工作室
出版发行 中国农业大学出版社
社　　址 北京市海淀区圆明园西路2号　　**邮政编码** 100193
电　　话 发行部 010-62733489，1190　　读者服务部 010-62732336
编辑部 010-62732617，2618　　出　版　部 010-62733440
网　　址 http://www.caupress.cn　　**E-mail** cbsszs@cau.edu.cn
经　　销 新华书店
印　　刷 北京溢漾印刷有限公司
版　　次 2021年2月第1版　2023年8月第2次印刷
规　　格 787×1 092　16开本　18.75印张　465千字
定　　价 57.00元

图书如有质量问题本社发行部负责调换

编审人员

主　编　李蒙杉（辽宁职业学院）

杨　明（辽宁职业学院）

副主编　张学亮（铁岭市现代农业服务中心）

姜　硕（辽宁职业学院）

编　者　（按姓氏笔画排序）

付钟瑶（辽宁职业学院）

申　林（辽宁省智禾园林工程有限公司）

沙　喆（辽宁职业学院）

李蒙杉（辽宁职业学院）

张学亮（铁岭市现代农业服务中心）

杨　明（辽宁职业学院）

姜　硕（辽宁职业学院）

郭　玲（辽宁职业学院）

樊志超（辽宁职业学院）

审　稿　宿文森（辽宁省智禾园林工程有限公司）

总　　序

《国家职业教育改革实施方案》指出，坚持以习近平新时代中国特色社会主义思想为指导，把职业教育摆在教育改革创新和经济社会发展中更加突出的位置。把发展高等职业教育作为优化高等教育结构和培养大国工匠、能工巧匠的重要方式。以学习者的职业道德、技术技能水平和就业质量，以及产教融合、校企合作水平为核心，建立职业教育质量评价体系。促进产教融合校企“双元”育人，坚持知行合一、工学结合。《职业教育提质培优行动计划（2020—2023年）》进一步指出，努力构建职业教育“三全育人”新格局，将思政教育全面融入人才培养方案和专业课程。大力加强职业教育教材建设，对接主流生产技术，注重吸收行业发展的新知识、新技术、新工艺、新方法，校企合作开发专业课教材。根据职业院校学生特点创新教材形态，推行科学严谨、深入浅出、图文并茂、形式多样的活页式、工作手册式、融媒体教材。引导地方建设国家规划教材领域以外的区域特色教材，在国家和省级规划教材不能满足的情况下，鼓励职业学校编写反映自身特色的校本专业教材。

辽宁职业学院园艺学院在共享国家骨干校建设成果的基础上，突出园艺技术辽宁省职业教育高水平特色专业群项目建设优势，以协同创新、协同育人为引领，深化产教融合，创新实施“双创引领，双线并行，双元共育，德技双馨”人才培养模式，构建了“人文素养与职业素质课程、专业核心课程、专业拓展课程”一体化课程体系；以岗位素质要求为引领，与行业、企业共建共享在线开放课程，培育“名师引领、素质优良、结构合理、专兼结合”特色鲜明的教学团队，从专业、课程、教师、学生不同层面建立完整且相对独立的质量保证机制。通过传统文化树人工程、专业文化育人工程、工匠精神培育工程、创客精英孵化工程，实现立德树人、全员育人、全过程育人、全方位育人。辽宁职业学院园艺学院经过数十年的持续探索和努力，在国家和辽宁省的大力支持下，在高等职业教育发展方面积累了一些经验、培养了一批人才、取得了一批成果。为在新的起点上，进一步深化教育教学改革，为提高人才培养质量奠定更好基础，发挥教材在人才培养和推广教改成果上的基础作用，我们组织开展了辽宁职业学院园艺技术高水平特色专业群建设成果系列教材建设工作。

本系列教材以习近平新时代中国特色社会主义思想为指导，以全面推动习近平新时代中国特色社会主义思想进教材进课堂进头脑为宗旨，全面贯彻党的教育方针，落实立德树人根本任务，积极培育和践行社会主义核心价值观，体现中华优秀传统文化和社会主义先进文化，弘扬劳动光荣、技能宝贵、创造伟大的时代风尚。突出职业教育类型特点，全面体现统筹推进“三教”改革和产教融合教育成果。在此基础上，本系列教材还具有以下 4 个方面的特点：

1.强化价值引领。将工匠精神、创新精神、质量意识、环境意识等有机融入具体教学项目，努力体现“课程思政”与专业教学的有机融合，突出人才培养的思想性和价值引领，为乡村振兴、区域经济社会发展蓄积高素质人才资源。

2.校企双元合作。教材建设实行校企双元合作的方式，企业参与人员根据生产实际需求提出人才培养有关具体要求，学校编写人员根据企业提出的具体要求，按照教学规律对技术内容进行转化和合理编排，努力实现人才供需双方在人才培养目标和培养方式上的高度契合。

3. 体现学生本位。系统梳理岗位任务，通过任务单元的设计和工作任务的布置强化学生的问题意识、责任意识和质量意识；通过方案的设计与实施强化学生对技术知识的理解和工作过程的体验；通过对工作结果的检查和评价强化学生运用知识分析问题和解决问题的能力，促进学生实现知识和技能的有效迁移，体现以学生为中心的培养理念。

4. 创新教材形态。教学资源实现线上线下有机衔接，通过数字资源如二维码将纸质教材、精品在线课程网站实现线上、线下教学资源有机衔接，有效弥补纸质教材难于承载的内容，实现教学内容的及时更新，助力教学教改，方便学生学习和个性化教学的推进。

系列教材凝聚了校企双方参与编写工作人员的智慧与心血，也体现了出版人的辛勤付出，希望系列教材的出版能够进一步推进辽宁职业学院教育教学改革和发展，促进辽宁职业学院国家骨干校示范引领和辐射作用的发挥，为推动高等职业教育高质量发展做出贡献。

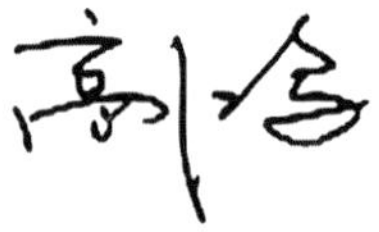

2020 年 5 月

前 言

党的二十大报告中指出，必须牢固树立和践行绿水青山就是金山银山的理念，站在人与自然和谐共生的高度谋划发展。园林绿化建设属于生态文明建设中不可或缺的重要组成部分，对于改善人居环境以及提升人民群众幸福指数具有重要意义。

本教材根据《国家职业教育改革实施方案》提出的“三教”改革任务，以培养适应行业企业需求的复合型、创新型高素质技术技能人才，提升学生的综合职业能力为目的，并且从产教融合的角度找准突破口，统筹规划编写。

园林工程是一门应用性很强的专业骨干课程，它既有理论支撑，又具有很强的实际操作性和职业性。它是集园艺栽培技术、艺术审美修养和工程专业技术为一体的交叉课程。

本教材的特色是按照园林施工的先后顺序，共安排了土方工程、园林给排水工程、砌体工程、水景工程、园路工程、假山工程、园林栽植工程七个单元，每个单元又根据所涉内容安排工程实施的项目和任务，每个任务的任务描述是指导，相关知识是支撑，任务实施是关键，阅读材料是补充，典型案例是深化，训练与评价是考核，复习思考是总结。使用者可以根据编者的设计由浅入深，通过完成每个任务，实现园林工程的学习目标。

各章的编写分工如下：杨明编写绪论，单元一，单元二中的项目一中的任务一；李蒙杉编写单元二中的项目二和项目三，单元三，单元四中的项目一中的任务一，单元五中的项目三；郭玲编写单元二中的项目一中的任务二、单元四中的项目一中的任务二和任务三，单元四中的项目二，单元五中的项目一；樊志超编写单元五中的项目二；付钟瑶编写单元六，单元七中的项目一；张学亮编写单元七中的项目二；姜硕编写单元七中的项目三；申林编写单元七中的项目四；沙喆编写附录，参考文献。

由于编者水平有限，书中疏漏错误之处在所难免，敬请读者批评指正。

编　者

2023 年 8 月

单元四　水景工程

单元五　园路工程

单元六　假山工程

单元七　园林栽植工程

绪　论

随着生产力的发展和人民生活水平的提高，人们的生活需求将从数量型转变为质量型，从物质型转变为精神型，从户内型转变为户外型，生态休闲正在成为人们日益增长的生活需求的重要组成部分，生活在宜居宜业的园林环境中，是人们的向往。

一、园林与园林工程

（一）园林

园林一词英文泛称 Garden，也用 Landscape Garden。我国近代学者中研究园林的、比较有代表性的有陈从周和汪菊渊。关于园林的解释，陈从周称：中国园林是由建筑、山水、花木等组合而成的综合艺术品，富诗情画意。汪菊渊认为：园林是在一定地域，运用工程技术和艺术手段，通过改造地形，种植树木花朵，营造建筑和布置园路等途径创造而成的优美的自然环境和游憩境域。他认为，园林包括庭园、小游园、植物园、动物园等。随着科学技术的发展，还包括森林公园、风景名胜景区、自然保护区及休憩疗养胜地。

（二）园林工程

工程常指工艺过程。

工：执技艺以成器物，指运用知识和经验对原材料、半成品进行加工处理，最后使之成为物品。

程：物之准，即法式办法，规范标准，方法步骤，也含有期限进程和过程之意。

在园林设计和施工中，使园林最大限度地满足人们的审美要求、最大限度地发挥园林的功能要求的一种造景技艺和过程，称为园林工程。

解析园林工程

二、园林工程的学习内容

园林工程学习的内容包括：土方工程；给水及排水工程；砌体工程；水景工程；园路工程；假山工程；种植工程。

三、园林工程的特点

（一）技术与艺术的统一

园林中的工程构筑物，除满足一般工程构筑物的结构要求外，其外在形式应同园林意境相一致，并给人以美感。

（二）规范性

园林建设所涉及的各项工程，从设计到技术均应符合我国现行的工程设计施工规范。如，园林给排水工程应符合给排水设计施工规范。

(三)时代性

不同时期的园林与当时的工程水平相适应，如出现集光、电、机、声为一体的大型音乐喷泉；传统的木结构园林建筑逐渐被钢筋混凝土建筑所取代。

(四)协作性

园林工程建设在设计上常由多工种设计人员共同完成；在建设上往往需要多部门多行业协同作战。中国的古典园林文化源远流长，经过漫长的岁月，从园林的立意、设计到施工、维护，都积累了丰富的理论和实践经验，这些对于我们进行园林专业课程的学习会有很大的帮助。

园林的发展进程

园林施工图的作用

单元一

土方工程

项目一　园林竖向设计

项目二　土方工程量的计算

项目三　土方施工

知识目标

- 了解竖向设计的原则与内容，掌握园林用地竖向设计的方法；
- 了解土方工程量计算的各种方法，重点掌握断面法和方格网法；
- 了解土壤的工程性质，掌握土方施工的内容和方法。

技能目标

- 能对小型园林绿地进行竖向设计；
- 能熟练地进行土方工程量的计算；
- 会进行施工放样，具备进行中、小型园林工程土方施工的能力。

大凡园筑，必先动土。动土范围很广，或凿水筑山，或平整场地，或挖沟埋管，或开槽铺路等。在建设区域，与地形整理和改造相关的设计、施工过程称为土方工程。其主要目的是在充分利用原地形的基础上，对不符合园林要求的部位进行重新设计，并通过挖方、搬运、填方、整修等措施加以改造，来提高或改变原地形的利用价值。本单元内容包括园林用地的竖向设计、土方工程量的计算和土方施工三个项目。

什么是土方工程

项目一

园林竖向设计

竖向设计是指在一块场地上进行垂直于水平方向的布置和处理。园林用地竖向设计就是对园林中各个景点、各种设施及地貌在高程上进行统一协调和创造变化的设计。园林用地竖向设计的任务就是从最大限度地发挥园林的综合功能出发，统筹安排园内各景点、设施和地貌景观之间的关系，使地上设施与地下设施之间、山水之间、园内外之间在高程上有合理的关系。土方工程竖向设计原则主要包括以下几个方面：

(1)因地制宜，利用与改造相结合，在利用的基础上，进行合理的改造。尤其是园址现状地形复杂多变时，更宜利用保护为主，改造修整为辅。

(2)兼顾实用与造景。用地的功能性质决定了用地的类型，不同类型、不同使用功能的园林绿地对地形的要求各异。如公园中的安静休息区，要求地形复杂，有一定的地形地貌；而用于游人活动的区域，地形变化就不宜过于强烈，以便开展游人的集散活动；儿童活动区不宜选择过于陡峭、险峻的地形，以保证儿童活动的安全；建筑等多需平地地形；水体用地则要调整好水底标高、水面标高和岸边标高；园路用地，则依山随势，灵活掌握，控制好最大纵坡、最小排水坡度等关键的地形要素。

(3)注意节约原则，降低工程费用，维持土方平衡。土方工程费用通常占造园成本的30%～40%，有时高达60%。因此，在进行地形设计时需尽量缩短土方运距，就地挖填，保持土方平衡，从而节省投资。

在遵照以上设计原则的同时，园林中竖向设计的内容有：地形的设计；园路、广场、桥涵和其他铺装场地的高程设计；建筑和其他小品的高程设计；植物种植的设计以及地表的排水设计。

任务一　用等高线法设计自然地形

任务描述

此法在园林设计中使用最多，一般地形测绘图都是用等高线或点标高表示的。在绘有原地形等高线的底图上用设计等高线进行地形改造或创作，在同一张图纸上便可表达原有地形、设计地形状况及公园的平面布置、各部分的高程关系。这大大方便了设计过程中方案的比较及修改，也便于下一步的土方工程量计算。因此，它是一种比较好的设计方法，最适宜于自然山水园的土方计算。

等高线法设计地形

◈ 相关知识

一、等高线的概念

等高线是一组垂直间距相等、平行于水平面的假想面，与自然地貌相剖切后所得到的交线在水平面上的投影(图 1-1)。给这组投影标上数值便可用它在图纸上表示地形的高低陡缓、峰峦位置、坡谷走向及溪地深度等内容。

二、等高线的性质

(1)在同一条等高线上的所有的点，其高程都相等。

(2)每一条等高线都是闭合的。由于园界或图框的限制，在图纸上不一定每根等高线都能闭合，但实际上它们还是闭合的。为了便于理解，我们假设园基地被沿园界或图框垂直下切，形成一个地块(图 1-2)。由图 1-2 可以看到没有在图面上闭合的等高线都沿着被切割面闭合了。

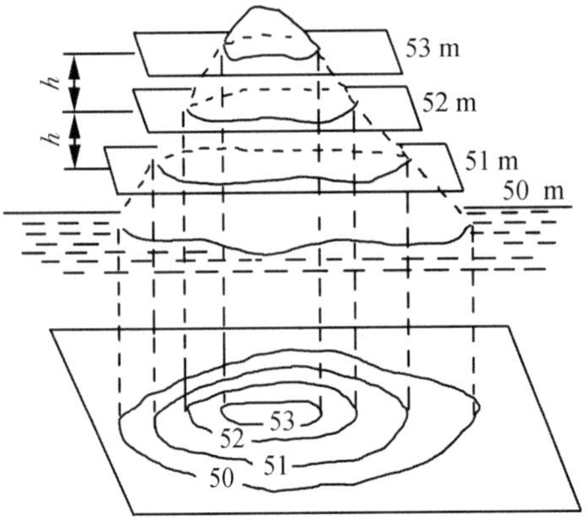

图 1-1　等高线

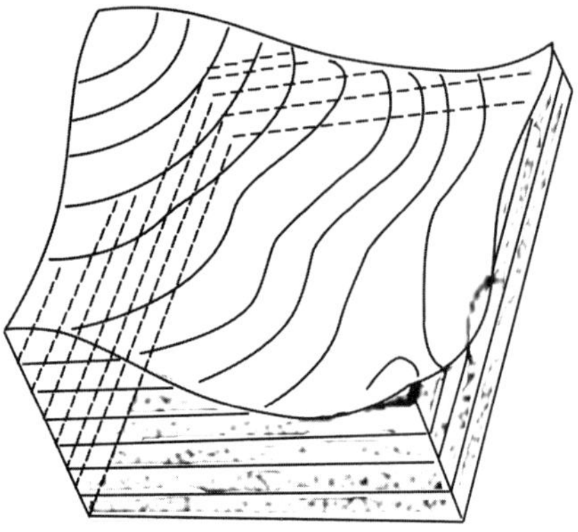

图 1-2　等高线的性质第 2 项

(3)等高线的水平间距的大小，表示地形的缓或陡，如疏则缓，密则陡。等高线的间距相等，表示该坡面的角度相同，如果该组等高线平直，则表示该地形是一处平整过的同一坡度的斜坡。

(4)等高线一般不相交或重叠，只有在悬崖处等高线才可能出现相交情况。在某些垂直于地平面的峭壁、地坎或挡土墙驳岸处等高线才会重合在一起。

(5)等高线在图纸上不能直穿横过河谷、堤岸和道路等；由于以上地形单元或构筑物在高程上高出或低陷于周围地面，等高线在接近低于地面的河谷时转向上游延伸，而后穿越河床，再向下游走出河谷；如遇高于地面的堤岸或路堤时等高线则转向下方，横过堤顶再转向上方而后走向另一侧(图 1-3)。

(6)等高线与山谷线、山脊线垂直相交时，山谷线的等高线是凸向山谷线标高升高的方向，而山脊线的等高线是凸向山脊线标高降低的方向(图 1-4)。

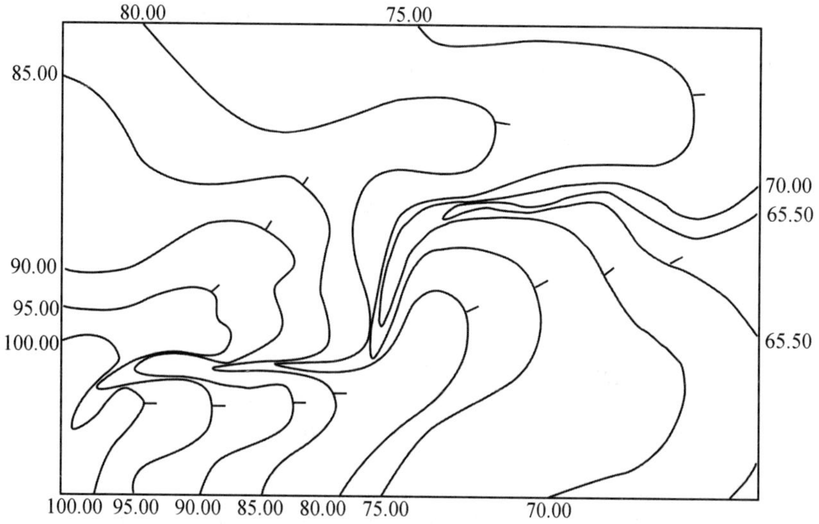

图 1-3　高等线的性质第 5 项

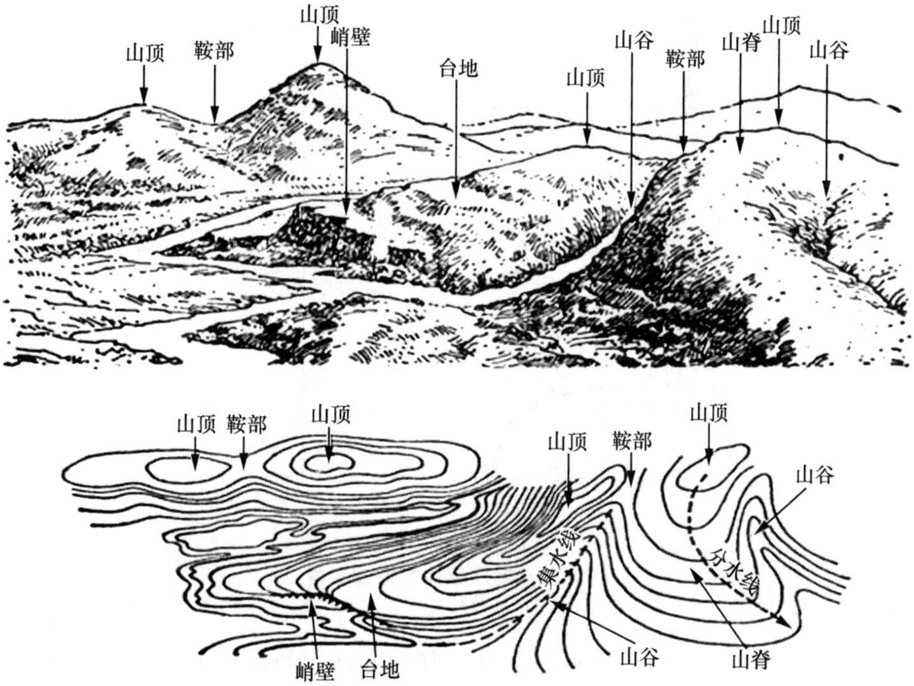

图 1-4　等高线的性质第 6 项

三、常用公式

用等高线进行设计时，经常要用到两个公式：

(一)任意点高程的公式

1. 用插入法求两相邻等高线之间，任意点高程的公式

$$H_x = H_a \pm XH/L$$

式中：H_x 为任意点标高；H_a 为位于底边等高线的高程；X 为该点距底边等高线的距离；H 为等高距；L 为过该点的相邻等高线间的最小距离。

用插入法求某点原地面高程，通常会遇到三种情况：

(1)待求点标高 H_x 在两等高线之间。

$$H_x = H_a + XH/L$$

(2)待求点标高 H_x 在底边等高线的下方。

$$H_x = H_a - XH/L$$

(3)待求点标高 H_x 在底边等高线的上方。

$$H_x = H_a + XH/L$$

我们结合下面的例题加以说明。

【例 1-1】图 1-5 为对某广场作边长为 20 m 的方格控制网后，其中一边的四个角点的情况。根据等高线求角点 a 和 b 的原地形标高。

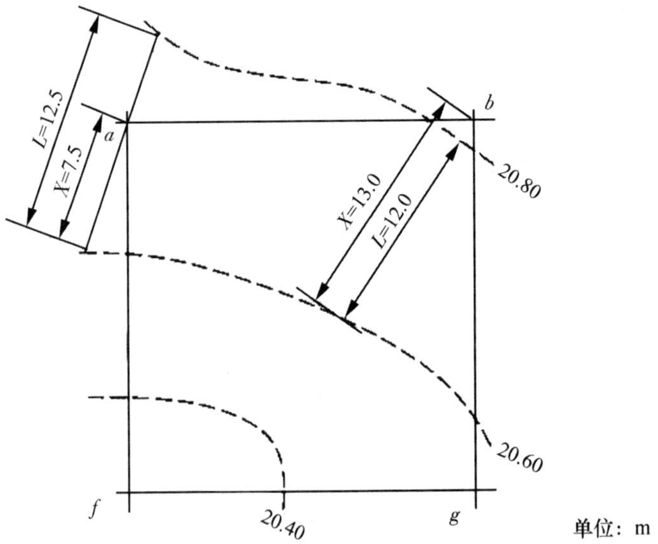

图 1-5　某广场的方格控制网

解：本题中角点 a 属于第一种情况，过点 a 作相邻两等高线间距离的最短的线段。用比例尺量得 $X=7.5$ m，$L=12.5$ m，$H=0.2$ m，代入公式。

$H_a = 20.60 + (7.5 \times 0.2)/12.5 = 20.72$(m)

角点 b 则属于上述的第三种情况。用最短的直线连接 b 点及 20.60、20.80 等高线。由图 1-5 量得 $X=13.0$ m，$L=12.0$ m，$H=0.2$ m，代入公式。

$H_b = 20.60 + (13 \times 0.2)/12.0 = 20.82$(m)

角点 f 和角点 g 的原地形标高，可以通过等高线 20.20、20.40 以及 20.60 同理求得。

(二)坡度公式

$$I = h/L$$

式中：I 为坡度，%；h 为高差，m；L 为水平间距，m。

如果一斜坡在水平距离为 5 m 内上升 1 m(图 1-6)，其坡度 $i=h/L=1/5=0.20$，用百分数表示为 20%。

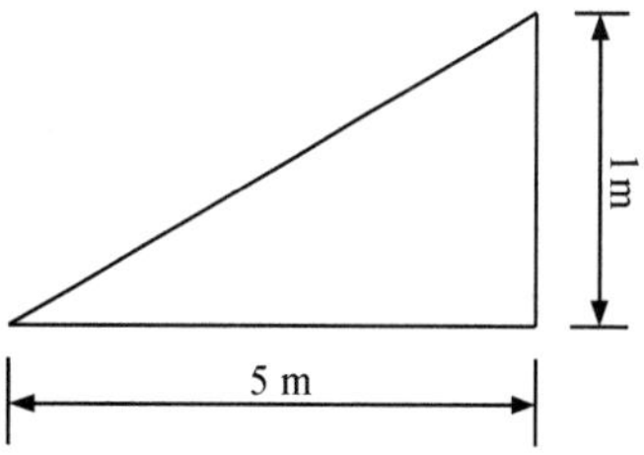

图 1-6　坡度为 20%的斜坡

任务实施

1. 改变地形的坡度

在设计时，如果高差 h 不变，可用改变等高线水平间距 L 来减缓或增加地形的坡度。如图 1-7 所示，是缩短等高线水平间距使地形坡度变陡的例子。图中 $L>L'$，由公式 $I=h/L$ 知，$L>L'$，$I'>I$，所以坡度变陡了。反之，$L<L'$，$I'<I$，所以坡度减缓了。

2. 平垫沟谷

在园林建设过程中，有些沟谷地段需垫平。平垫这类场地的设计，可以用平直的设计等高线和拟平垫部分的同值等高线连接。其连接点就是不挖不填的点，也叫“零点”；相邻的零点与零点的连线叫作“零点线”，零点线所围合的范围也就是垫土的范围或挖掘的范围。

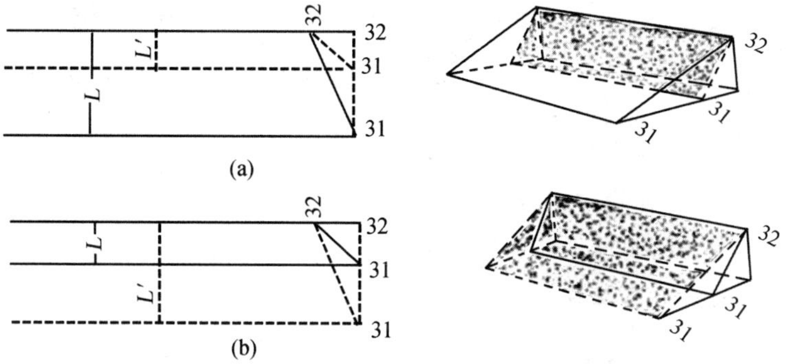

图 1-7　改变地形的坡度

如果平垫工程不需按某一指定坡度进行，则设计时只需将拟平垫的范围，在图上大致框出，再以平直的同值等高线连接原地形等高线即可。如要将沟谷部分依指定的坡度平整成场地时，则所设计的设计等高线应互相平行，间距相等(图 1-8 至图 1-10)。

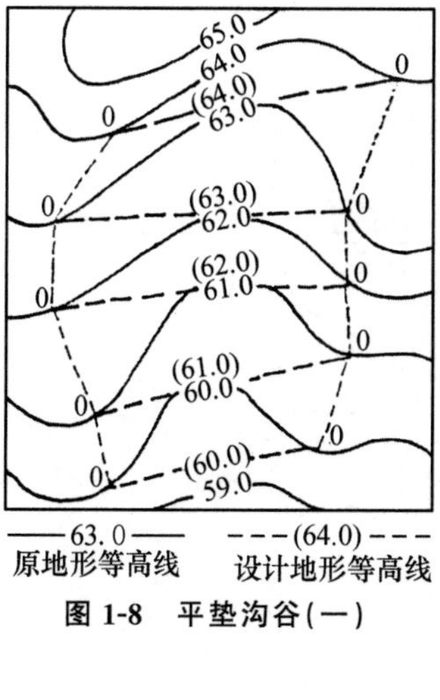

图 1-8　平垫沟谷(一)

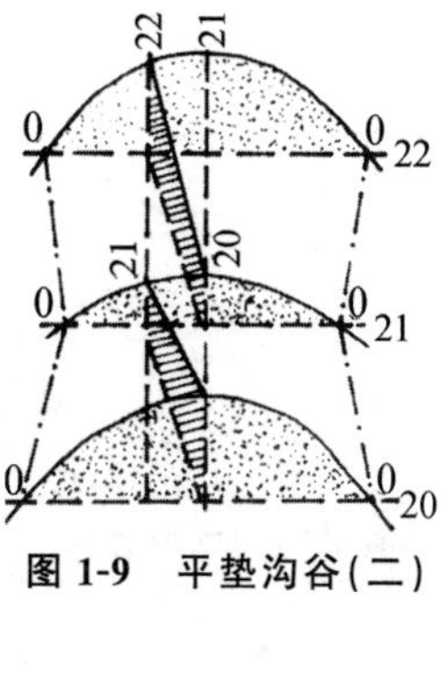

图 1-9　平垫沟谷(二)

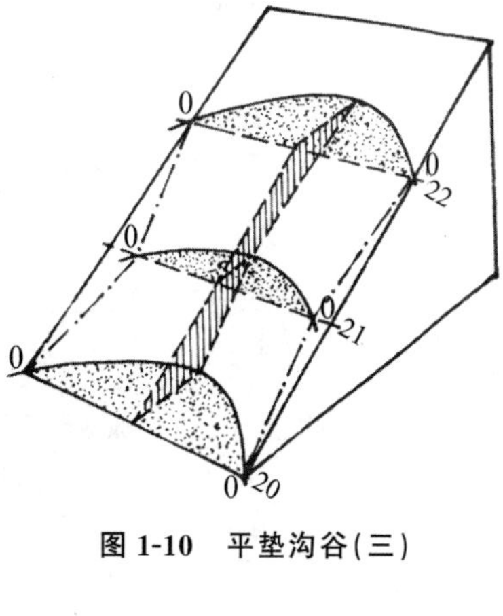

图 1-10　平垫沟谷(三)

3. 削平山脊

将山脊铲平的设计方法和平垫沟谷的方法相同，只是设计等高线所切割的原地形等高线方向正好相反（图 1-11 至图 1-13）。

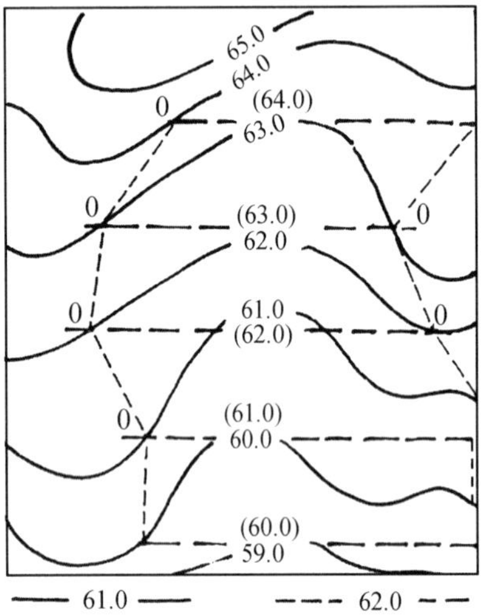

图 1-11　削平山脊（一）

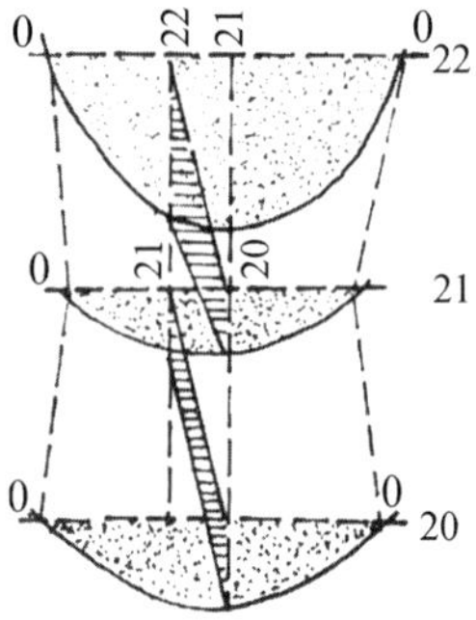

图 1-12　削平山脊（二）

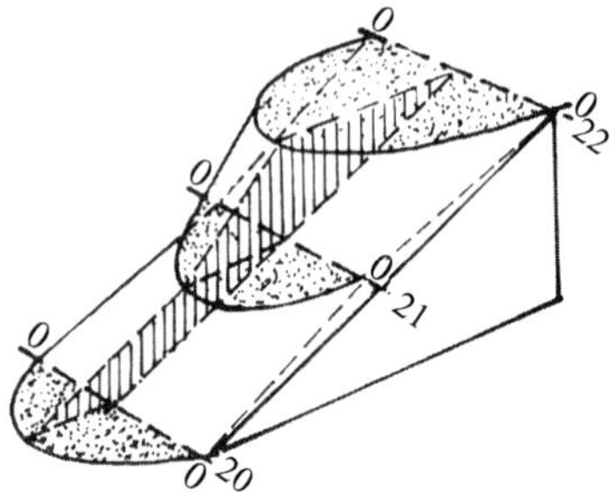

图 1-13　削平山脊（三）

4. 平整场地

园林中的场地包括铺装的广场、建筑地坪及各种文体活动场地和较平缓的种植地段，如草坪、较宽的种植带等。非铺装场地对坡度要求不那么严格，目的是垫洼平凸，将坡度理顺，而地表坡度则任其自然起伏，排水通畅即可（图 1-14）。

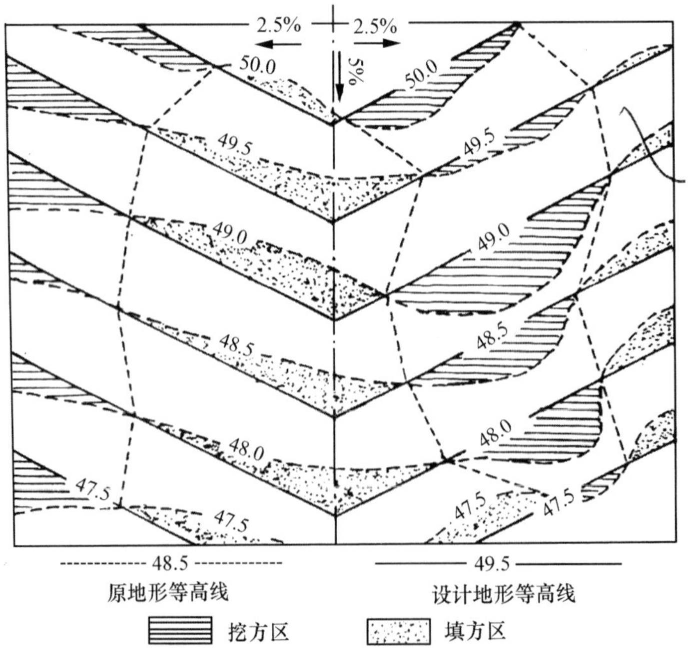

图 1-14　平整场地

铺装地面的坡度则要求严格，各种场地因其使用功能不同对坡度的要求也各异。通常为了排水，最小坡度大于0.5%，一般集散广场坡度在1%～7%，足球场0.3%～0.4%，篮球场2%～5%，排球场2%～5%，这类场地的排水坡度可以是沿长轴的两面坡或沿横轴的两面坡，也可以设计成四面坡、环行坡，这取决于周围环境条件。

5. 挖池堆山，改造地形

运用等高线可表示出原地形和改造后地形的情况，确定设计地形的形状、高程和坡度，为进一步的土方量计算提供必要的数据资料。在这方面，特别是自然山水园的地形改造，等高线法运用最为普遍。

训练与评价

1. 目的要求

(1)掌握园林地形等高线法设计的原则、任务、内容、步骤、要点，地形设计表示的方法。

(2)掌握园林地形等高线法的各种园林地貌在园林中的应用、山水关系的处理。

(3)完成所给园林工程项目的园林地形竖向设计任务，将原地形标高、设计地形标高、施工标高及园林用地的平面布置、各部分的高程协调关系表达出来。

2. 设计内容

给出指定的设计平面图(图1-15)，根据现状地形条件分析并绘制出等高线及标高。

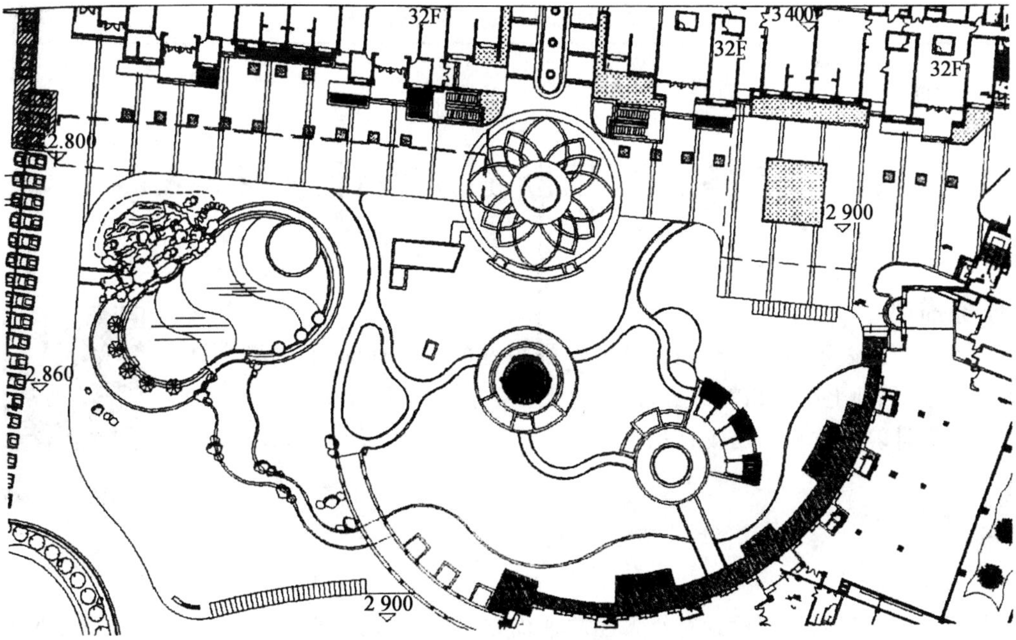

图1-15 地形设计平面图

3. 要点提示

(1)地形在高度、大小、比例、尺度、外观、形态等方面的变化可形成丰富的地表特征，在较大的场景中需要宽阔的绿地、大型草坪或疏林草地来展现宏伟壮观的场景；在较小的区域内，可以从水平和垂直两位空间打破整齐划一的感觉，通过适当的地形处理，创造更多的层次。

(2)铺装地面的坡度要求严格,各种场地因使用功能的不同对坡度的要求也各异。通常为了排水,最小坡度大于0.5%,一般集散广场坡度在1%~7%,这类场地的排水坡度可以是沿长轴的两面坡或沿横轴的两面坡,也可以设计成四面坡、环行坡,这取决于周围环境条件。一般情况下,铺装场地采取规则的坡面(即同一坡度的坡面)。

(3)大多数道路的路拱为曲线,路面上的等高线也为曲线而非直线和折线。曲线等高线应按实际勾画。同时,道路设计等高线也会同道路弯曲、弯坡、交叉等情况作相应变化。

(4)为创造优美舒适的园林绿化空间,必须规划设计坡、谷等丰富多彩、性质各异的景观地形,构成一个水平流动的空间。

4. 自我评价

序号	评价内容	评价标准	自我评定
1	等高线 空间设计	1. 空间感较为丰富,地形利于改善植物种植条件,易于植物造景(10分) 2. 地形设计应根据绿地面积、空间大小和立地环境、种植品种进行(20分) 3. 组织良好的地面排水,绿地竖向设计、地形变化应和谐统一(20分)	
2	等高线 表示方法	1. 一般建筑地基、水体水位线(常水位、设计水位、湖底等)、道路交叉及转弯处、特殊变坡点等均要标注标高(20分) 2. 从首曲线开始,每隔四条等高线(含设计曲线)必须加粗绘出的第五条等高线,也要在同向标出高程(20分) 3. 等高线过密或过疏要根据环境需要设计(10分)	

任务二　用断面法设计地形

任务描述

用许多断面表示原有地形和设计地形的情况的方法称断面法,断面法可以说明地形、地上物的相对位置,说明景观在垂直空间上的效果。此法的优点是便于计算土方量和比较直观。

断面法设计地形

任务实施

1. 选择断面

断面可以选择园林用地具有代表性的轴线方向,也可以沿在地形图上绘制的方格网线的方向。沿方格网线长轴方向绘制的断面图称纵断面图;沿其短轴方向绘制的断面图称横断面图。

2. 绘制断面图

(1)断面图的纵向坐标为地形与断面交线上各点的标高。

(2)断面图在地形设计中的表示方法有三种,可用于不同场合(图1-16)。

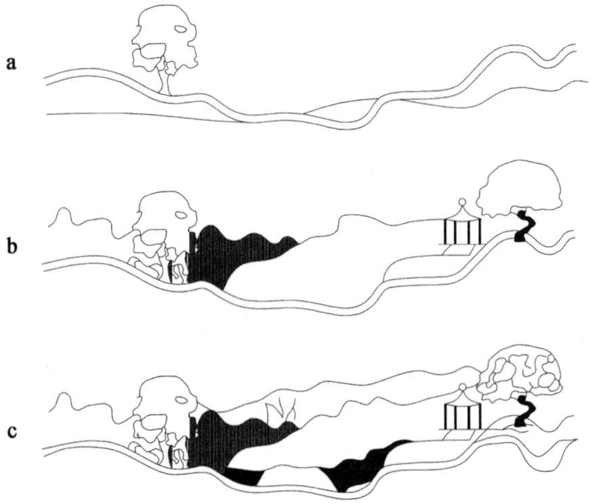

图 1-16　断面图表示方法

(3)在各式断面图上也可同时表示原地形轮廓线(原地形轮廓线用虚线表示)。

断面法一般不能全面反映园林用地的地形地貌,当断面过多时,这种方法既烦琐,又容易混淆。因此,一般仅用于要求不高且地形狭长地段的地形设计及表达,或将其作为设计等高线的辅助图,以便较直观地说明设计意图。

阅读材料

常见地形单元类型

地形是园林景观的骨架,是园林设计的重要元素。园林设计中往往运用高低错落的地形,创造出丰富多彩的园林景观。根据地形的不同功能和地形的竖向变化来分,园林地形有陆地和水体两类,陆地又可分为平地、坡地和山地三类。

地形的类型与造景特征

一、平地的设置

所谓平地,一般指园林地形中坡度小于4%的比较平坦的用地。平地对于任何种类的密集活动都是适用的。园林中,需要平地条件的规划项目主要有:建筑用地、草坪用地、集散广场、停车场、游乐场等。因此,现代公园中必须设有一定比例的平地地形供人流集散以及交通、游览需要。

二、坡地与造景设计

坡地就是倾斜的地面,坡地使园林空间具有方向性和倾向性。它打破了平地地形的单调感,使地形具有明显的起伏变化,增加园林空间的生动性。坡地按照其倾斜度的不同而分为缓坡、中坡和陡坡三种地形。

(1)缓坡:坡度在4%～10%,可以作为活动场地、游憩草坪、疏林草地等的用地。

(2)中坡:坡度在10%～25%,在这种坡地上,建筑和道路布置会受到较大限制。垂直于等高线的道路要做成梯道。建筑一般要顺着等高线布置并结合现状进行地形改造才能修建，并且占地面积不宜过大。

(3)陡坡：坡度在25%～50%的坡地为陡坡地。陡坡的稳定性情况不太好，容易造成滑坡甚至塌方，因此，在陡坡地段的地形设计中要考虑护坡、固土的工程措施，如要布置建筑，则土方工程量更大，建筑群布置要受到较大限制。如布置游览道路，则一般要做成梯道；如要通车，则需根据地形曲折盘旋而上，做成盘山道。

三、山地的造景设计

同坡地相比，山地的坡度更大，其坡度大于50%，山地不宜布置较大建筑，只能点缀亭、廊等单体小建筑，山地上一般不能布置较大水体，可结合地形设置瀑布、叠水等小型水景。

训练与评价

1. 目的要求

(1)掌握分析平面地形图的方法，提出设计地形断面图的要素，断面上要反映的地物树木、建筑物、雕塑、山石等。

(2)学会根据等高线表示断面图，断面上基本与等高线高程相符。

(3)层次清楚，同时还能体现地形上地物相对位置和室内外标高的关系。

2. 设计内容

给出指定设计平面图样，按要求设计断面图(图1-17)。

3. 要点提示

(1)地形设计应以总体设计确定的各控制点的高程为依据。

(2)断面的取法可以沿所选定的轴线取设计地段的横断面，断面间距视所要求的精度而定，也可以在地形图上绘制方格网，方格边长可依设计的精度确定，设计方法是在每一方格角点上，求出原地形标高，再根据设计意图求取该点的设计标高。

(3)确定原有地形的各处坡地、平地标高和坡度是否继续适用，如不能满足规划的功能要求，则确定相应的地面设计标高和场地的整平标高。

4. 自我评价

序号	评价内容	评价标准	自我评定
1	断面表示方法	1. 地形断面选择是否需要具有代表性(10分) 2. 地形断面根据地形平面图正确表示(15分) 3. 断面图上各个园林要素表达完整(15分)	
2	断面图中要素关系	1. 地形地势有高有低、有曲有直、有隐有显、起伏变化，自然空间层次丰富(20分) 2. 地形与植物、园林小品等要素比例协调(30分) 3. 因地制宜，保证排水通畅，地面不积水、不受山洪冲刷(10分)	

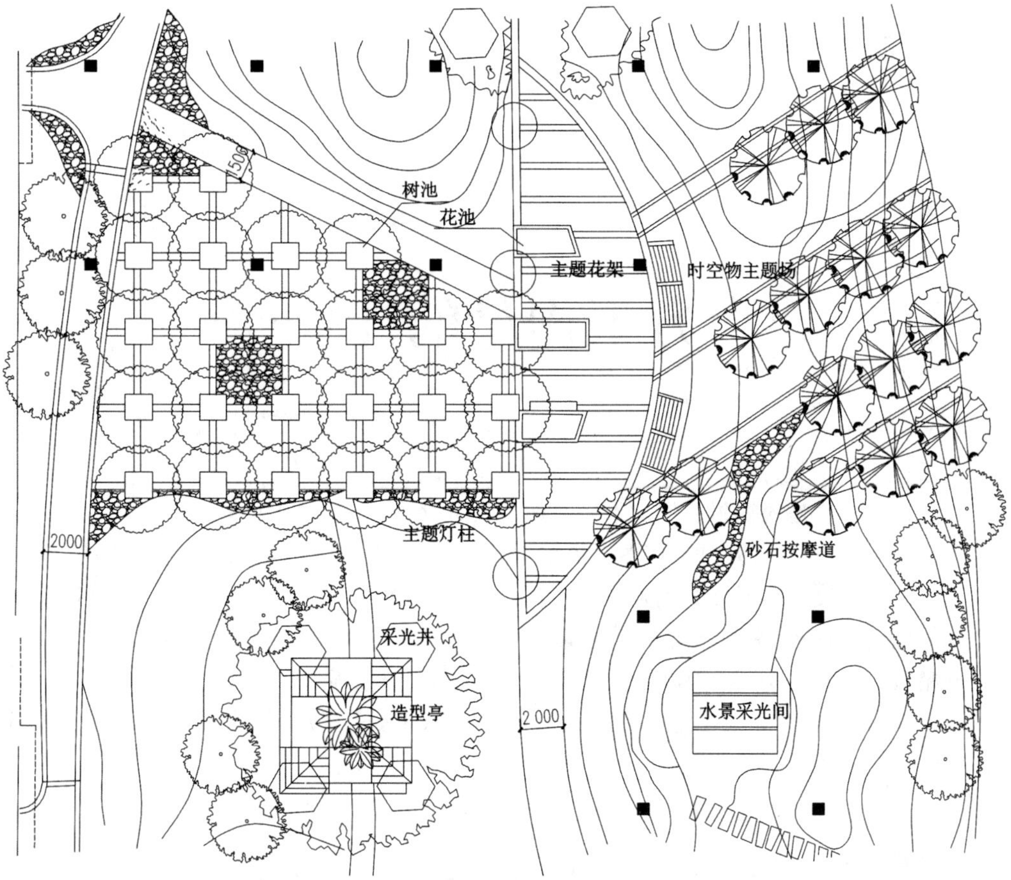

图 1-17　某地形设计平面图

项目二

土方工程量的计算

土方量计算一般是根据附有原地形等高线的设计地形图来进行的，但通过计算，有时反过来又可以修订设计图中不合理之处，使图纸更臻完善。另外，土方量计算所得资料又是基本建设投资预算和施工组织设计等项目的重要依据。所以土方量的计算在园林设计中是必不可少的。

土方量的计算工作，就其要求精确程度，可分为估算和计算。在规划阶段，土方量的计算无须过分精细，只做毛估即可。而在做施工图时，土方工程量则要求比较精确。

计算土方体积的方法很多，常用的大致可归纳为以下三类：用体积公式估算、断面法、方格法。

任务一　用体积公式估算土方量

体积公式与断面法计算土方量

任务描述

在建园过程中，不管是原地形或设计地形，经常会碰到一些类似锥体、棱台等几何形体的地形单体，如图 1-18 中所示的山丘、池塘等。这些地形单体的体积可用相近的几何体体积公式来计算。此法简便，但精度较差，多用于方案规划、设计阶段的土方量估算。

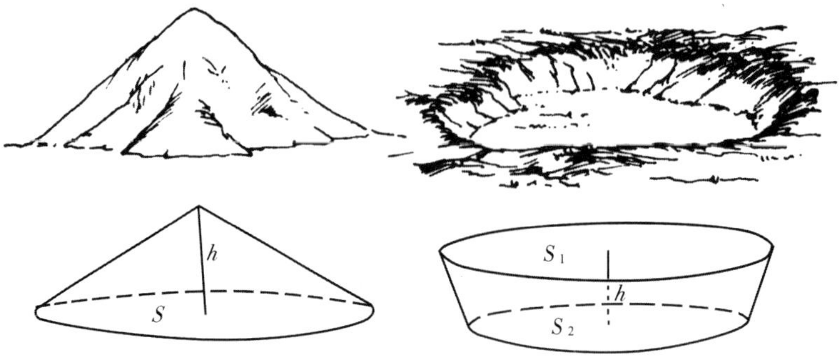

图 1-18　类似几何形体的地形单体

任务实施

(1)原地形类似锥体、棱台、正方体、圆台等凸出地面的几何体,设计后为平整场地的情况,用体积公式估算土方量,计算结果为挖方量。

(2)原地形为平整场地,设计后为凹向的几何形体,也可以用体积公式估算挖方量。如在平地上挖几何形水池,用水池的开挖底面积乘以水池的挖深即为挖方量,计算时一定要注意水池底和水池壁的结构层厚度。

(3)选择合适的几何体体积公式(表 1-1)进行计算。

表 1-1　几何体积公式

序号	几何体名称	几何体形状	体积
1	圆锥	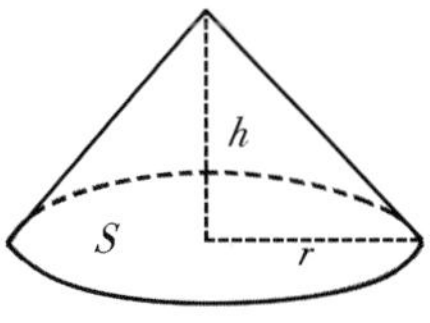	$V=\frac{1}{3}\pi r^2 h$
2	圆台	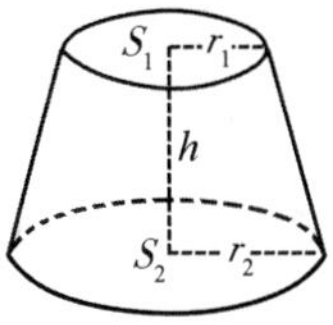	$V=\frac{1}{3}\pi h(r_1^2+r_2^2+r_1r_2)$
3	棱锥	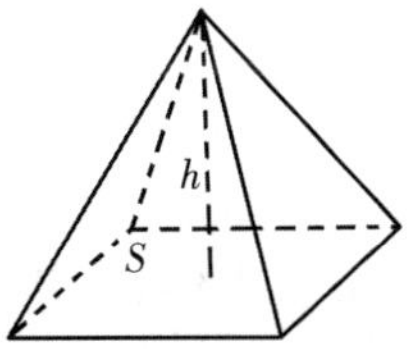	$V=\frac{1}{3}S\cdot h$
4	棱台	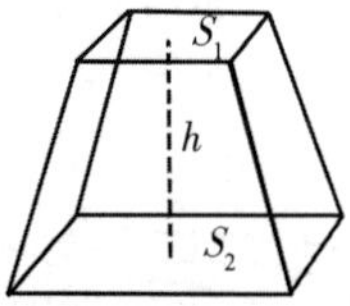	$V=\frac{1}{3}h(S_1+S_2+\sqrt{S_1S_2})$
5	球缺	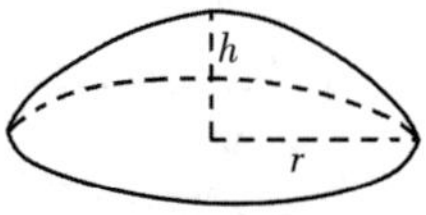	$V=\frac{\pi h}{6}(h^2+3r^2)$

注:V 为体积;r 为半径;S 为底面积;h 为高;r_1,r_2 分别为上、下底半径;S_1,S_2 为上、下底面积。

任务二　用断面法计算土方量

任务描述

断面法是以一组等距(或不等距)的互相平行的截面将拟计算的地块、地形单体(如山、溪涧、池、岛等)和土方工程(如堤、沟渠、路堑、路槽等)分截成"段"。分别计算这些"段"的体积,再将各段体积累加,以求得该计算对象的总土方量。

相关知识

用断面法计算土方量的计算公式如下:

$$V=(S_1+S_2)\times L/2$$

式中:V 为土方量,m^3;S_1 为截面 1 面积,m^2;S_2 为截面 2 面积,m^2;L 为两相邻截面间距离,m。

当 $S_1=S_2$ 时:

$$V=S\times L$$

此法的计算精度取决于截取断面的数量,多则精,少则粗。断面法根据其取断面的方向不同分为垂直断面法、水平断面法(或等高面法)及与水平面呈一定角度的成角断面法。

任务实施

1. 用垂直断面法计算土方量

此法适用于带状地形单体或土方工程(如带状山体、水体、沟、堤、路堑、路槽等)的土方量计算(图 1-19)。其基本计算公式为 $V=(S_1+S_2)\times L/2$。该公式虽然简便,但在 S_1 和 S_2 的面积相差较大或两相邻断面之间的距离大于 50 m 时,计算的结果误差较大,遇上述情况,可改用以下公式运算:

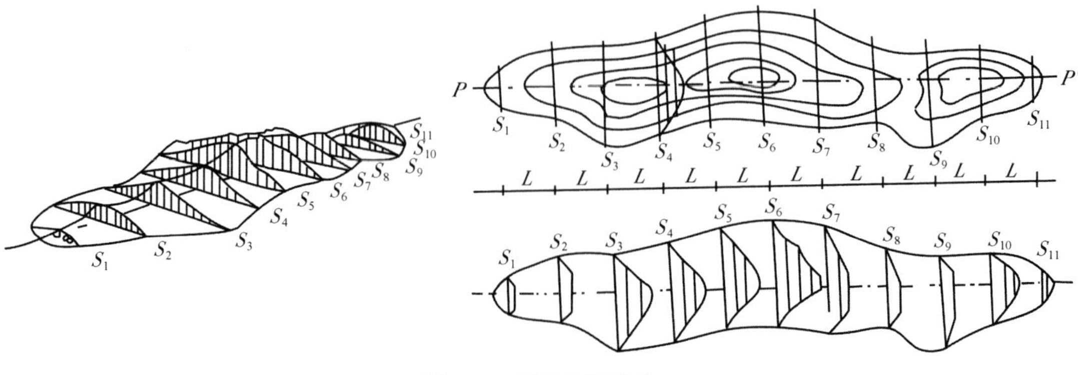

图 1-19　带状地形单体

$$V = L/6\ (S_1 + S_2 + 4S_0)$$

式中：S_0 为中间断面面积，m^2。

S_0 的面积有两种求法：

(1)用求棱台中截面面积公式：

$$S_0 = 1/4[S_1 + S_2 + 2 \times (S_1 + S_2)^{1/2}]$$

(2)用 S_1 及 S_2 各相应边的算术平均值求 S_0 的面积(图 1-20)。

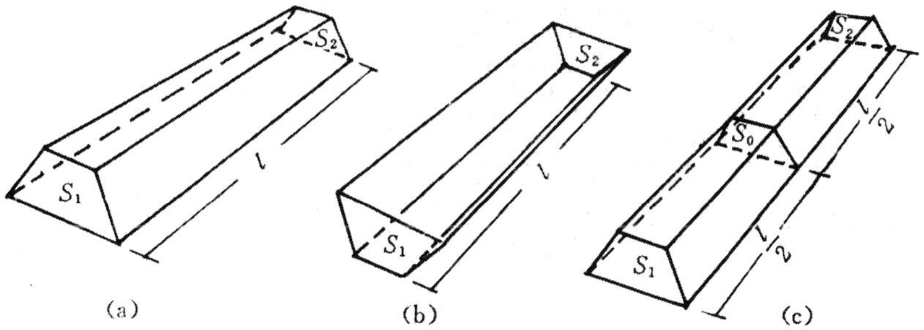

图 1-20　S_0 的计算方法

【例 1-2】设有一土堤，要计算的两断面呈梯形，两断面之间的距离为 60 m，各边数值如图 1-21 所示，试求其 S_0。

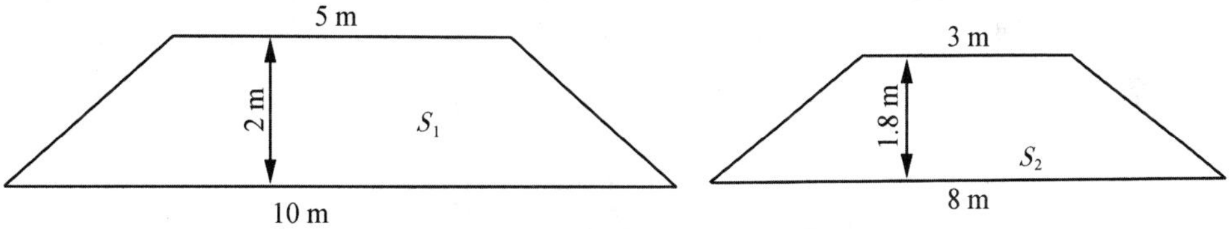

图 1-21　梯形土堤两断面

解：S_0 上底为(5+3)/2=4(m)

S_0 下底为(10+8)/2=9(m)

S_0 高为(2+1.8)/2=1.9(m)

所以 $S_0 = (4+9)/2 \times 1.9 = 12.35(m^2)$

垂直断面法也可以用于平整场地的土方计算，其计算步骤结合实例说明如下。

【例 1-3】现有一张场地平整设计草图，设计等高线及原地形等高线如图 1-22 所示，试求其挖方和填方量。

解：①找“零点线”。在图上找出“零点”，即不挖不填的点，并连接成线，这条线就是挖方和填方的边界，在图上确定出挖方区和填方区。$S_1 \sim S_5$ 是挖方区；$S_6 \sim S_{10}$ 是填方区；$S_{11} \sim S_{15}$ 是填方区。

②计算各断面面积。分别计算各断面面积，可用以下两种方法：

求积仪法　运用求积仪进行测量，此法比较简单，精确度也比较高。

方格纸法　用方格纸蒙在图纸上，通过数方格数，再乘以每个方格的面积而求取。此法方

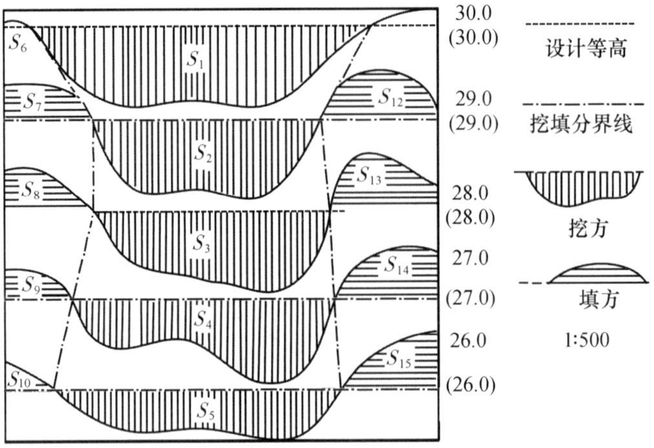

图 1-22 场地平整设计图

格网越密，精度越大。一般在数方格数时，测量对象占方格单元数超过 1/2，按一整个方格计；小于 1/2 者不计。最后进行方格数的累加，再求取面积即可。

将结果依次填入计算表 1-2 中。

表 1-2 土方量计算结果

断面	面积/m^2	断面面积平均值/m^2	断面间距/m	挖方体积/m^3	填方体积/m^3
S_1	184	164.0	1.0	164.0	
S_2	144	142.0	1.0	142.0	
S_3	140	137.5	1.0	137.5	
S_4	135	122.5	1.0	122.5	
S_5	110				
			合计	566.0	

③计算土方量。用公式 $V=L/6(S_1+S_2+4S_0)$ 进行土方计算，并将计算结果填入表 1-2。同法求填方体积，结果如下：

挖方体积 $+V_{S_1\sim S_5}=566.0(m^3)$

填方体积 $-V_{S_6\sim S_{10}}=73.0(m^3)$

填方体积 $-V_{S_{11}\sim S_{15}}=162.0(m^3)$

④比较挖方及填方数值的大小。挖方多于填方，所以有余土，即

566.0−(73.0+162.0)=331.0(m^3)

2.用水平断面法(等高面法)计算土方量

水平断面法是沿等高线取断面，等高距即为二相邻断面的高，计算方法同垂直断面法(图1-23)。

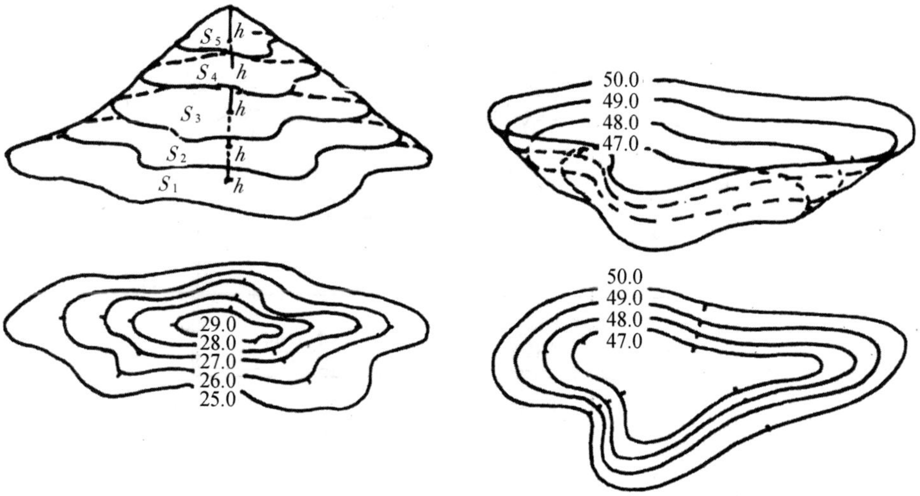

图 1-23　水平断面法

其计算公式如下：

$$V=(S_1+S_2)\times h_1/2+(S_2+S_3)\times h_1/2\times\cdots\times(S_{n-1}+S_n)\times h_1/2+S_n\times h_2/3$$
$$=[(S_1+S_n)/2+S_2+S_3+\cdots+S_{n-1}]\times h_1+S_n\times h_2/3$$

式中：V为土方体积，m^3；S为断面面积，m^2；h_1为等高距，m；h_2为S_n到山顶的间距，m。

水平断面法的计算步骤及方法结合下面的例题加以说明。

【例1-4】某地原来的地形变化较平缓，为丰富景观，拟按设计等高线做微地形处理(图1-24)，问需运来多少客土？

解：求运来的客土体积，即是设计土方量和原地形土方量之间的差值，所以要先分别求原地形土方量和设计土方量，然后再计算二者的差值，即是需要运来客土的数量。

①求原地形土方量。先逐一求出原地形各等高线所包围的面积，面积可用方格纸或求积仪求取。

$S_{0.50}$=2 170(m^2)

$S_{1.00}$=1 314(m^2)

$S_{1.50}$=487.5(m^2)

代入公式：$V=(S_1+S_2)\times L/2$，把公式中的L改为h，分别计算出各层的土方量。

$S_{0.50}$=2 170(m^2)

$S_{1.00}$=1 314(m^2)

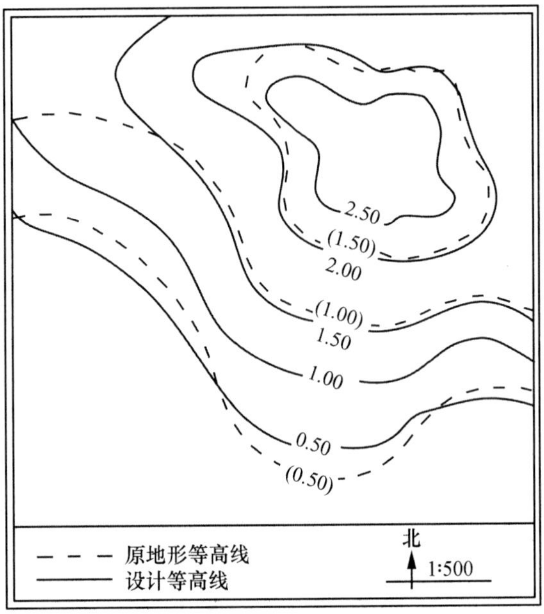

图 1-24　等高线地形图

$h=1.00-0.50=0.50(\text{m})$

则 $V_{0.50\sim1.00}=(2\,170+1\,314)/2\times0.50=871(\text{m}^3)$

同理可求得：$V_{1.00\sim1.50}=(1\,314+48\,705)/2\times0.50=450.38(\text{m}^3)$

②求设计土方量，方法同上。

$S_{0.50}=2\,262(\text{m}^2)$

$S_{1.00}=1\,709(\text{m}^2)$

$S_{1.50}=1\,207(\text{m}^2)$

$S_{2.00}=512.5(\text{m}^2)$

$S_{2.50}=177(\text{m}^2)$

代入公式：

$V_{0.50\sim1.00}=(2\,262+1\,709)/2\times0.50=992.75(\text{m}^3)$

$V_{1.00\sim1.50}=(1\,709+1\,207)/2\times0.50=729(\text{m}^3)$

$V_{1.50\sim2.00}=(1\,207+512.5)/2\times0.50=429.88(\text{m}^3)$

$V_{2.00\sim2.50}=(512.5+177)/2\times0.50=172.38(\text{m}^3)$

设计土方量 $V=992.75+729+429.88+172.38=2\,324.01(\text{m}^3)$

③求填方量，即设计土方量减去原地形土方量：

$V=2\,324.01-1\,321.38=1\,002.63(\text{m}^3)$

所以需要运来大约 1 000 m^3 的客土。

任务三　用方格网法计算土方量

任务描述

在建园过程中，地形改造除挖湖堆山外，还有许多各种用途的大大小小的地坪、缓坡地。平整场地的工作是将原来高低不平的、比较破碎的地形按设计要求整理成为平坦的、具一定坡度的场地，如停车场、集散广场、体育场、露天演出场等。整理这类地块的土方计算最适宜用方格网法。

方格网法计算土方量

相关知识

方格网法是把平整场地的设计工作和土方量计算工作结合在一起进行的。其工作程序是：

(1)做方格网。在附有等高线的地形图上作方格网，控制施工场地。方格网边长数值，取决于所求的计算精度和地形变化的复杂程度，在园林中一般用 20～40 m。

(2)求原地形标高。在地形图上用插入法求出各角点的原地形标高，或把方格网各角点测设到地面上，同时测出各角点的标高，并标在图上。

(3)确定设计标高。依设计意图，如地面的形状、坡向、坡度值等，确定各角点的设计标高。

(4)求施工标高。比较原地形标高和设计标高，求得施工标高。

(5)计算土方量。

任务实施

【例 1-5】某公园为了满足游人游园活动的需要，拟将一块地面平整为“T”字形广场，要求广场具有 1%的纵坡，土方就地平衡，试求其设计标高并计算其土方量(图 1-25)。

解：①求原地形标高。按正南北方向或根据场地具体情况决定，作边长为 20 m 的方格控制网。将各角点测设到地面上，同时测量各角点的地面标高，并将标高值标记在图纸上，这就是该角点的原地形标高，标法如图 1-26 所示。

如果有比较精确的地形图，可用插入法由图上直接求得各角点的原地形标高(插入法求标高的方法前面已介绍)，依次将其余各角点一一求出，并标在图上。

②求平整标高。平整标高又称计划标高，设计中通常以原地面高程的平均值(算数平均值或加权平均值)作为平整标高。

设平整标高为 H_0，则：

$$H_0=(\sum h_1+2\sum h_2+3\sum h_3+4\sum h_4)/4N$$

式中：H_0 为平整标高；N 为方格数；h_1 为计算时使用 1 次的角点高程；h_2 为计算时使用 2 次的角点高程；h_3 为计算时使用 3 次的角点高程；h_4 为计算时使用 4 次的角点高程。

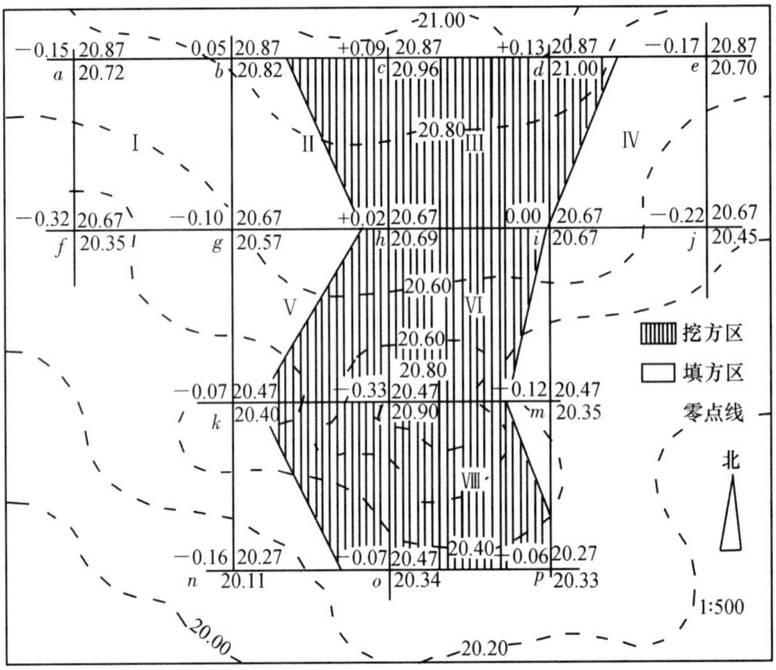

图 1-25 某公园地形图

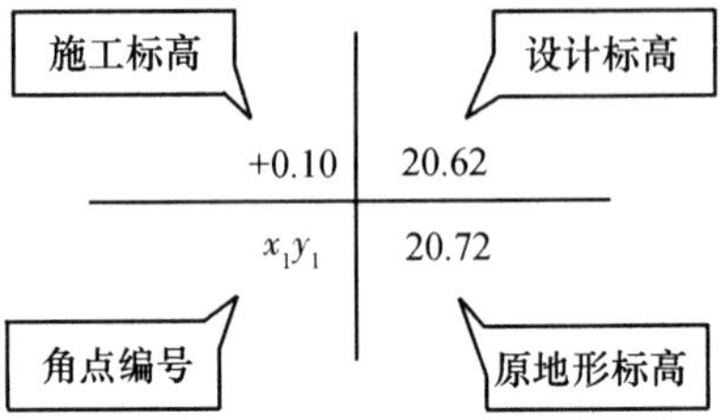

图 1-26 角点标高表示方法

例 1-5 中：

$\sum h_1 = h_a + h_e + h_f + h_j + h_n + h_p$

$= 20.72 + 20.70 + 20.35 + 20.45 + 20.11 + 20.33 = 122.66(\text{m})$

$2\sum h_2 = (h_b + h_c + h_d + h_k + h_m + h_o) \times 2$

$= (20.82 + 20.96 + 21.00 + 20.40 + 20.34 + 20.35) \times 2 = 247.74(\text{m})$

$3\sum h_3 = (h_g + h_i) \times 3 = (20.57 + 20.67) \times 3 = 123.72(\text{m})$

$4\sum h_4 = (h_h + h_l) \times 4 = (20.69 + 20.80) \times 4 = 165.96(\text{m})$

代入公式，其中 $N = 8$：

$H_0 = (122.66 + 247.74 + 123.72 + 165.96)/4 \times 8 = 20.62(\text{m})$

20.62 m 就是所求的平整标高。

③确定 H_0 的位置。H_0 位置确定的正确是否，直接影响着土方计算的平衡。虽然通过不断调整，设计标高最终也能使挖方填方达到(或接近)平衡，但这样做，必然要花费许多时间，而且也会影响设计的准确性。确定位置的方法有两种：

图解法：图解法适用于形状简单规则的场地，如正方形、长方形、圆形等，其计算方法见表 1-3。

表 1-3 图解法

坡地类型	平面图式	立体图式	H_0 点(或线)的位置	备注
单坡向 一面坡	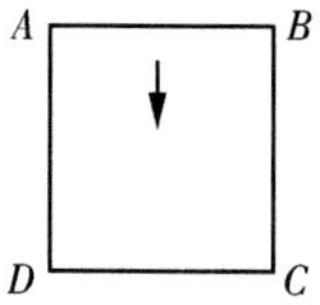	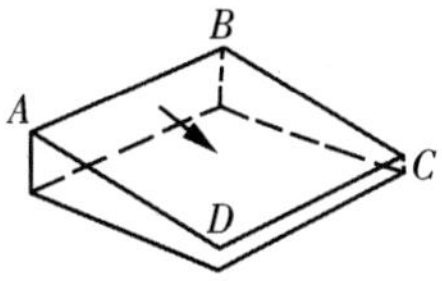	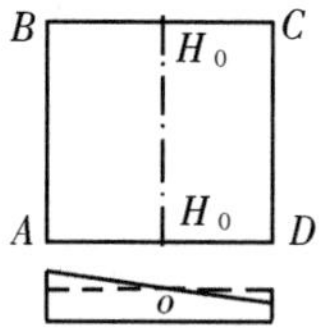	场地形状为正方形或矩形 $H_A=H_B$ $H_C=H_D$ $H_A>H_D$ $H_B>H_C$
双坡向 双面坡	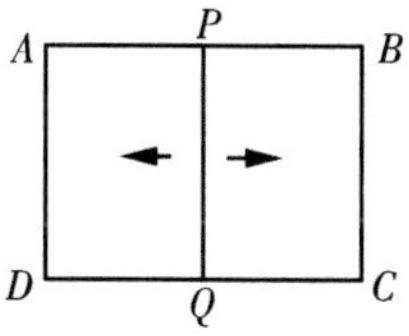	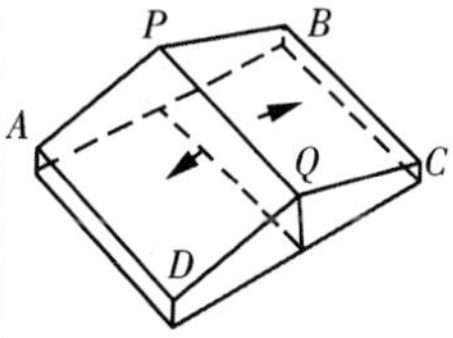	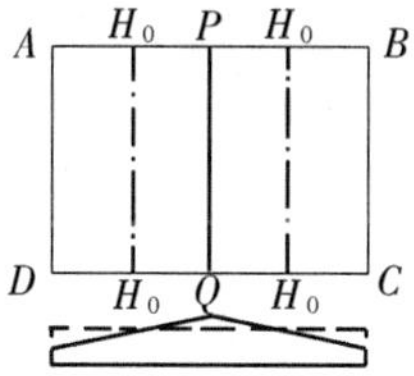	场地形状同上 $H_P=H_Q$ $H_A=H_B=H_C=H_D$ H_P(或 H_Q)$>H_A$ 等
双坡向 一面坡	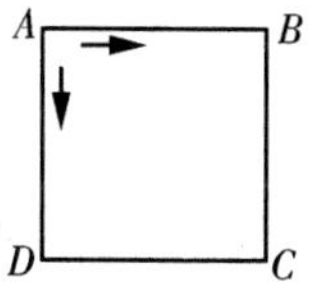	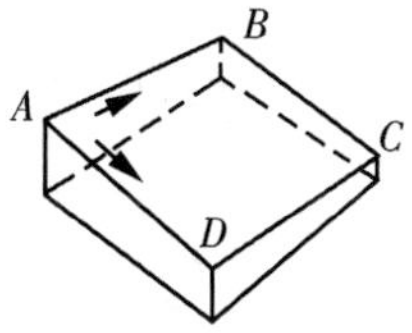	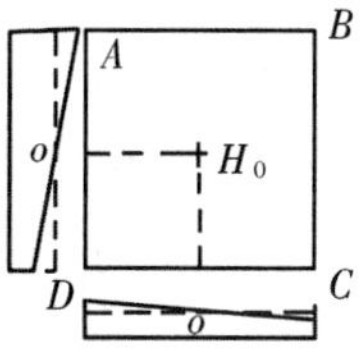	场地形状同上 $H_A>H_B$ $H_A>H_D$ $H_B\gtreqless H_D$ $H_B>H_C$ $H_D>H_C$
三坡向 双面坡	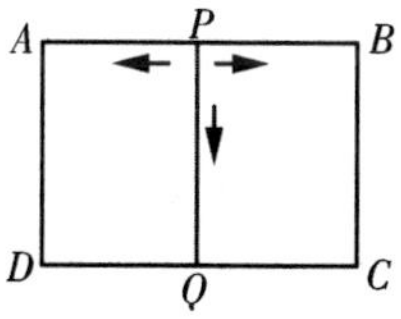	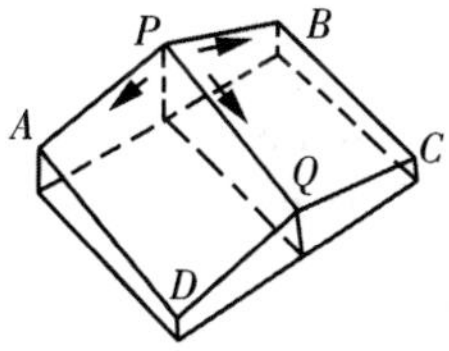	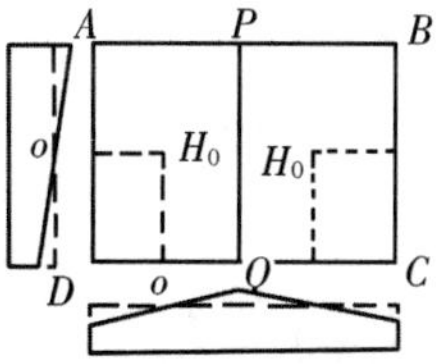	场地形状同上 $H_P>H_Q$,$H_P>H_A$ $H_P>H_B$ $H_A\gtreqless H_Q\gtreqless H_B$ $H_A>H_D$,$H_B>H_C$ $H_Q>H_C$(或 H_D)
四坡向 四面坡	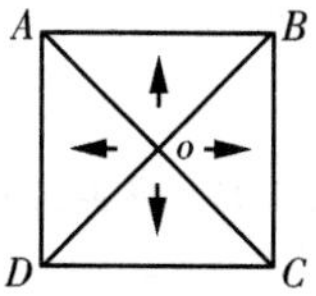	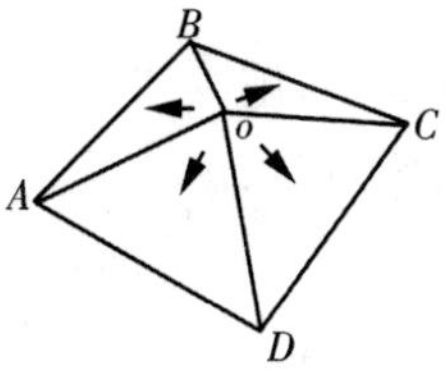	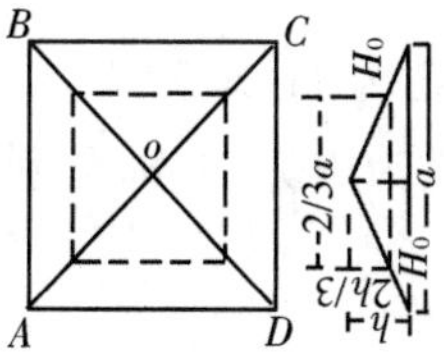	场地形状同上 $H_A=H_B=H_C=H_D$ $H_P>H_A$
圆锥状	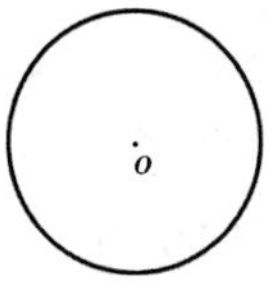	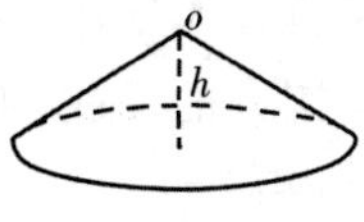	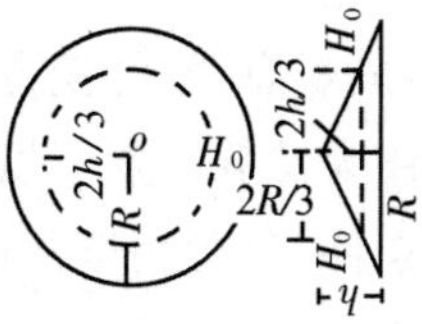	场地形状为圆形 半径为 R、高度为 h 的圆锥体

数学分析法:此法适用于任何形状场地的定位。数学分析法是假设一个和我们所要求的设计地形完全一样的土体(包括坡度、坡向、形状和大小),再从这块土体的假设标高反过来求平整标高的位置。

若设 a 点的设计标高为 x,依据给定的坡向、坡度和方格边长,根据坡度公式可以算出其他各角点的假定设计标高,b、c、d、e 点的设计标高为 x,f、g、h、i、j 点的设计标高为 $x-0.2$ m,k、l、m 点的设计标高为 $x-0.4$ m,n、o、p 点的设计标高为 $x-0.6$ m。将各角点的假设设计标高代入公式:

$$\sum h_1 = x + x + x - 0.2 + x - 0.2 + x - 0.6 + x - 0.6 = 6x - 1.6$$

$$2\sum h_2 = (x + x + x + x - 0.4 + x - 0.4 + x - 0.6) \times 2 = 12x - 2.8$$

$$3\sum h_3 = (x - 0.2 + x - 0.2) \times 3 = 6x - 1.2$$

$$4\sum h_4 = (x - 0.2 + x - 0.4) \times 4 = 8x - 2.4$$

$$H_0 = (6x - 1.6 + 12x - 2.8 + 6x - 1.2 + 8x - 2.4)/4 \times 8 = x - 0.25$$

④求设计标高。由上述计算已知 a 点的设计标高为 x,而 $x-0.25=20.62$,所以 $x=20.87$,根据坡度公式,可推算出其余各角点的设计标高。

b、c、d、e 点的设计标高为 20.87;f、g、h、i、j 点的设计标高为 20.67;k、l、m 点的设计标高为 20.47;n、o、p 点的设计标高为 20.27。

⑤求施工标高。施工标高=原地形标高-设计标高。得数为"+"号的是挖方,得数为"-"号的是填方(图 1-26)。

⑥求零点线。在相邻的二角点之间,如果施工标高一个为"+"值,一个为"-"值,则它们之间必有零点存在,其位置可由以下公式求得(图 1-27)。

$$x = \frac{ah_1}{h_1 + h_2}$$

式中:x 为零点距 h_1 一端的水平距离,m;h_1,h_2 为方格网相邻两点的施工标高的绝对值,m;a 为方格边长,m。

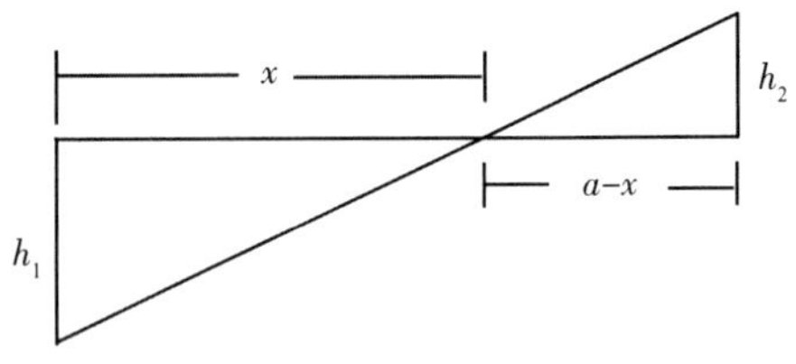

图 1-27　零点位置

以方格 $bcgh$ 的 b、c 为例,求其零点。b 点的施工标高为 -0.05 m,c 点为 $+0.09$ m,分别取绝对值,代入公式:

$$x = 0.05 \times 20/(0.05 + 0.09) = 7.1(\text{m}) \approx 7(\text{m})$$

所以零点位置在距 b 点 7 m 处(或距 c 点 13 m 处)。同理将其余各零点的位置求出,并依地形的特点,将各点连接成零点线,把挖方区和填方区分开,以便于计算(图 1-27)。

⑦土方计算。零点线为计算提供了填方和挖方的面积,而施工标高为计算提供了挖方和填方的高度。依据这些条件,便可用棱柱体的体积公式,求出各方格的土方量,将计算结果填入表 1-4 中。

表 1-4　土方量计算结果　　m³

方格代号	挖方	填方	备注
Abfg		62.0	挖方量－填方量＝129.2－117.8＝11.4，填方缺土11.4，考虑到土壤可松性影响，土方基本平衡
Bcgh	4.4	9.0	
Cdhi	24.0		
Deij	3.9	24.2	
Ghkl	16.6	8.9	
Hilm	24.5	2.0	
Klno	22.0	10.4	
lmop	33.8	1.3	
总计	129.2	117.8	

◈ 阅读材料

土方的平衡与调配

一、土方平衡

地形设计的一个基本要求，是使设计的挖方工程量和填方工程量基本平衡。土方平衡就是将已经求出的挖方总量和填方总量相互比较，若二者数值接近，则可认为达到了土方平衡的基本要求，若二者数值差距太大，则土方不平衡，应调整设计地形，将地面再垫高些或再挖深些，一直达到土方平衡要求为止。

土方平衡的要求是相对的，没有必要做到绝对平衡。因为计算所依据的地形图本身就不可避免地存在一定误差，而且用等高面法计算的结果也不能保证十分精确，因此在计算土方量时能够达到土方相对平衡即可。最重要的考虑则应落在如何既保证完全体现设计意图，又尽可能减少土方施工量和不必要的搬运量。

二、土方调配

在做土方施工组织设计或施工计划安排时，还要确定土方量的相互调配关系。地形设计所定的填方区，其需要的土方从什么地点取土？取多少土？挖湖挖出的土方运到哪？运多少到各个填方点？这些问题都要在施工开始前切实解决，因此必须做好土方调配计划。

土方调配的原则是：就近挖方就近填方，使土方的转运距离最小。因此，在实际进行土方调配时，从一个地点挖出的土，优先调动到与其距离最近的填方区；近处填满后，余下的土方再往稍远的填方区转运。

为清楚表明土方调配情况，可以根据地形设计图绘制一张土方调配图，在施工中指导土方的堆填工作。从土方调配图可以看出挖、填方区域、土方的调配方向、调配数量和转运距离。

三、土方平衡与调配的步骤与方法

(1)划分调配区。

(2)计算各调配区土方量。

(3)计算各调配区之间的平均距离。

(4)确定土方最优调配方案。

(5)绘制土方调配图。

训练与评价

1.目的要求

(1)了解土方工程在建园工作中的作用和意义。

(2)通过某具体项目中土方工程量的计算,掌握用方格网法计算土方工程量的方法。

(3)了解等高面法、断面法的计算公式;弄清方格网法计算过程的基本原理及内容。

(4)通过制作地形模型,更深入地了解地形对于园林整体设计的重要性。

2.设计内容

(1)制定边长为 20 m 的方格控制网。

(2)用插入法求原地形标高并记录。

(3)求平整标高(土方就地平衡)。

(4)确定的位置(假定某点设计标高为 x,依给定的坡向、坡度和方格边长,根据坡度公式可以算出各角点的假定设计标高)。

(5)确定设计标高(依设计意图,如地面形状、坡向、坡度值等)。

(6)求施工标高(原地形标高一设计标高)。

(7)求零点线[$x=ah/(h_1+h_2)$]。

(8)根据角点挖填方土方计算公式求土方。

(9)根据地形图制作模型。

3.要点提示

(1)根据图样作出边长为 20 m 的方格控制网。

(2)将场地设计标高和自然地面标高分别标注在方格角上,场地设计标高与自然地面标高的差值即为各角点的施工高度(挖或填),习惯以“－”号表示填方,“＋”号表示挖方。

(3)将施工高度标注于角点上,然后分别计算每一方格的填挖土方量,并算出场地边坡的土方量。将挖方区(或填方区)所有方格计算的土方量和边坡土方量汇总,即得场地挖方量和填方量的总土方量。

(4)为了解整个场地的挖填区域分布状态,计算前应先确定“零线”的位置。零线即挖方区与填方区的分界线,在该线上的施工高度为零。

4. 自我评价

序号	评价内容	评价标准	自我评定
1	网格及地形标高的确定	1. 方格各边最好与测量的纵、横坐标系统对应，并对方格及各角点进行正确编号(20分) 2. 能将各点设计标高和原地形标高分别标注于方格桩点的右上角和右下角，正确计算原地形标高与设计地面标高的差值(20分)	
2	零线的确定	1. 能正确在相邻角点施工高度为一挖一填的方格边线上，用插入法求出零点的位置(20分) 2. 零点计算准确，零点线绘制正确(20分)	
3	土方量计算	能正确根据各方格网底面积图形以及相应的体积公式来逐一求出方格内的挖方量或填方量(20分)	

项目三

土方施工

在园林施工中，土方工程是一项比较艰巨的工作，根据其使用期限和施工要求，可分为永久性和临时性两种，但是不论是永久性还是临时性的土方工程，都要求其具有足够的稳定性和密实度，工程质量和艺术造型都应符合原设计的要求。同时在施工中还要遵守有关的技术规范和竖向设计的各项要求，以保证工程的稳定和持久。土方工程的施工按照步骤大致可分为：准备阶段、清理现场、定点放线阶段和施工阶段。

任　务　施工放线

任务描述

在清场之后，为了确定施工范围及挖土或填土的标高，应按设计图纸的要求，用测量仪器在施工现场进行定点放线工作，这一步工作很重要，为使施工充分表达设计意图，测设时应尽量精确。

园林施工放线

相关知识

一、园林工程定位放线内容

(1)测出用地范围红线边界和界址点坐标。

(2)测出建筑物主要房角点坐标及主要尺寸。

(3)测出规划道路中心线并标注坐标。

(4)测出构筑物的中心坐标并标注坐标。

(5)地下管线标明起点、转折点、终点的坐标，管线长度、埋深、管径及与相邻道路、建筑物的相对关系。

(6)架空管线标明各类杆、架的坐标，必要时测量管线悬高。

二、测设控制网的步骤

(1)将国家永久性控制点的坐标(即水平基准点),按施工总平面要求引测到施工现场。

(2)将控制基线和轴线测放到地面上。

(3)做好轴线控制的测量和校核工作。

任务实施

1. 平整场地的放线

用经纬仪将图纸上方格网测设到地面上,方格网一般设为 10 m×10 m 或 20 m×20 m,在每个方格网点处立桩,测出各标桩的标高(即原地形标高),作为计算挖填方量和施工控制的依据。边界上的桩木按图纸上的要求设置,桩木的规格及标记方法如图 1-28 所示:侧面平滑,下端削尖以便打入土中。桩木上应表示出桩号,即施工图上的方格网的标号,还要标记出施工标高,用“+”号表示挖土,用“−”号表示填土。

2. 山体放线

应先在施工图上设置方格网,再把方格网测放到地面上,然后在设计地形等高线和方格网的交点处设桩,再标到地面上打桩(图 1-29)。

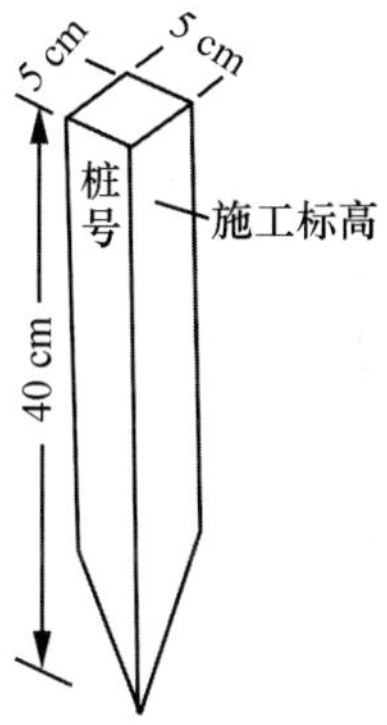

图 1-28　桩

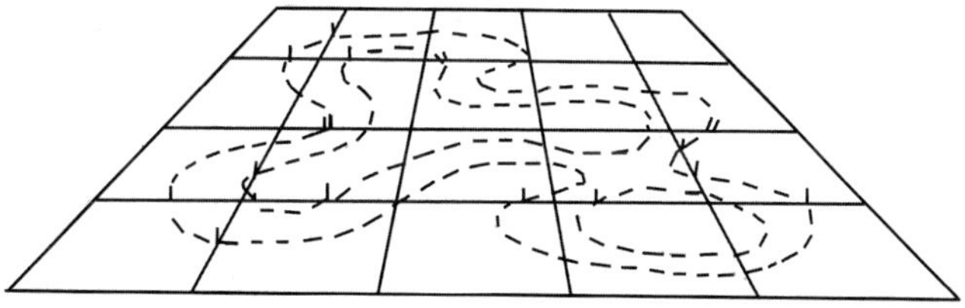

图 1-29　打桩

山体立桩有两种方法:一种是一次性立桩,适于高度低于 5 m 的低山。由于堆山时土层不断升高,桩木的长度应大于每层填土的高度,一般用长竹竿做标高桩,在桩上把每层的标高定好(图 1-30a),不同层可用不同的颜色做标志,以便识别。另一种是分层放线,分层设置标高桩,适用于 5 m 以上的山体堆砌,具体立桩方法如图 1-30b 所示。

3. 水体放线

水体的放线和山体的放线基本相同,但因为水体的挖深基本一致,而且池底常年隐没在水下,所以放线可以粗放些。水体底部应尽可能平整,不留土墩,这对于养鱼捕鱼有利。如果水体栽植水生植物,还要考虑所栽植物的适宜深度。驳岸线和岸坡的定点放线应十分准确,这不仅因为它是水上部分,与造景有关,而且还与水体坡岸的稳定有很大关系。为了施工的精确,可以用边坡样板来控制边坡坡度(图 1-31)。

4. 沟渠放线

沟渠的放线主要是通过龙门板的设置来实现的。在开沟挖槽施工时,桩木常容易被移动

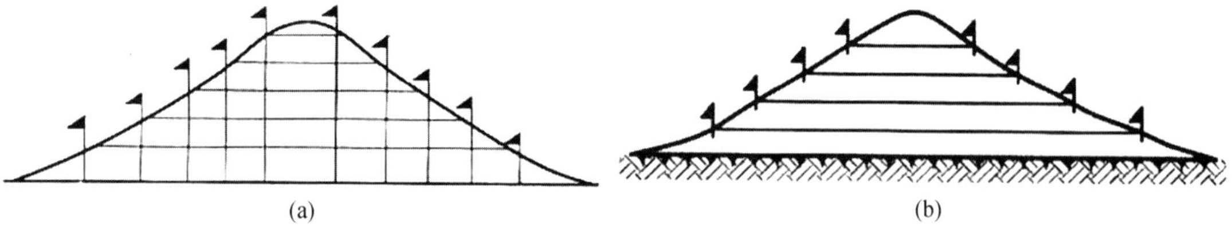

图 1-30 山体立桩

甚至被破坏，影响校核工作，实际工作中常使用龙门板来进行控制。龙门板构造简单，使用方便(图 1-32)。板上标志沟渠中心线的位置、沟上口、沟底的宽度等，另外，板上还要设坡度板，用以控制沟渠的纵向坡度。龙门板之间的距离根据沟渠纵向坡度的变化情况而定，一般每隔 30～100 m 设置一块龙门板。

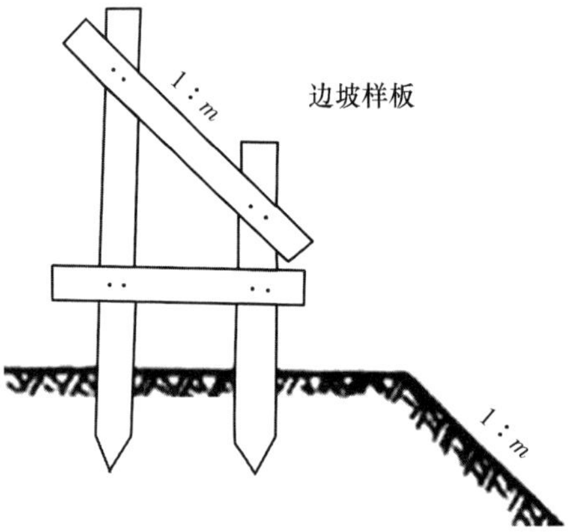

图 1-31 边坡样板

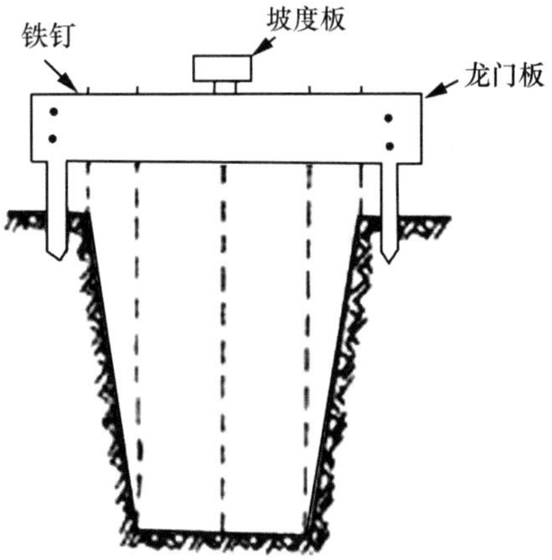

图 1-32 龙门板

◈ 阅读材料

一、土方工程的种类及其施工要求

土方工程根据其使用期限和施工要求，可分为永久性和临时性两种，但是不论是永久性还是临时性的土方工程，都要求具有足够的稳定性和密实度，使工程质量和艺术造型都符合原设计的要求。同时在施工中还要遵守有关的技术规范和原设计的各项要求，以保证工程的稳定和持久。

二、土壤的工程性质及工程分类

土壤的工程性质与土方工程的稳定性、施工方法、工程量及工程投资有很大关系，也涉及工程设计、施工技术和施工组织的安排。因此，对土壤的这些性质要进行研究并掌握它，以下是土壤的几种主要的工程性质：

(1)土壤的容重。单位体积内天然状况下的土壤重量，单位为 kg/m^3，土壤容重的大小直接影响着施工的难易程度，容重越大挖掘越难，在土方施工中把土壤分为松土、半坚土、坚土等类，所以施工中施工技术和定额应根据具体的土壤类别来制定。

(2)土壤的自然倾斜角(安息角)(图 1-33、图 1-34)。土壤自然堆积，经沉落稳定后的表面与地平面所形成的夹角，就是土壤的自然倾斜角，以度表示。在工程设计时，为了使工程稳定，其边坡坡度数值应参考相应土壤的自然倾斜角的数值，土壤自然倾斜角还受到其含水量的影响。

图 1-33　自然倾斜角(一)

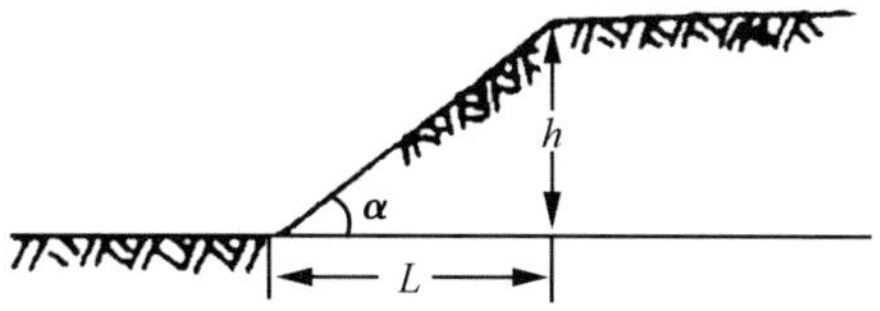

图 1-34　自然倾斜角(二)

土方工程不论是挖方或填方都要求有稳定的边坡。进行土方工程的设计或施工时，应该结合工程本身的要求(如填方或挖方，永久性或临时性)以及当地的具体条件(如土壤的种类及分层情况、压力情况等)使挖方或填方的坡度合乎技术规范的要求，如情况在规范之外，则须进行实地测试来决定。

(3)土壤含水量。土壤的含水量是土壤孔隙中的水重和土壤颗粒重的比值。土壤含水的多少对土方施工的难易有直接的影响，还影响到土壤的稳定性。土壤含水量过小，土质过于坚实，不易挖掘；含水量过大，土壤易泥泞，土壤稳定性降低，也不利于施工。一般土壤含水量在5%以内称干土，在30%以内称潮土，大于30%的称湿土。

(4)土壤相对密实度。用来表示土壤填筑后的密实程度。设计要求的密实度可以采用人力夯实或机械夯实。一般采用机械夯实，其密实度可达95%，人力夯实在87%左右。大面积填方如堆山等，通常不加夯压，而是借土壤的自重慢慢沉落，久而久之也可达到一定的密实度。

(5)土壤的可松性。指土壤经挖掘后，其原有紧密结构遭到破坏，土体松散而使体积增加的性质。这一性质与土方工程的挖土和填土量的计算以及运输等都有很大关系。

三、土方施工的准备工作

在园林工程建设施工中，土方工程是一项比较艰巨的工作，所以准备工作和组织工作不仅应该先行，而且要做周全仔细，否则因为场地大或施工点分散，容易造成窝工甚至返工而影响工效。

准备工作主要包括清理场地、排水、定点放线三个步骤。

(1)清理场地。在施工地范围内，凡有碍工程的开展或影响工程稳定的地面物或地下物都应该清理，例如不需要保留的树木、废旧建筑物或地下构筑物等。

土方施工的工序流程

①伐除树木，凡土方开挖深度大于 50 cm，或填方高度较小的土方施工，现场及排水沟中的树木必须连根拔除，清理树墩除用人工挖掘外，直径在 50 cm 以上的大树应慎之又慎，凡能保留者尽量设法保留。因为大树生长不易，特别难得。

②建筑物和地下构筑物的拆除，应根据其结构特点进行，并遵照《建筑工程安全技术规范》的规定进行操作。

③如果施工场地地面、地下或水下发现有管线通过或其他异常物体时，应事先请有关部门协同查清，未查清前，不可动工，以免发生危险或造成其他损失。

(2)排水。场地积水不仅不便于施工，而且也影响工程质量，在施工之前，应设法将施工场地范围内的积水或过高的地下水排走。

①排除地面积水。在施工之前，根据施工区地形特点在场地周围挖好排水沟（在山地施工为防山洪，在山坡上应做截洪沟）。使场地内排水通畅，而且场外的水也不致流入。

②地下水的排除。排除地下水方法很多，但一般多采用明沟，引至集水井，并用水泵排出。一般按排水面积和地下水位的高低来安排排水系统，先定出主干渠和集水井的位置，再定支渠的位置和数目，土壤的含水量大的、要求排水迅速的，支渠分布应密些，其间距 1.5 m 左右，反之可疏些。

在挖湖施工中应先挖排水沟，排水沟的深度，应深于水体挖深。沟可一次挖掘到底，也可以依施工情况分层下挖，采用哪种方式可根据出土方向决定。

(3)定点放线。

四、土方施工技术环节

土方施工包括挖、运、填、压 4 个技术环节。其施工方法可采用人力施工，也可用机械化或半机械化施工。这要根据场地条件、工程量和当地施工条件决定。在规模较大、土方集中的工程中，采用机械化施工较经济；但对工程量不大，施工点较分散的工程或因受场地限制，不便采用机械施工的地段，应该用人力施工或半机械化施工，下面按上述 4 个环节简单加以介绍。

1. 土方的施工

(1)人力施工。施工工具主要是锹、镐、钢钎等。人力施工不但要组织好劳动力，而且要注意安全和保证工程质量。在挖土方时施工者要有足够的工作面，一般平均每人应有 4～6 m^2；附近不得有重物及易踊落物；随时注意观察土质情况，要有合理的边坡。必须垂直下挖，松软土垂直下挖的深度不得超过 0.7 m，中等密度者不超过 1.25 m，坚硬土不超过 2 m，超过以上数值的需要设支撑板。挖方时工人不得在土壁下向里挖土，以防坍塌；而在坡上或坡顶施工者，要注意坡下情况，不得向坡下滚落重物。施工过程中注意保护基桩、龙门板或标高桩。

(2)机械施工。主要施工机械有推土机、挖土机等。在园林施工中推土机应用较广泛。例如，在挖掘水体时，以推土机推挖，将土推至水体四周，再行运走或堆置地形，最后岸坡用人工修整。用推土机挖湖堆山，效率高，但应注意以下几个方面：

推土机手应识图或了解施工对象的情况。在动工之前应向推土机手介绍拟施工地段的地形情况及设计地形的特点，最好结合模型讲解，使之一目了然。另外，施工前还要了解实地定点放线情况，如桩位、施工标高等。这样施工起来司机心中有数，施工时就能得心应手地按照设计意图去塑造地形。这一点对提高施工效率有很大关系，这一步工作做得好，在修饰山体或水体时便可以省去许多人力、物力。

注意保护表土。在挖湖堆山时，先用推土机将施工地段的表层熟土（耕作层）推到施工场地外围，待地形整理停当，再把表土铺回来，这样做比较麻烦，但是对公园的植物生长却有很大好处。有条件之处应该这样做。

桩点和施工放线要明显。因为推土机施工进进退退，其活动范围较大，施工地面高低不平，加上进车或退车时司机视线存在某些死角，所以桩木和施工放线容易受破坏。为了解决这一问题，应加高桩木的高度，桩木上可做醒目标志，如挂小彩旗或在木桩上涂明亮的颜色，以引起施工人员的注意；施工期间，施工人员应经常到现场，随时随地用测量仪器检查桩点和放线情况，掌握全局，以免挖错（或堆错）位置。

2. 土方的运输

一般竖向设计都力求土方就地平衡，以减少土方的搬运量。土方运输是较艰巨的劳动，人工运土一般都是短途的小搬运。车运人挑，这在有些局部或小型施工中还经常采用。

运输距离较长的，最好使用机械或半机械化运输。不论是车运还是人挑，运输路线的组织都很重要，卸土地点要明确，施工人员随时指点，避免混乱和窝工。如果使用外来土围地堆山，运土车辆应设专人指挥，卸土的位置要准确，否则乱堆乱卸，必然会给下一步施工增加许多不必要的小搬运，造成人力、物力的浪费。

3. 土方的填筑

填土应该满足工程的质量要求，土壤的质量要根据填方的用途和要求加以选择，在绿化地段土壤应满足种植植物的要求，而作为建筑用地则以要求将来地基的稳定为原则。利用外来土壤围土堆山，对土质应该先验定后放行，劣土及受污染的土壤，不应放入园内以免将来影响植物的生长和妨害游人的健康。

大面积填方应该分层填筑，一般每层 20～50 cm，有条件的应层层压实；在斜坡上填土，为防止新填土滑落，应先把土坡挖成台阶状，然后再填方。这样可以保证新填土方的稳定。

辇土或挑土堆山，土方的运输路线和下卸，应以设计的山头为中心，结合来土方向进行安排，一般以环形为宜，车辆或人挑满载上山，土卸在路两侧，空载的车(人)沿路线继续前行下山，车(人)不走回头路不交叉穿行，所以不会顶流拥挤。随着卸土的进行，山势逐渐升高，运土路线也随之升高，这样既使人流有序，又使土山分层上升。部分土方边卸边压实，这不仅有利于山体的稳定，山体表面也较自然。如果土源有几个来向，运土路线可根据设计地形特点安排几个小环路，小环路以人流、车辆不相互干扰为原则。

4. 土方的压实

人力夯压可用夯、碾等工具；机器碾压可用碾压机或用拖拉机带动的铁碾碾压。小型的夯压机械有内燃夯、蛙式夯等。

为保证土壤的压实质量，土壤应该具有最佳含水率。如土壤过分干燥，需先洒水湿润后再行压实。

在压实工作中应该注意以下几点：

①压实工作必须分层进行。

②压实工作要注意均匀。

③压实松土时夯压工具应先轻后重。

④压实工作应自边缘开始逐渐向中间收拢，否则边缘土方外挤易引起塌落。

土方工程，施工面较宽，工程量大，施工组织工作很重要，大规模的工程应根据施工力量和条件决定，工程可全面铺开也可以分区分期进行。

施工现场要有人指挥调度，各项工作要有专人负责，以确保工程按期按计划高质量地完成。

复习思考题

1. 什么是竖向设计？园林用地竖向设计的原则是什么？

2. 园林竖向设计有哪些方法？各种方法何时适用？

3. 什么是等高线？它有哪些性质？

4. 用插入法求原地形标高的公式是什么?
5. 什么是平整标高? 计算平整标高的公式是什么?
6. 土方工程量的计算方法有哪些? 它们各自适合在什么情况下应用?
7. 用方格网法计算土方量时,每一角点的各种标高是如何标注的? 请画图示意。
8. 列出方格网法平整场地的步骤。
9. 山体放线的两种方法是什么?
10. 土壤的主要工程性质有哪些?
11. 土方施工之前的准备工作有哪些?

单元二
园林给排水工程

知识目标

- 掌握园林给水设计与施工的基本方法与规范要求；
- 熟悉喷灌技术的基本知识；
- 掌握园林绿地排水设计的基本原则、方法。

技能目标

- 能进行园林绿地给水管网的设计与施工；
- 能进行固定式喷灌系统的设计与施工；
- 能进行小型绿地的排水设计与施工。

在人们的生活和生产活动中，水是不可缺少的。在城镇，为了给各生产部门及居民点提供在水质、水量和水压方面均符合国家规范的用水，需要设置一系列的构筑物，从水源取水，并按用户对水质的不同要求分别进行处理，然后将水送至各用水点使用。这一系列的构筑物就叫给水系统。

清洁的水经过人们在生活中和生产中的使用而被污染，形成大量成分复杂的污水。这些污水往往含有传染疾病的细菌及各种有害物质，如不经过处理和消毒就排走，将严重污染生态环境，危害人们的身体健康。另外，在污水中又含有一些有用物质，经处理可回收利用。为了使排出的污水无害及变害为利，必须建造一系列设施对污水进行必要的处理，这些处理与排除污水的系统就叫排水系统。

城市中水的供、用、排三个环节就是通过给水系统和排水系统联系起来的。关于城市给排水的整个流线参见图 2-1。

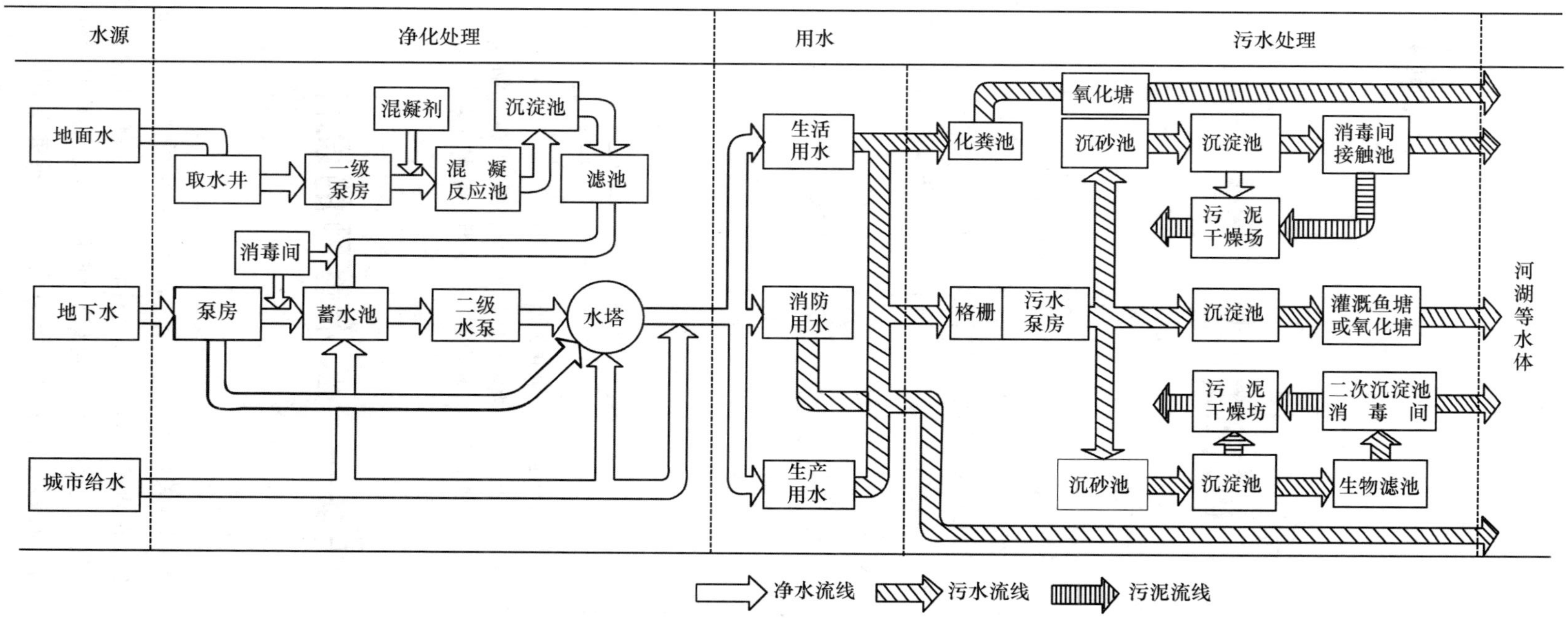

图 2–1 城市给排水流线图

项目一

园林给水工程

园林给水工程可分为3种：取水工程，包括选择水源、取水地点和取水构筑物；净水工程，建造给水处理构筑物，对天然水质进行处理；输配水工程，将足够的水量输送和分配到各用水地点，并保证水压和水质，为此需敷设输水管道、配水管道和建造泵站以及水塔、水池等调节构筑物。水塔、高位水池常设于地势较高点，借以调节用水量并保证管网中的水压，详见图2-2。

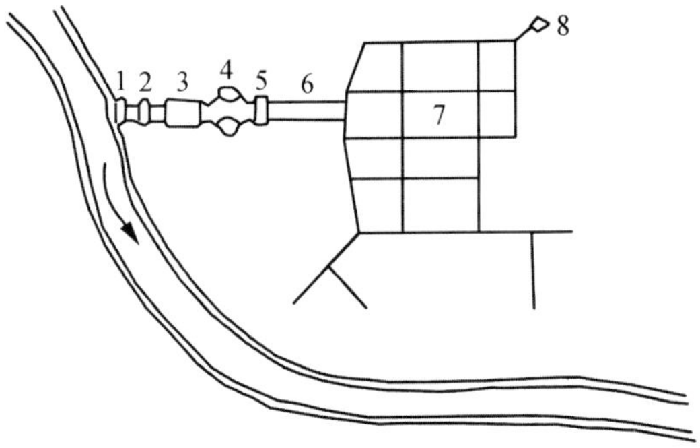

图2-2　城市给水系统示意图

1. 取水构筑物　2. 一级泵站　3. 水处理构筑物　4. 清水池　5. 二级泵站　6. 输水管　7. 管网　8. 调节阀

任务一　给水管网的设计

任务描述

公园是群众休息游览的场所，同时又是树木、花草较集中的地方。因此，公园中的用水分为生活用水、养护用水、造景用水及消防用水。公园的给水特点有：用水量较大且用水点较分散；用水点随地形起伏，高程变化较大；水质可以分别处理；用水高峰时间可以错开。以上诸多因素，导致公园的给水管网设计是园林绿地给水管网设计中的典型案例，本次任务就是进行公园给水管网的设计。

◈ 相关知识

一、公园给水管网的布置

(一)给水管网的布置原则

给水管网的布置要求供水安全可靠,投资节约,一般应遵循以下原则:

(1)按照总体规划布局的要求布置管网,并且需要考虑分步建设。

(2)干管布置方向应按供水主要流向延伸,而供水流向取决于最大的用水点和用水调节设施(如高位水池和水塔)位置,即管网中干管输水距它们距离最近。

(3)管网布置必须保证供水安全可靠,干管一般按主要道路布置,宜布置成环状,但应尽量避免布置在园路和铺装场地下。

(4)力求以最短距离敷设管线,以降低管网造价和供水能量费用。

(5)在保证管线安全不受破坏的情况下,干管宜随地形敷设,避开复杂地形和难以施工的地段,减少土方工程量。在地形高差较大时,可考虑分压供水或局部加压,不仅能节约能量,还可以避免地形较低处的管网承受较高压力。

(6)为保证消火栓处有足够的水压和水量,应将消火栓与干管相连接,消火栓的布置,应先考虑在主要建筑处设置。

(二)给水管网的布置形式

(1)树枝式管网。从引水点到用水点的管线布置成树枝状,管径随用水点的减少而逐步变小。这种布置比较简单,省管材。布线形式就像树干分杈分枝。它适合于用水点较分散的情况,对分期发展的公园有利。但树枝式管网供水的保证率较差,并且在树状网末端因用水量小,管中水流缓慢,甚至停留,致使水质容易变坏,从而出现浑浊水和红水的可能,一旦管网出现问题或需维修时,影响用水面较大(图 2-3)。

(2)环状管网。环状管网是把供水管网闭合成环状的管网,管中的水能互相调剂,当管网中的某一管段出现故障时也不致影响供水从而提高了供水的可靠性。但这种布置形式较费管材,投资较大(图 2-4)。

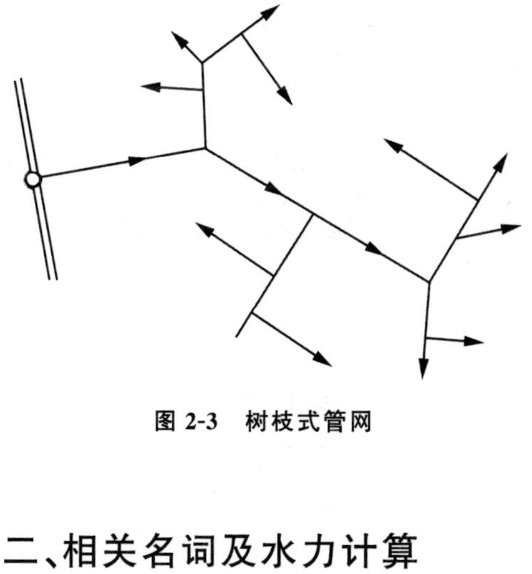

图 2-3　树枝式管网

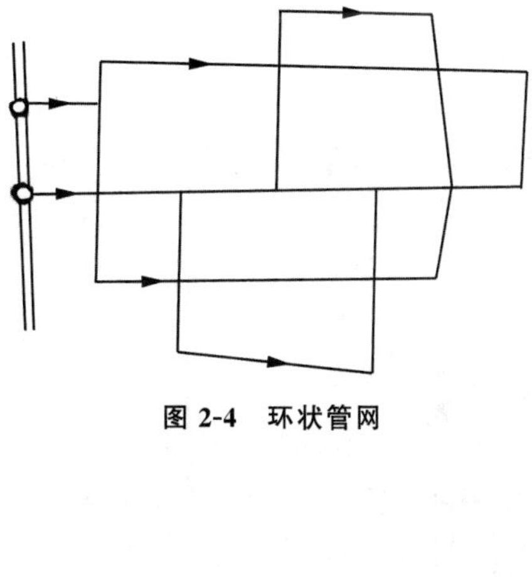

图 2-4　环状管网

二、相关名词及水力计算

(1)用水量标准。进行管网布置时,首先应求出各点的用水量。管网根据各用水点的需要量供水。公园中用水大致分生活、生产、造景和养护几方面。不同的点，水的用途也不同，其用水量标准也各异。公园中各用水点的用水量就是根据或参照这些用水量标准计算出来的。所以用水量标准是给水工程设计时的一项基本数据。用水量标准是国家根据各地区城镇的性质、生活水平和习惯、气候、房屋设备及生产性质等不同情况而制定的。我国地域辽阔，因此各地的用水量标准也不尽相同。现将与园林有关的项目列表，如表 2-1 所示。

表 2-1　用水量标准

建筑物名称	单位	生活用水量标准 最高日/L	小时变化系数	备注
公共食堂 营业食堂	每一顾客每次	15～20	2.0～1.5	1. 食堂用水包括主副食加工，餐具洗涤清洁用水和工作人员及顾客的生活用水，但未包括冷冻机冷却用水 2. 营业食堂用水比内部食堂多，中餐餐厅又多于西餐餐厅 3. 餐具洗涤方式是影响用水量标准的重要因素，以设有洗碗机的用水量最大 4. 内部食堂设计人数即为实际服务人数；营业食堂按座位数，每一顾客就餐时间及营业时间计算顾客人数
内部食堂	每人每次	10～15	2.0～1.5	
茶室	每一顾客每次	5～10	2.0～1.5	
小卖部	每一顾客每次	3～5	2.0～1.5	
电影院	每一观众每场	3～8	2.5～2.0	1. 附设有厕所和饮水设备的露天或室内文娱活动的场所，都可以按电影院或剧场的用水量标准选用 2. 俱乐部、音乐厅和杂技场可按剧场标准，影剧院用水量标准，介于电影院与剧场之间
剧场	每一观众每场	10～20	2.5～2.0	
体育场运动员沐浴	每人每次	50	2.0	1. 体育场的生活用水用于运动员淋浴部分需考虑运动员在运动场进行一次比赛或表演活动后需淋浴一次 2. 运动员人数应按假日或大规模活动时的运动员人数计
观众	每人每次	3	2.0	
游泳池 游泳池补充水	每日占水池容积	15%		当游泳池为完全循环处理（过滤消毒）时，补充水量可按每日水池容积 5%考虑
运动员淋浴	每人每场	60	2.0	
观众	每人每场	3	2.0	
办公楼	每人每班	10～25	2.5～2.0	1. 企业事业、科研单位的办公及行政管理用房均属此项 2. 用水只包括便溺冲洗、洗手、饮用和清洁用水
公共厕所	每小时 每冲洗器	100		
喷泉　大型	每小时	≥10 000		大、中型喷水池通常应考虑循环用水
喷泉　中型	每小时	2 000		
洒地用水量　柏油路面	每次每平方米	0.2～0.5		≤3 次/天
洒地用水量　石子路面	每次每平方米	0.4～0.7		≤4 次/天
洒地用水量　庭园及草地	每次每平方米	1.0～1.5		≤2 次/天

(2)日变化系数和时变化系数。公园中的用水量,在任何时间里都不是固定不变的。在一天中游人数量随着公园的开放和关闭在变化着;在一年中又随季节的冷暖而变化。另外,不同的生活方式对用水量也有影响。我们一年中用水最多的一天的用水量称为最高日用水量。最高日用水量对平均日用水量的比值,叫日变化系数,其公式为:

日变化系数 K_d=最高日用水量/平均日用水量

日变化系数 K_d 在城镇一般取 1.2~2.0,在农村由于用水时间很集中,数值偏高,一般取 1.5~3.0。

同样,我们把最高日那天用水最多的那个小时的用水量称为最高时用水量,它与这一天平均时用水量的比值,称为时变化系数,其公式为:

时变化系数 K_h=最高时用水量/平均时用水量

时变化系数 K_h 的值,在城镇通常取 1.3~2.5,在农村则取 5~6。

公园中的各种活动、饮食、服务设施及各种养护工作、造景设施的运转基本上都集中在白天进行。以餐厅为例,其服务时间很集中,通常只供应一段时间,如 10:00—14:00。而且以假日游人最多。所以用水的日变化系数和时变化系数的数值也应该比城镇的 K_d、K_h 值大。在没有统一规定之前,建议 K_d 取 2~3、K_h 取 4~6。当然 K_d、K_h 值的大小和公园的位置、大小、使用性质均有关系。

将平均日用水量乘以日变化系数 K_d 和时变化系数 K_h,即可求得最高日最高时用水量。设计管网时必须用这个用水量,这样在用水高峰时,才能保证水的正常供应。

(3)流量和流速。在给水系统的设计中,各种构筑物的用水量是按最高日用水量确定的,而给水管网的设计是按最高日最高时用水量来计算确定的,最高日最高时管网中的流量就是给水管网的设计流量。流速的选择较复杂,涉及管网设计使用年限、管材及其价格、电费高低等,在实际工作中通常按经济流速的经验值取用:

$d>100$ mm 时,　　　　$v=0.2\sim0.6$(m/s)

100 mm$>d>$40 mm 时,$v=0.6\sim1.0$(m/s)

$d<40$ mm 时,　　　　$v=1.0\sim1.4$(m/s)

未预见的流量:这类用水包括未预见的突击用水、管道漏水等,根据《室外给水设计规范》规定,未预见用水量可按最高日用水量的 15%~25%计算。

(4)管径的确定。管网中用水量各管段计算流量分配确定后,一般就作为确定管径 d 的依据(管网中有的管段从供水安全等考虑,需适当放大管径)。管径计算公式为:

$$d=\sqrt{4Q/\pi v}$$

式中:d 为管段管径,m;Q 为管段的设计流量,m^3/s;v 为管内流速,m/s。

(5)水压力和水头损失。在给水管上任意点接上压力表都可测得一个读数,这数字便是该点的水压力值。管道内的水压力通常以 kg/cm^2 或 kPa 表示。1 kg/cm^2=100 kPa,为了便于计算,也把水压称为"水柱高",水力学上又称为"水头"。其单位换算关系为 1 kg/cm^2=10 m 水头=100 kPa。

水在管中流动,水和管壁发生摩擦,克服这些摩擦力而消耗的势能就叫水头损失。水头损失可用水压表测出,假设在给水管的 A 点用水压表测得该点水压力为 5 kg/cm^2(50 Pa),又在沿水流方向距 A 点 200 m 的 B 点测得水压力为 4 kg/cm^2,可知在管道中水流经过 200 m 之后，损失了 1 kg/cm^2 压力，这 1 kg/cm^2（10 Pa）压力就是水流为克服管道阻力而被消耗掉的，这就是水头损失。水头损失包含沿程水头损失和局部水头损失。沿程水头损失可通过查铸铁管（或其他材料）水力计算表求得；局部水头损失通常根据管网性质按相应沿程水头损失的一定百分比计取，生活用水管网为 25%～30%，生产用水管网为 20%，消防用水管网为 10%。

任务实施

1. 有关图纸、资料的搜集与研讨

首先，从公园设计图纸、说明书等了解原有的或拟建的建筑物、设施等的用途及用水要求、各用水点的高程等。

然后，根据公园所在地附近城市给水管网布置情况，掌握其位置、管径、水压及引用的可能性。如公园（特别是地处郊区的公园）自设设施取水，则须了解水源（如泉等）常年的流量变化、水质优劣等。

2. 布置管网

在公园设计平面图上，定出给水干管的走向，并对节点进行编号，量出节点间的长度。

3. 求公园中各用水点的用水量及水压要求

（1）求某一用水点的最高日用水量 Q_d（L/d 或 m^3/d）。

$$Q_d = q \cdot N$$

式中：Q_d 为最大日用水量，L/d；q 为用水量标准（最大日）；N 为游人数（服务对象数目）或用水设施的数目。

（2）求该用水点的最高时用水量 Q_h（L/h 或 m^3/h）。

$$Q_h = Q_d \cdot K_h$$

式中：K_h 为时变化系数（公园可取 4～6）。

（3）求设计秒流量 q_0（L/s）。

$$q_0 = Q_h / 3\ 600$$

4. 确定各管段的管径

根据各用水点所求得的设计流量及管段流量并考虑经济流速，查铸铁管水力计算表确定各管段的管径。同时还可查得与该管径相应的流速和单位长度的沿程水头损失值。

5. 水头计算

公园给水干管所需水压可按下式计算：

$$H = H_1 + H_2 + H_3 + H_4$$

式中：H 为引水管处所需的总压力，mH_2O；H_1 为配水点和引水点的地面高程差，m；H_2 为配水点和建筑进水管之间的高差，m；H_3 为配水点所需的工作水头，mH_2O；H_4 为沿程水头损失和局部水头损失之和，mH_2O。

“计算配水点”应当是管网中的最不利点。所谓最不利点是指处在地势高、距离引水点远、用水量大或要求工作水头特别高的用水点。只要最不利点的水压得到满足，则同一管网中的其他用水点的水压就能得到满足。

6. 校核

通过上述的水头计算，若引水点的自由水头略高于用水点的总水压要求，则说明该管段的设计是合理的。否则，需对管网布置方案或对供水压力进行调整。

7. 采用网格法进行管线定位

每段给水管的管径、坡度、流向均用数字或箭头准确标注，管底标高分别用指引线清晰标出，使人一目了然。

阅读材料

给水管材及附属设施

一、管道材料的选择

(1)钢管。钢管可分为焊接钢管和无缝钢管，而焊接钢管又分为镀锌钢管和黑铁管，室内饮用给水用镀锌钢管。用钢管施工造价高，速度慢，但耐久性好。

(2)铸铁管。分为灰铸铁管和球墨铸铁管。灰铸铁管耐久性好，质脆，不耐弯折和振动，内壁光滑度较差；球墨铸铁管抗压、抗振强度较大，具有一定的弹性，施工较方便，但造价高于灰铸铁管。

(3)钢筋混凝土管。钢筋混凝土管分为普通钢筋混凝土管和预应力钢筒混凝土管。这一类管道多用于大输水量的管材。普通混凝土管材。由于质脆、重量大，在防渗和密封上都不好处理，现多做排水管。而预应力钢筒混凝土管是由钢筒和预应力钢筋混凝土管复合而成的，具有较好的抗震、耐腐、耐渗等特点，大输水量的管材常使用。

(4)塑料管。塑料管的种类比较多，常用的有 PVC、PE、PPR 管等，这些管材均具有表面光滑、耐腐蚀，连接方便等特点，是小管径(200 mm 以内)输水较理想的管材。

管材选用取决于承受的水压、价格、输送的水量、外部荷载、埋管条件、供应情况等，其大致适应性如下：

①长距离大水量输水系统，若压力较低，可选用预应力钢筋砼管，若压力较高，可采用预应力钢筒混凝土管和玻璃钢管。

②城市输配水管道系统可采用球墨铸铁管和玻璃钢管。

③室内、小区、绿地中内部可采用塑料管和镀锌钢管。

二、管件

给水管的管件种类很多，不同的管材有些差异，但分类差不多，有接头、弯头、三通、四通以及管堵、活性接头等。每类又有很多种，如接头分内接头、外接头、内外接头、同径或异径接头等(图 2-5)。

三、阀门

阀门的种类很多，园林给水工程中常用的阀门按阀体结构形式和功能可分为截止阀、闸阀、蝶阀、球阀、电磁阀等。按照驱动动力分为手动、电动、液动和气动四种方式，按照公称压力分为高压、中压、低压三类，园林中大多为中低压阀门，以手动为主。

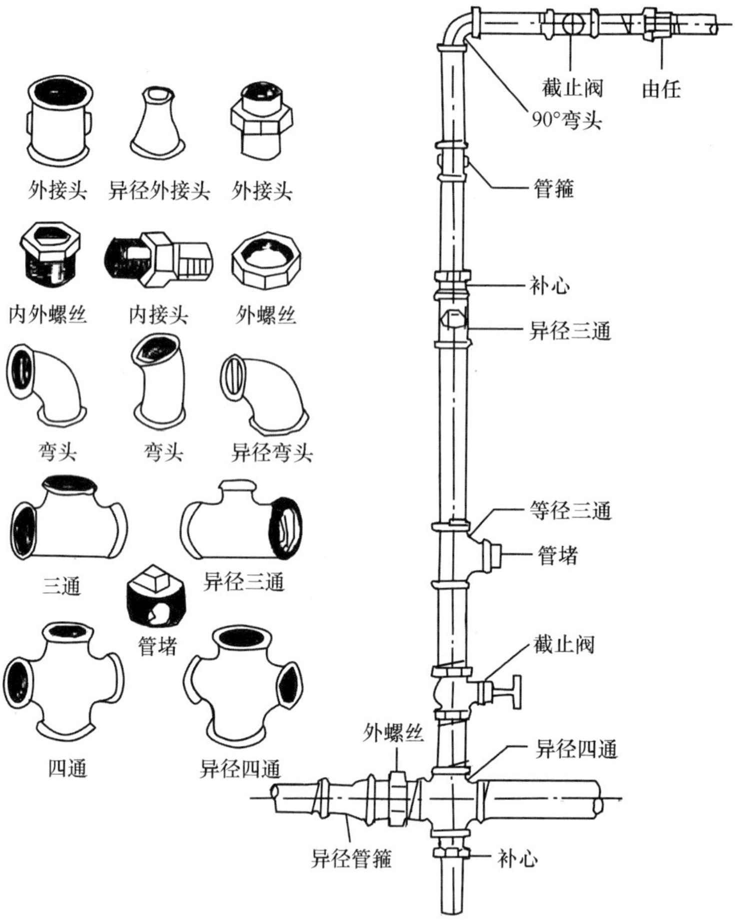

图 2-5 管件管材

四、管网附属设施

(1)地下龙头。一般用于绿地浇灌,它由阀门、弯头及直管等组成,通常用 DN 20 或 DN 25。把部件放在井中,埋深 300～500 mm,周边用砖砌成井,大小根据管件多少而定。地下龙头的服务半径 50 m 左右。

(2)阀门井。阀门是用来调节管线中的流量和水压,主管和支管交接处的阀门常设在支管上。一般把阀门放在阀门井内,平面尺寸由水管直径及附件种类和数量定,一般阀门井内径 1 000～2 800 mm,井口一般 DN 600～800 mm,井深由水管埋深决定。

(3)排气阀井和排水阀井。排气阀装在管线的高起部位,用以排出管内空气。排水阀设在管线最低处,用以排除管道中沉淀物和检修时放空存水。

(4)消火栓。分地上式和地下式,地上式易于寻找,使用方便,但易碰坏,地下式适于气温较低地区,一般安装在阀门井内。在城市室外消火栓间距在 120 m 以内,公园或风景区根据建筑情况而定。消火栓距建筑物在 5 m 以上,距离车行道不大于 2 m,便于消防车的连接。

(5)其他。给水管网附属设施较多,还有水泵站、泵房、水塔、水池等。

训练与评价

1. 目的要求

图 2-6 为园博梅林景点景观设计图，请对其进行景观给水设计，要求：

(1)结合梅林景点景观设计的状况选择合理的管网布置形式。

(2)管网布置中注意该景观环境。

(3)选择合理的埋深、管材、阀门及消火栓。

(4)根据最高日用水量、最高时用水量与管段流量 Q 确定管段的管径 D 与水头 H。

图 2-6　园博梅林景点景观设计图

2. 主要内容

管网布置、管材选择、管径选择、流量计算、水头设计。

3. 要点提示

(1)给水管网的基本布置形式和布线要点：管网类型能结合地形、植被需水状况、水源来源合理选择。干管应靠近主要供水点，干管能随地形起伏敷设，和其他管道按规定保持一定的距离。

(2)管网布置的一般规定:管道埋深最低不小于 0.7 m,根据当地最低气温而定。管材材料类型选择合理,在规定范围内安置阀门及消火栓。

(3)给水管网计算:最高日用水量、最高时用水量符合该景点的用水需要,管段计算流量,管段的管径及水头设计合理。

4. 自我评价

序号	评价内容	评价标准	自我评定
1	管网布置	1. 管网布置类型在满足供水要求的前提下能节水(10 分) 2. 管道埋深符合当地气候条件并充分考虑周边其他管道的影响(10 分)	
2	管材选择	1. 管材类型选择经济合理(10 分) 2. 阀门及消火栓的设置数量与设置距离满足需要(10 分)	
3	管径选择	1. 流速选择合理(10 分) 2. 管径选择合理(10 分)	
4	用水量计算	1. 正确确定最高日用水量(10 分) 2. 正确确定最高时用水量(10 分)	
5	水头设计	1. 对最不利点的水头损失计算准确(10 分) 2. 管道的局部水头损失选择准确(10 分)	

任务二　给水管网的施工

任务描述

城市给水管线基本上埋在道路、绿地下,特殊情况时(如过桥时)才考虑敷设在地面上。在公园,给水管线绝大部分都在绿地下,部分穿越道路、广场时才设在硬质铺地下,在气候温暖地区,为节省土方工程,有时设在地面上。

园林给水工程大多属于隐蔽工程,在施工管理上要认真做好施工记录;同时应确认管材管件的规格质量是否符合要求等,因此给水管网在施工时,一定要认真、科学。

相关知识

一、施工时的注意事项

(1)竣工标高。

(2)埋深不宜过大。

(3)处理好接口部位。

(4)认真进行水压试验。

(5)填土使用优质土并切实压固。

(6)水表或止水阀门安装位置要稍高一些,避免积存水分。

二、给水管线敷设原则

(1)水管管顶以上的覆土深度,在不冰冻地区由外部荷载、水管强度、土壤地基与其他管线交叉等情况决定。金属管道一般不小于 0.7 m,非金属管道不小于 1.0～1.2 m。

(2)冰冻地区除考虑以上条件外,还须考虑土壤冰冻深度,一般水管的埋深在冰冻下的深度:管径 d 300～600 mm 时为 $0.75d$;$d>600$ mm 时为 $0.5d$。

(3)在土壤耐压力较高和地下水位较低时,水管可直接埋在天然地基上。在岩基上应加垫砂层。对承载力达不到要求的地基土层,应进行基础处理。

(4)给水管道相互交叉时,其净距不小于 0.15 m,与污水管平行时,间距取 1.5 m,与污水管或输送有毒液体管道交叉时,给水管道应敷设在上面,且不应有接口重叠,当给水管敷设在下面时,应采用钢管或钢套管。给水管与其他构筑物间距可参考《给排水设计手册》。

公园的管网由于压力小,其规定可适当降低。

任务实施

(1)熟悉设计图纸。熟悉管线的平面布局、管段的节点位置、不同管段的管径、管底标高、阀门井以及其他设施的位置等。

(2)工具准备。园林给水管道安装常用的机具有套丝机、砂轮切割机、试压泵、手动液压铸铁管剪切器、电焊机、氧割(焊)设备、手锤、捻口凿、钢锯、铰扳、剁斧、大锤、撬杠、电气焊工具、手拉葫芦、管子台虎钳、大绳、铁锹、水平尺、钢卷尺等。

(3)清理施工场地。清除场地内有碍管线施工的设施和建筑垃圾等。

(4)施工定点放线。根据管线的平面布局,利用相对坐标和参照物,把管段的节点放在场地上,连接邻近的节点即可。

(5)抽沟挖槽。根据给水管的管径确定挖沟的宽度。

$$D=d+2L$$

式中:D 为沟底宽度,cm;d 为水管设计管径,cm;L 为水管安装工作面(一般 30～40 cm),cm。

沟槽一般为梯形,其深度为管道埋深,如遇岩基和承载力达不到要求的地基土层,应挖得更深一些,以便进行基础处理;沟顶宽度根据沟槽深度和不同土的放坡系数决定(图 2-7)。

(6)基础处理。水管一般可直接埋在天然地基上,不需要作基础处理;遇岩基或承载力达不到要求的地基土层,应作垫砂或基础加固等处理。

(7)管道安装。在管道安装之前,要准备相关材料,材料准备后,计算相邻节点之间需要管材和各种管件的数量,如果是用镀锌钢管则要进行螺纹丝口的加工,再进行管道安装。安装顺序一般是先干管后支管再立管,在工程量大和工程复杂地域可以分段和分片施工,利用管道井、阀门井和活接头连接。

安装准备→清扫管道→管材、管件、阀门、消火栓等就位→管道连接→灰口养护→水压试验→管道冲洗。

(8)覆土填埋。管道安装完毕,通水检验管道渗漏情况再填土,填土前用沙土填实管底和固定管道,不使水管悬空和移动,防止在填埋过程中压坏管道。

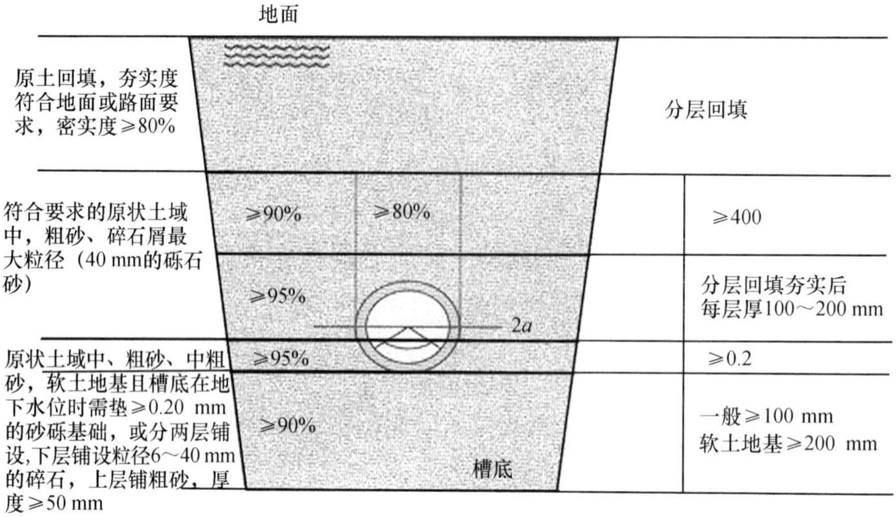

图 2-7　沟槽

(9)修筑管网附属设施。在日常施工中遇到最多的是阀门井和消火栓,要按照设计图纸进行施工。

项目二

园林绿地固定式喷灌工程

任务一　园林绿地固定式喷灌系统设计

任务描述

喷灌是一种常用的节水灌溉技术，在 20 世纪 50 年代开始用于农业生产。随着高效喷头、薄型铝管、轻质塑料管和快速接头的出现和改进，其发展速度极快。在农业生产中，当使用喷灌技术时，必须进行系统规划设计。

固定式喷灌系统

相关知识

一、喷灌的优、缺点

(1)优点。近似于天然降水，对植物全面进行浇灌，可以洗去树叶上的尘土，增加空气的湿度；节约用水；节省空间。

(2)缺点。投资较高；受风和空气温度影响大；技术要求高；高、中压灌耗能较大。

二、喷灌形式

依喷灌方式，喷灌系统可分为移动式、固定式、半固定式三种。

(1)移动式喷灌系统。这种喷灌系统适合有天然水源(池塘、河流等)的园林绿地灌溉。其动力设备、水泵、管道和喷头等都是可以移动的，投资较省，机动性较强，但管理劳动强度大。

(2)固定式喷灌系统。这种喷灌系统有固定的泵房，阀门设备、管道都埋在地下，喷头固定在立管上，也可临时安装。现在较先进的是地埋伸缩式喷头(喷头也埋在地下，平时缩入套管或检查井内，工作时，利用水压，喷头上升一定高度后喷洒)。固定式喷灌系统设备费用较高，一次投资较多；但节省人工、水量，从长远角度看还是比较经济的。

(3)半固定式喷灌系统。其泵房、干管固定或埋入地下,支管和喷头可以移动,优、缺点介于两者之间。多应用在大型花圃、苗圃以及菜地,也可以运用在公园的树林区。

喷灌系统的组成如图 2-8 所示。

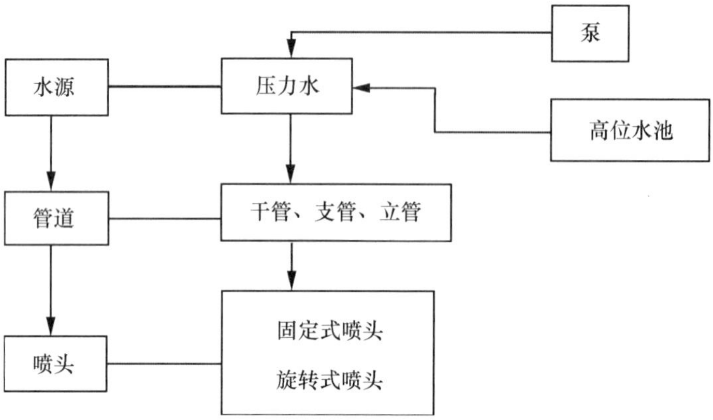

图 2-8　喷灌系统的组成

三、喷灌系统的组成

通常由喷头、管材管件、控制设备、过滤装置、加压设备及水源等部分构成。

(1)喷头极其重要,它的作用是将有压水流破碎成细小的水滴,按照一定的分布规律喷洒在绿地上。

(2)管材和管件构成了喷水系统的输水管网。其作用是将有压水流从水源按照一定方式输送到系统中每个喷头底部。在喷灌行业中,一般用得最多的是 U-PVC 管,承受的最大压力达到 1.6 MPa。

(3)控制设备由控制器和电磁阀组成,可实现喷灌系统的自动定时开关。

(4)当灌溉用水中有固体悬浮或有机物时,需采用过滤器对水中的杂质进行分离和过滤,以免堵塞系统中的阀门和喷头。过滤器可分为离心过滤器、网式过滤器、叠片过滤器。

(5)加压设备的作用是确保喷头能够在设计压力下工作,如压力不够的话,通常用水泵来增压,以便喷头能正常工作。选用水泵时需考虑流量和扬程两个参数。

(6)水源可以是河水、塘水和湖水等,但园林灌溉较多是以自来水为灌溉系统水源,如果水源是自来水,需要确定两个参数即流量和工作压力。

任务实施

1.设计基础资料的收集

(1)地形图。比例尺为 1/1 000～1/500 的地形图,了解设计区域的形状、面积、位置、地势等。

(2)气象资料。包括气温、雨量、湿度、风向风速等,其中风对喷灌影响最大。

(3)土壤资料。主要是土壤的物理性能,包括土壤的质地、持水能力、土层厚度、吸水能力等,主要用以确定喷灌强度和灌水定额的依据。

(4)植被情况。植被的种类、种植面积、根系情况等。

(5)水源条件。城市自来水或天然水源。

(6)动力来源。重力还是外力。

2. 确定喷头布置形式

(1)喷洒方式。喷嘴喷洒的形状有圆形和扇形，一般扇形只用在场地的边角上，其他用圆形。

(2)喷头组合形式。各喷头的相对位置的安排。在喷头射程相同的情况下，不同的布置形式，其支管和喷头的间距也不相同。表 2-2 是常用的几种喷头布置形式、有效控制面积及使用范围。

表 2-2　喷头布置形式

序号	喷头组合形式	喷洒方式	喷头间距(L) 支管间距(b) 喷头射程(R)的关系	有效控制面积	应用范围
A	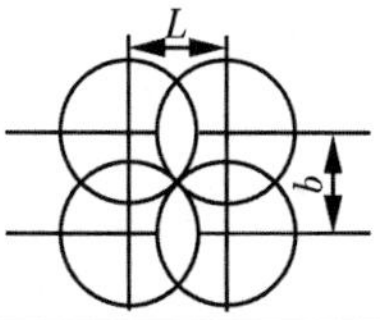	全圆	$L=b=1.42R$	$S=2R^2$	在风向改变频繁的地区效果好
B	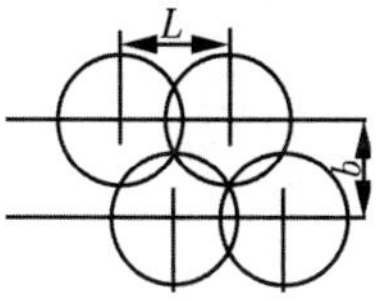	全圆	$L=1.73R$ $b=1.5R$	$S=2.6R^2$	在无风的情况下喷洒的效果最好
C	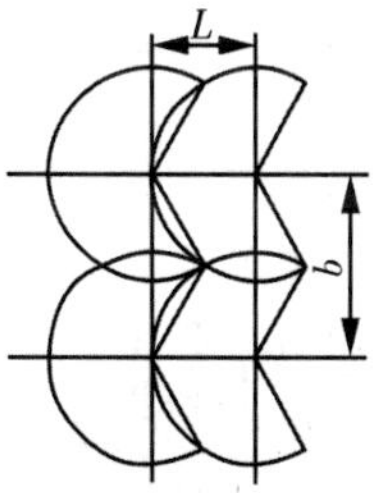	扇形	$L=R$ $b=1.73R$	$S=1.73R^2$	较 A、B 节省管道，但多用喷头
D	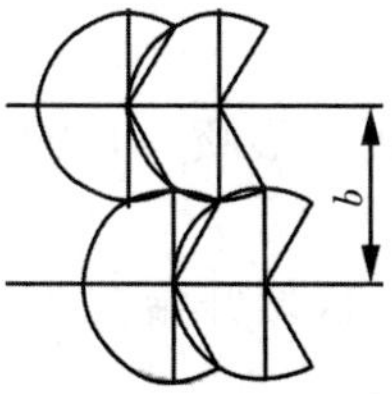	扇形	$L=R$ $b=1.87R$	$S=1.865R^2$	较 A、B 节省管道，但多用喷头

(3)喷头及支管间距。在确定喷头的布置形式后，选择合适的喷嘴，每个正规厂家的产品都标明了喷嘴的型号、射程、喷嘴流量、直径、工作压力等，然后根据风速和喷嘴的射程 R 确定喷头的间距和支管间距。

如标准足球场为 68 m×105 m 的长方形(图 2-9)，其喷灌系统设计在四个边角布置四个喷头。在转折点之间的边界上，根据选择的喷头布置形式和喷头射程等数据，按相等的间距布置喷头。

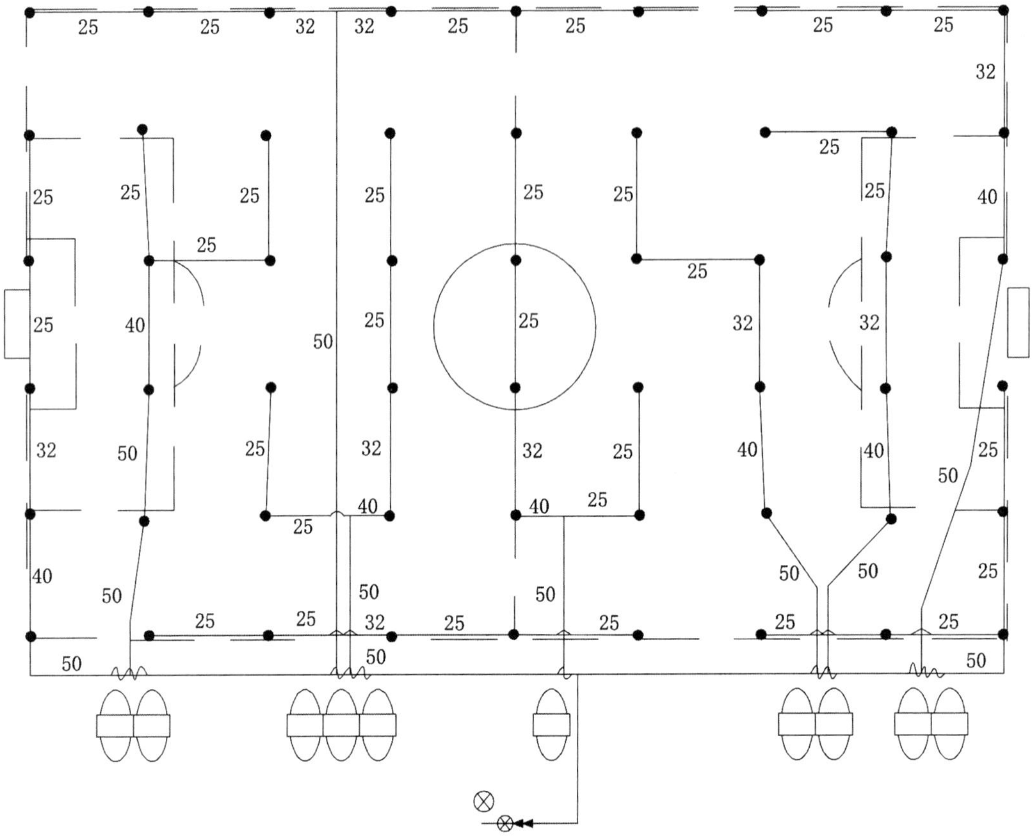

图 2-9　足球场喷灌系统设计

如标准足球场一般采用正方形喷头布置形式。选择喷头射程为：$R=10$ m。根据前面表格的公式，喷头间距：$L=1.42R=1.42\times10=14.2$ m

估算足球场长边的喷头数量：足球场长度 105 m÷喷头间距 14.2 m≈7.4 个

估算足球场短边的喷头数量：足球场宽度 68 m÷喷头间距 14.2 m≈5 个

按相等间距布置喷头，在足球场长边的边界和短边的边界上分别再等距离布置 7 个和 4 个喷头。

根据喷头布置形式和喷头射程布置喷头。如标准足球场采用正方形喷头布置形式，喷头间距、位置根据前面的计算方法确定。

喷灌绿地无边界时，喷头的布置应首先从喷灌技术要求最高的区域开始布置，然后向外延伸。

3. 轮灌区划分

轮灌区是指受单一阀门控制且同步工作的喷头和相应管网构成的局部喷灌系统。

轮灌区划分是指根据水源的供水能力将喷灌区域划分为相对独立的工作区域以便轮流灌溉。划分轮灌区还便于分区进行控制性供水以满足不同植物的需水要求，也有助于降低喷灌系统工程造价和运行费用。

4. 布置管线

(1)根据选择的喷头布置形式和喷头射程等数据确定喷头的位置(图 2-10)。

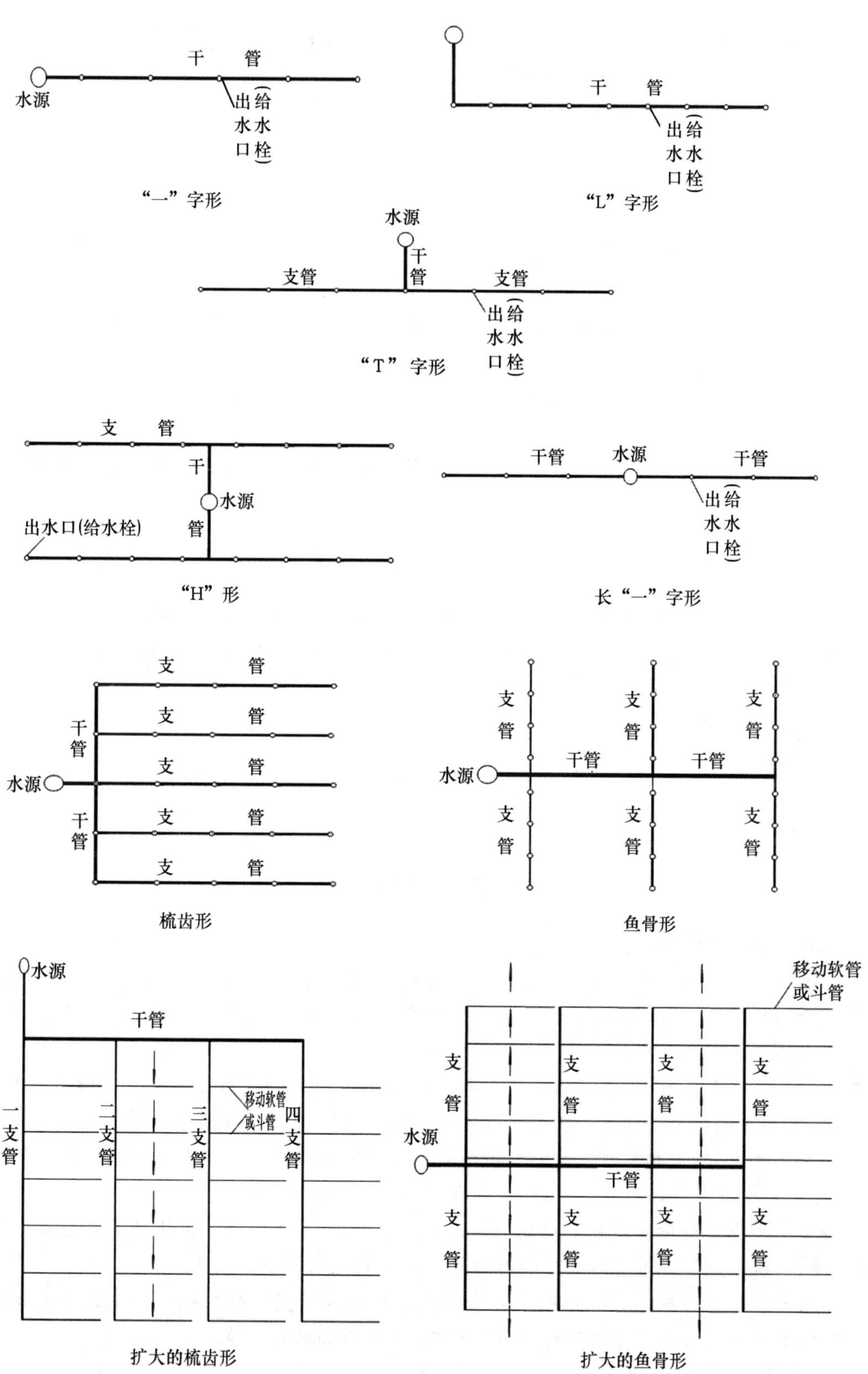

图 2-10　喷头管线布置形式

(2)用“波形”将喷头分组到支管,从而确定支管的分布形式,支管线路只需将喷头连接。

(3)画干管示意图并考虑控制阀的位置。

(4)支管布置及干管布线和控制阀定位的细化调整并完成。

管网布置注意事项:

(1)山地干管沿主坡向、脊线布置,支管沿等高线布置。

(2)缓坡地,干管尽可能沿路放置,支管与干管垂直。

(3)经常刮风的地区,支管与主风向垂直。

(4)支管不可过长,支管首端与末端压力差不超过工作压力的20%。

(5)压力水源(泵站)尽可能布置在喷灌系统中心。

(6)每根支管均应安装阀门。

(7)支管竖管的间距按选用的喷头射程及布置方式及风向、风速而定。

5. 选择管径

根据所选喷嘴流量(Q_P)和接管管径,确定立管管径。按照布置形式、支管上喷嘴的数量,得出支管的流量(Q)。

$$Q=\sum Q_P$$

流量(Q)计算出来后,查水力计算表,即可得到支管的流速(v)和管径(DN),主管管径(DN)的确定与主管上连接支管的数量以及设计同时工作的支管的数量有关,主管的流量(Q)随同时工作的支管数量变化而变化。

6. 确定水泵扬程

根据流量确定水泵扬程。

阅读材料

喷灌系统在实际应用中常见的问题

一、喷头布局和选型不合理

(1)喷头间距过长。没有考虑风速和水压的影响,出现喷洒不均匀甚至漏浇。这是导致喷灌工程失败的最常见因素之一,设计时应充分考虑喷洒半径、风速和水压的影响,布置喷头间距,不要单纯考虑节省喷头数量。

(2)喷头与水源压力、流量不相匹配。水源压力、流量不能满足喷头的要求。喷头选型时,所选喷头应满足现场可供水压和流量的要求,使之满足预期的喷洒效果。

(3)喷头与地形、土壤类型不匹配。在小面积草坪上选择远距离喷头,在坡地、土壤渗透性差的地方选择喷灌强度高的喷头,喷洒时形成径流,造成水资源浪费。

(4)喷头与使用场地不匹配。在运动场选用普通喷头,不耐践踏。在景观草坪选用摇臂喷头或微喷,影响景观。在进行喷头选型时应根据使用场地选择专用喷头。

(5)喷嘴选择不合理。360°喷头与扇形喷头选择相同喷嘴,喷灌强度不同致使喷洒不均匀。另外,在风速较大的地方选用标准仰角喷嘴,以致增加水的漂移。

二、材质选择不合理

管材在喷灌工程材料费中占很大的比例,因此,准确的水力计算,合理选择材质和管径不但可保证系统功能，而且可以减少不必要的开支，降低工程造价。

(1)推荐选择 PVC 材质。选择材质时，应综合考虑性能、质量、价格和施工难度。铸铁管的管道内壁不光滑，水头损失大，易生锈、堵塞，施工难度大。PVC、PPR 和 ABS 等新型塑料管道内壁光滑，水头损失小，不生锈，施工简单。但 PPR 和 ABS 成本高，用作一般的给水管道有些浪费，推荐使用 PVC 材质。

(2)管径过小，管道水头损失大，末端喷头压力不足。

(3)管径过大，管网系统造价迅速增加，造成不必要的资金浪费。

三、压力和流量与喷灌系统不匹配

(1)压力过低。喷头不能工作或工作半径偏短，以水柱形式出现，喷洒不均匀，出现漏浇，这是导致喷灌工程失败的最常见因素。造成这种情况的原因主要有：水源压力不足，缺少加压装置或者加压装置过小，管道水头损失过大，或地形起伏大，高处压力低。

(2)压力过高。水源压力过高、水泵选型偏大或地形起伏大时低处压力高，会使喷头超负荷工作，影响喷头寿命，甚至直接导致喷头破裂或损坏齿轮驱动系统。

(3)流量不足。喷头不能工作或工作半径偏短，水泵不能在正常情况下工作。在喷灌设计时要收集准确的水源资料(包括压力、流量以及用水高峰期对喷灌系统流量的影响等)，并结合水源资料进行正确的喷头选型及轮灌组划分，保证水源流量能满足轮灌组的需求。进行正确的水力计算，选择合适的管径，安装必要的增压设备或减压设备，保证喷头在正常压力范围内工作。

四、缺少过滤设备或选型不合理

水源除压力、流量要与系统匹配外，水质也是设计者必须要考虑的因素，过滤不好也是导致喷灌工程失败的重要因素。对于喷灌系统，如果水质不好，可能引起喷头堵塞，影响喷头、水泵使用寿命。微喷灌系统对过滤要求更高，如果水质不好，甚至很可能引起整个系统瘫痪，因为微喷灌系统的灌水器流速低、流道复杂，一旦堵塞便难以修复。

任务二 园林绿地固定式喷灌系统施工

任务描述

固定式喷灌系统施工的技术要求较高，要求专业的施工队伍，以保证施工质量。施工时要求设计人员或喷灌系统的管理人员参加。这样，一方面可以保证施工能符合设计要求；另一方面也可以使管理人员熟悉整个喷灌系统的情况，便于维修管理。

任务实施

1. 定线

定线就是把设计图纸上的设计方案，直接布置到地面上去，对于水泵定线应确定水泵的轴线位置和泵房的基脚位置和开挖深度，对于管道系统则应确定干管的轴线位置，弯头、三通、四通及喷点(即竖管)的位置和管槽的深度。

2. 基坑和管槽

在便于施工的前提下管槽尽量挖得窄些，只是在接头处挖一较大的坑，这样管子承受的压力较小，土方量也小。管槽的底面就是管子的铺设平面，要挖平以减少不均匀沉陷。基坑管槽开挖后最好立即浇筑基础铺设管道，以免长期敞开造成坍方和风化底土，影响施工质量及增加土方工作量。

3. 安装管道

管道安装工作包括接收、装卸、运到现场、机械加工、接头、装配等。管道安装应注意以下几点：

(1)干支管均应埋在地面冰冻层以下，并应考虑地面上动荷载的压力来确定最小埋深，管子应有一定的纵向坡度，使管内残留的水能向水泵或干管的最低处汇流，并装有排空阀以便在喷灌季节结束后将管内积水全部排空。

(2)塑料管应装有伸缩节以适应温度变形。

(3)安装过程中要始终防止砂石进入管道。

4. 冲洗

管子装好后先不装喷头，冲洗管道，把竖管敞开任其自由溢流把管中砂石都冲出来，以免以后堵塞喷头。

5. 试压

将开口部分全部封闭，竖管用堵头封闭，逐段进行试压。试压的压力应比工作压力大1倍，保持这种压力10～20 min，各接头不应当有漏水，如发现漏水应及时修补，直至不漏为止。

6. 回填

经试压证明整个系统施工质量合乎要求，才可以回填。如管子埋深较大应分层轻轻夯实。采用塑料管应掌握回填时间，最好在气温等于土壤平均温度时回填以减少变形。

7. 试喷

最后装上喷头进行试喷，必要时还应检查正常工作条件下各喷点处是否达到喷头的工作压力，用量雨筒测量系统均匀度，看是否达到设计要求，检查水泵和喷头运转是否正常。随后应绘制埋在地下的管道与管件的实际位置图，以便检修时参考。

项目三

园林排水工程

任 务 园林雨水管渠的设计

任务描述

排水工程的主要任务是：把雨水、废水、污水收集起来并输送到适当地点排出，或经过处理之后再重复利用和排除掉。园林中如果没有排水工程，雨水、污水淤积园内，将会使植物遭受涝灾，滋生大量蚊虫并传播疾病，既影响环境卫生，又会严重影响公园里的游园活动。因此，在每一项园林工程中都要设置良好的排水工程设施。

园林排水工程

任务实施

(1)资料收集与管理。收集和整理所在地区和设计区域的各种原始资料，包括设计区域总平面布置图、竖向设计图，当地的水文、地质、暴雨等资料。

(2)汇水区划分。汇水区根据排水区域地形、地物等情况划分，通常沿山脊线(分水岭)、建筑外墙、道路等进行划分。给各汇水区编号并求其面积(F)。

(3)作管道布置草图。根据汇水区划分、水流方向及附近城市南水干管分布情况等，确定管道走向以及雨水口、检查井的位置。给各检查井编号并求其地面标高，标出各段管长。

(4)求设计降雨强度 q。降雨强度是指单位时间内的降雨量，我国常用的降雨强度公式：

$$q=167A_i(1+c\lg p)/(t+b)^n$$

式中：q 为设计降雨强度；p 为设计重现期；t 为降雨历时；A_i，c，b，n 为地方参数，根据统计方法进行计算确定。根据经验，一般公园绿地的 p 为1～3年，t 为5～15 min。

(5)确定各水区的平均径流系数值。径流系数是单位面积径流量与单位面积降用量的比值，用 Ψ 表示。地面性质不同，其径流系数也不同，各类地面径流系数参考表2-3。

表 2-3　各类地面径流系数参考表

地面种类	Ψ 值	地面种类	Ψ 值
各种屋面、混凝土和沥青路面	0.9	干砌砖石和碎石路面	0.4
大块石铺砌路面和沥青表面处理的碎石路面	0.6	非铺砌土地面	0.3
级配碎石路面	0.45	公园或绿地	0.15

常根据排水流域内各类地面面积或所占比例求出平均径流系数，$\Psi=\sum \Psi F/\sum F$

(6)求单位面积径流量 q_0。单位面积径流量是降雨强度与径流系数的乘积，即 $q_0=q\times\Psi$。

(7)列表进行雨水干管的设计流量计算，公式为：

$$Q=\Psi\times q\times F$$

式中：Q 为管段用水流量；q 为单位面积径流量；F 为汇水面积；Ψ 为平均径流系数。

计算出各汇水区的流量，通常设计流量应稍大于计算流量。查表确定各管段的管径、管坡、流速等，根据预先确定的管道起点埋深计算各管段起点和终点的管底标高及管底埋深值。

(8)绘制雨水管道平面图。

(9)绘制雨水干管纵剖面图。

◈ 阅读材料

一、雨水管渠布置

1. 雨水口布置要点

雨水口是雨水管渠上收集雨水的构筑物，其位置应能保证迅速有效地收集地面雨水。连接管是雨水口与检查井之间的连接管段。长度一般不超过 25 m，坡度不小于 1.5%。检查井是对管道检查和清理的同时也起连接作用而设置的雨水管道系统附属构筑物。通常设在管渠交汇、转弯、管渠尺寸或坡度改变、跌水等处，以及相隔一定距离的直线管段上。出水口设在雨水管渠系统的终点，用以将汇集的雨水排入天然水体。

2. 雨水管渠布置的一般规定

(1)管道的最小置土深度。根据用水井连接管的坡度、冰冻深度和外部荷载情况决定，用水管道的最小置土深度一般为 0.5～0.7 m。

(2)最小管径和最小设计坡度。雨水管道多为无压自流管，只有具有一定的纵坡值，雨水才能靠自身重力向前流动，而且管径越小所需最小纵坡值越大。用水管道最小坡度规定，用水管道最小管径为 200 m，相应坡度为 4%；公园绿地雨水管径为 300 m 相应最小坡度为 3.3%；管径为 350 mm，相应最小坡度为 3%；管径为 400 mm，相应最小坡度为 2%。

(3)最小容许流速。各种管道在自流条件下的最小容许流速不得小于 0.75 m/s。各种明渠不得小于 0.4 m/s。

(4)最大设计流速。流速过大，会磨损管壁，降低管道的使用年限。各种金属管道的最大设计流速为 10 m/s，非金属管道为 5 m/s。各种明渠的最大设计流速草坪护面、干砌块石、浆砌块石及浆砌砖、混凝土分别是 1.6 m/s、2.0 m/s、3.0 m/s、4.0 m/s。

(5)管道材料的选择。排水管道材料的种类一般有:铸铁管、钢管、石棉水泥管、陶土管、混凝土管和钢筋混凝土管等。室外雨水的无压排除通常选用陶土管、混凝土管和钢筋混凝土管。

(三)雨水管渠布置的要点

(1)当地形坡度较大时,雨水干管应布置在地形低的地方;在地形平坦时,雨水干管应布置在排水区域的中间地带,以尽可能地扩大重力流排除范围。

(2)尽量利用地形汇集雨水,尽量利用地面输送雨水,以达到所需管线最短。

(3)应结合区域的总体规划进行考虑,如道路情况、建筑物情况、远景建设规划等。

(4)为了尽快地将雨水排入水体,尽量采用分散出水口的方式。

(5)雨水口的布置应考虑及时排除附近地面的雨水。

(6)在满足冰冻深度和荷载要求的前提下,管道坡度宜尽量接近地面坡度。

二、园林排水特点及方式

(一)排水特点

(1)主要是排除雨水和少量生活污水。

(2)园林中地形起伏多变,有利于地面水的排除。

(3)园林中大多有水体,雨水可就近排入水体。

(4)园林可采用多种方式排水,不同地段可根据其具体情况采用适当的排水方式。

(5)排水设施应尽量结合造景。

(6)排水的同时还要考虑土壤能吸收到足够的水分,以利于植物生长,干旱地区尤应注意保水。

(二)排水方式

园林排水特点决定园林的排水方式:以地面排水方式为主结合沟渠和管道排水,我国大部分公园绿地中都是采用这种方式。

(1)地面排水。利用园林中地形条件,通过竖向设计将谷、涧、沟、道路等加以组织,划分排水区域,并就近排入园林水体或城市雨水干管。

(2)明沟排水。利用各种明沟,将地表水有组织地排放,明沟的坡度根据材料而定,不小于4‰(图 2-11)。

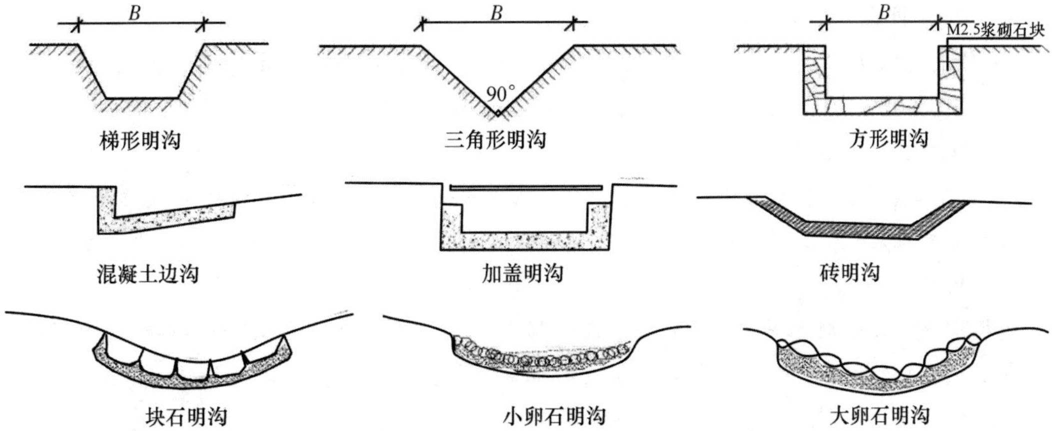

图 2-11 明沟排水

(3)管道排水。主要用于排除园林生活污水、低洼地雨水或公园中没有自然水体时的雨水。

(三)地面径流的排除

地面径流是指经土壤或地被物吸收及在空气中蒸发后余下的在地表面流动的那部分天然降水。防止地表径流冲刷的措施：

1.竖向设计

(1)控制地面坡度，使之不要过陡，不至于造成过大的地表径流速度。如果坡度大而不可避免，需设加固措施以减少水土流失。

(2)同一坡度(即使坡度不大)的坡面不宜延续过长，应有起伏变化，坡度陡缓不一，以免地表径流一冲到底，造成大流速的径流。

(3)利用顺等高线的盘谷山道、谷线等组织拦截，分散排水。

(4)利用植被(特别是地被和草皮植物)护坡，减少和防止地表的冲刷。

2.工程措施

(1)消能石(谷方)。为防止地表径流对地表的冲刷，在汇水线上布置的一些用来减缓水流冲力，以保护地表的山石。注意：谷方山石应具有一定体量，且应深埋浅露，且布置得当可形成一定的山谷景观(图2-12)。

图 2-12　消能石

(2)挡水石。在实际利用山道边沟排水时，在坡度变化较大处，由于水的流速大，表土土层往往被严重冲刷甚至毁坏路基，为了减少冲刷，在台阶两侧或陡坡处置石挡水，变为挡水石，挡水石可以本身的形体美或与植物配合形成很好的点景物(图2-13)。

(3)护土筋。其作用与挡水石相仿，一般沿山路两侧坡度较大或边沟沟底纵坡较陡的地段敷设，用砖或其他块材成行埋置土中，使之露出地面3～5 cm，每隔一定距离(10～20 m)设置3～4道(与道路中线成一定角度，如鱼骨状排列于道路两侧)。护土筋设置的疏密主要取决于坡度的陡缓，坡陡多设，反之则少设(图2-14)。

(4)出水口。园林中利用地面或明渠排水，在排入园内水体时，为了保护岸坡结合造景，出水口应做适当处理(图2-15)。

3.利用植物

园林中要求没有裸露地面，一是为了减少扬尘，另外，就是减少地表冲刷，同时植物可以吸收一部分水分，植物防地表冲刷主要是草皮和地被植物。

4.埋管排水

利用路面或路两侧明沟将雨水引至濒水地段或排放点，设雨水口埋管将水排出。

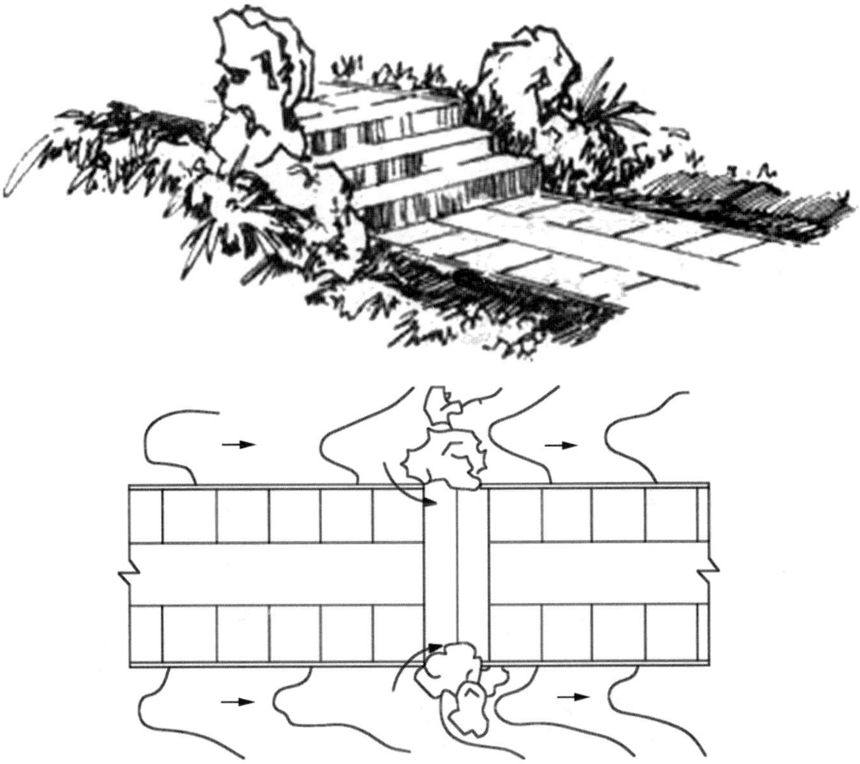

图 2-13　挡水石

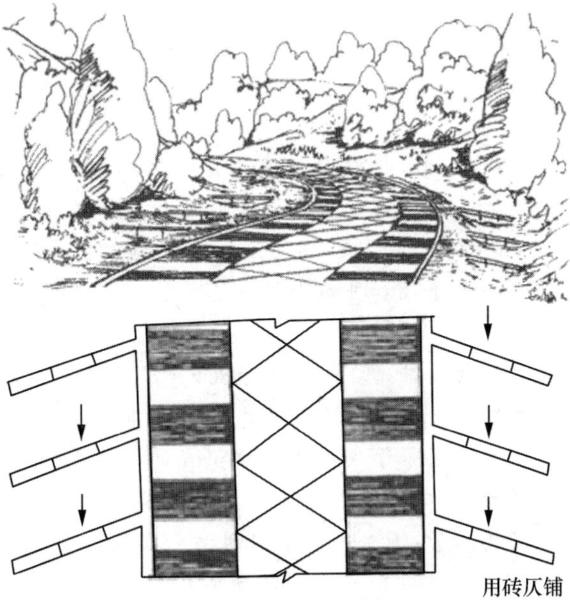

图 2-14　护土筋

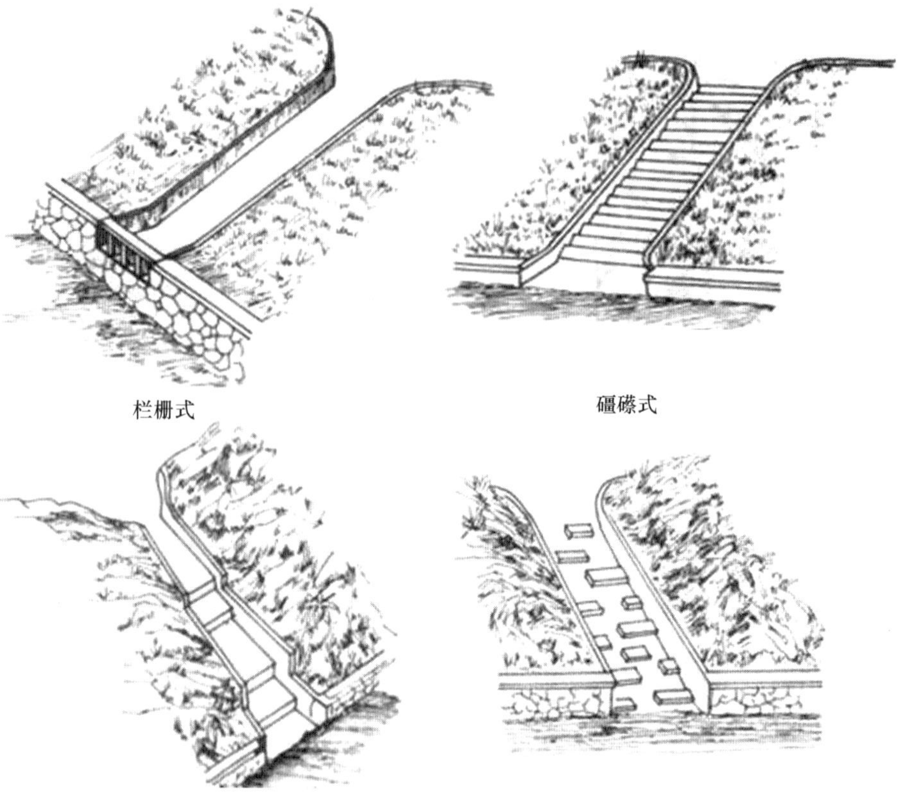

图 2-15　出水口

三、排水管网附属构筑物

在雨水排水管网中常见的附属构筑物有检查井、跌水井、雨水口和出水口等。

1. 检查井

检查井的功能是便于管道维护人员检查和清理管道。另外，它还是管段的连接点。检查井通常设置在管道方向坡度和管径改变的地方。设计时井与井之间的最大间距如果管径小于 500 mm 的为 50 m。为了检查和清理方便，相邻检查井之间的管段应在一直线上。检查井的构造，主要由井基、井底、井身、井盖座和井盖等组成。

2. 跌水井

跌水井是设有消能设施的检查井。在地形较陡处，为了保证管道有足够覆土深度，管道有时需跌落若干高度。在这种跌落处设置的检查井便是跌水井。常用的跌水井有竖管式和溢流堰式两种类型。竖管式适用于直径等于或小于 400 mm 的管道；大于 400 mm 的管道中应采用溢流堰式跌水井。但在实际工作中如上、下游管底标高落差不大于 1 m 时，只需将检查井底部做成斜坡水道衔接两端排水管，不必采用专门的跌水措施。

3. 雨水口

雨水口通常设置在道路边沟或地势低洼处，是雨水排水管道收集地面径流的孔道。雨水口设置的间距，在直线上一般控制在 30～80 m，它与干管常用 200 mm 的连接管连接，其长度不得超过 25 m(图 2-16)。

用山石处理雨水口示意图

园路上雨水口二例

颐和园雨水口一式

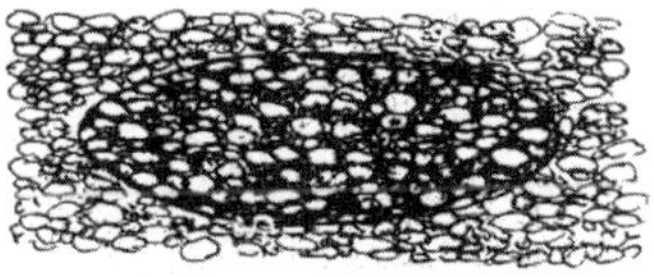

在卵石铺装地面上的井

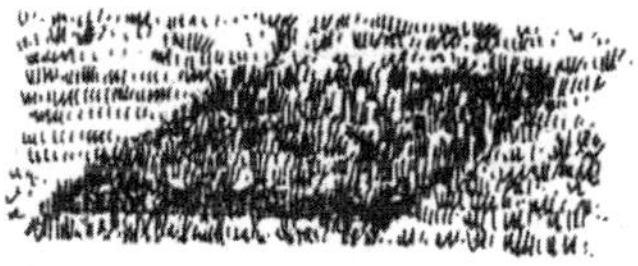

在草坪上的井盖

图 2-16　雨水口

4. 出水口

出水口是排水管渠排入水体的构筑物，其形式和位置视水位、水流方向而定，管渠出水口不要淹没于水中。最好令其露在水面上。为了保护河岸或池壁及固定出水口的位置，通常在出水口和河道连接部分应做护坡或挡土墙。

复习思考题

1. 管网布置的一般原则是什么？布置形式有哪些？
2. 喷头的形式有哪些？喷头的组合形式有哪些？
3. 园林排水的方式有哪些？园林中如何减少地表径流？
4. 了解雨水管渠设计和计算的基本步骤。

单元三

砌体工程

项目一　花坛

项目二　墙体

知识目标

- 认识常用的砌体材料，掌握其功能、性质及应用；
- 掌握花坛、挡土墙、景墙的材料和结构。

技能目标

- 能进行花坛的设计与施工；
- 能进行挡土墙的设计与施工；
- 能进行景墙的设计与施工。

砌体工程是指在建筑工程中使用普通黏土砖、承重黏土空心砖、蒸压灰砂砖、粉煤灰砖、各种中小型砌块和石材等材料进行砌筑的工程。包括砌砖、砌石、砌块及轻质墙板等内容。砌砖、砌石、砌体对砌筑材料的要求，组砌工艺，质量要求以及质量通病的防治措施。砌体主要由块材和砂浆组成，其中砂浆作为胶结材料将块材结合成整体，以满足正常使用要求及承受结构的各种荷载。砌体工程是建筑工程和园林工程中的一个主要工程。本单元将从花坛砌体、挡土墙、景墙进行介绍。

项目一

花　　坛

任　务　花坛的设计与施工

任务描述

花坛乃人类应用不同花卉造景的一种创意。据记载，花坛起源于古罗马时代的文人园林，16 世纪在意大利园林中广泛应用。17 世纪的法国凡尔赛宫是花坛应用的典型案例，当时大量使用的是"彩结式模纹花坛群"。花坛最初表现样式是：在具有几何造型轮廓的植床内，种植各种不同色彩的花卉，运用花卉的群体效果来体现图案纹样，或观赏盛花时绚丽景观的一种花卉应用形式，并以突出鲜艳的色彩或精美华丽的图案来体现花卉植物的生动装饰效果。早期的花坛均有固定地点，几何形植床边缘用砖或石头镶嵌，形成花坛的周界。随时代的变迁和文化的交流，花坛形式也在求新求变。由最初的平面地床或沉床（花坛植床稍低于地面）花坛拓展出斜面、立面、浮面及活动式等多种不同类型。现代工业的发展，亦为花坛施工技术的提高、盆栽育苗方法的改进提供了许多的新构想，并为花卉应用形式带来了新的生机。

相关知识

花坛在环境中可作为主景，亦可作为配景。样式与色彩的多样性可供设计者广泛选择。花坛的设计首先应考虑风格、样式、大小等方面，并与周围环境相搭配，而凸显花坛本身的特色。

花坛的大小需与花坛设置的广场、出入口及周围建筑的高低及横宽成比例，一般不应超过广场面积的 1/3，不小于 1/5。出入口处设置花坛以美观、不妨碍游人路线为原则，在高度上不可遮住出入口处视线。花坛的外部轮廓也应与建筑物边线、相邻的路边和广场的形状协调。色彩应与所在环境有所区别，既起到造景和装饰作用，又可与环境协调，融于环境之中，形成整体美及特色。

一、盛花花坛的设计

盛花花坛又称集栽花坛，是将几种不同种类、不同高度及不同色彩的花卉栽植成花丛状，一般是中间高，四周低，以供全方位欣赏或后高前低供单面欣赏(图 3-1、图 3-2)。

图 3-1　单面观赏花坛

图 3-2　四面观赏花坛

(一)植物选择

以观花草本为主体，可以是一、二年生花卉，也可用多年生球根或宿根花卉。可适当选用少量常绿、色叶及观花小灌木作辅助材料。一、二年生花卉为花坛的主要材料，其种类繁多，色彩丰富，成本较低。球根花卉也是盛花花坛的优良材料，色彩艳丽，开花整齐，但成本较高。适合作花坛的花卉应株丛紧密、着花繁茂，理想的植物材料在盛花时应完全覆盖枝叶，要求花期较长，开放一致，至少保持一个季节的观赏期。如为球根花卉，要求栽植后开花期一致。花色明亮鲜艳，有丰富的色彩幅度变化，纯色搭配及组合较复色混植更为理想，更能体现色彩美。不同种花卉群体配合时，除考虑花色外，也要考虑花的质感相协调才能获得较好的效果。植株高度依种类不同而异，但以选用 10～40 cm 的矮性品种为宜。此外要移植容易，缓苗较快。

(二)色彩设计

盛花花坛表现的主题是花卉群体的色彩美，因此在色彩设计上要精心选择不同花色的花卉巧妙地搭配，一般要求鲜明、艳丽。如果有台座，花坛色彩还要与台座的颜色相协调。盛花花坛常用的配色方法如下：

(1)对比色应用。这种配色较活泼而明快。深色调的对比较强烈，给人兴奋感，浅色调的对比配合效果较理想，对比不那么强烈，柔和而又鲜明。如堇紫色＋浅黄色(堇紫色三色堇＋黄色三色堇、藿香蓟＋黄早菊、荷兰菊＋黄早菊＋紫鸡冠＋黄早菊)，橙色＋蓝紫色(金盏菊＋雏菊、金盏菊＋三色堇)，绿色＋红色(扫帚草＋星红鸡冠)等。

(2)暖色调应用。类似色或暖色调花卉搭配，色彩不鲜明时可加白色以调剂，并提高花坛明亮度。这种配色鲜艳、热烈而庄重，在大型花坛中常用。如红＋黄或红＋白＋黄(黄早菊＋白早菊＋一串红或一品红、金盏菊或黄三色堇＋白雏菊或白色三色堇＋红色美女樱)。

(3)同色调应用。这种配色不常用，适用于小面积花坛及花坛组，起装饰作用，不作主景。如白色建筑前用纯红色的花，或由单纯红色、黄色或紫红色单色花组成的花坛组。

但在色彩运用设计中，尚需注意下列问题：

一个花坛配色不宜太多。一般花坛 2～3 种颜色，大型花坛 4～5 种足矣。配色多而复杂，难以表现群体的花色效果，显得杂乱。

在花坛色彩搭配中注意颜色对人的视觉及心理的影响。如暖色调在面积上有扩张感，冷色则收缩，因此在设计各色彩的花纹宽窄、面积大小时要有所考虑。例如，为了达到视觉上的大小相等，冷色用的比例要相对大些才能实现设计意图。

花坛的色彩要和它的作用相结合考虑。装饰性花坛、节日花坛要与环境相区别，组织交通用的花坛要醒目，而基础花坛应与主体相配合，起到烘托主体的作用，不可过分艳丽，以免喧宾夺主。

花卉色彩不同于调色板上的色彩，需要在实践中对花卉的色彩仔细观察才能正确应用。同为红色的花卉，如天竺葵、一串红、一品红等，在明度上有差别，分别与黄早菊配用，效果不同，一品红较稳重，一串红较鲜明，而天竺葵较艳丽，后两种花卉直接与黄菊配合，也有明快的效果，而一品红与黄菊中加入白色的花卉才会有较好的效果。同样，黄、紫、粉等各色花在不同花卉中明度、饱和度都不相同，仅据书中文字描述的花色是不够的。也可用盛花坛形式组成文字图案，这种情况下用浅色（如黄、白）作底色，用深色（如红、粉）作文字，效果较好。

（三）图案设计

外部轮廓主要是几何图形或几何图形的组合。花坛大小要适度，平面上过大在视觉上会引起变形，一般观赏轴线以 8～10 m 为度。现代建筑的外形过于多样化、曲线化，在外形多变的建筑物前设置花坛，可用流线或折线构成外轮廓，对称、拟对称或自然式均可，以求与环境协调。内部图案要简洁，轮廓明显。忌在有限的面积上设计繁琐的图案，要求有大色块的效果。一个花坛即使用色很少，若图案复杂也会导致花色分散，不易体现整体效果。

盛花花坛可供某一季节观赏，如春季花坛、夏季花坛等，至少保持一个季节内有较好的观赏效果。但设计时可同时提出多季观赏的实施方案，可用同一图案更换花材，也可另设方案，一个季节花坛景观结束后立即更换下季材料，完成花坛季相交替。

二、模纹花坛的设计

模纹花坛主要表现植物群体形成的华丽纹样，要求图案纹样精美细致，有长期的稳定性，可供较长时间观赏（图 3-3、图 3-4）。

图 3-3　模纹花坛（一）

图 3-4　模纹花坛（二）

(一)植物选择

植物的高度和形状与模纹花坛纹样表现有密切关系,是选择材料的重要依据。低矮细密的植物才能形成精美细致的华丽图案。典型的模纹花坛材料如五色草类及矮黄杨都符合下述要求:

(1)以生长缓慢的多年生植物为主,如红绿草、白草、尖叶红叶苋等。一、二年生草花生长速度不同,图案不易稳定,可选用草花的扦插、播种苗及植株低矮的花卉作图案的点缀,前者如紫菀类、孔雀草、矮串红、四季秋海棠等,后者有香雪球、雏菊、半支莲、三色堇等,但把它们布置成图案主体则观赏期相对较短,一般不使用。

(2)以枝叶细小,株丛紧密,萌蘖性强,耐修剪的观叶植物为主。通过修剪可使图案纹样清晰,并维持较长的观赏期。枝叶粗大的材料不易形成精美的纹样,在小面积花坛上尤不适用。观花植物花期短,不耐修剪,若使用少量作点缀,也以植株低矮、花小而密者效果为佳。植株矮小或通过修剪可控制在 5～10 cm 高,耐移植,易栽培,缓苗快的材料可优先选用。

(二)色彩设计

模纹花坛的色彩设计应以图案纹样为依据,用植物的色彩突出纹样,使之清晰而精美。如选用五色草中红色的小叶红或紫褐色小叶黑与绿色的小叶绿描出各种花纹。为使之更清晰,还可以用白绿色的白草种在两种不同色草的界限上,突出纹样的轮廓。

(三)图案设计

模纹花坛以突出内部纹样、华丽为主,因而植床的外轮廓以线条简洁为宜,可参考盛花花坛中较简单的外形图案。面积不宜过大,尤其是平面花坛,面积过大在视觉上易造成图案变形的弊病。

内部纹样可较盛花花坛精细复杂些,但点缀及纹样不可过于窄细。以红绿草类为例,不可窄于 5 cm,一般草本花卉以能栽植 2 株为限。设计条纹过窄则难以表现图案,纹样粗宽色彩才会鲜明,使图案清晰。

内部图案可选择的内容广泛,如仿照某些工艺品的花纹、卷云等,设计成毡状花纹;用文字或文字与纹样组合构成图案,如国旗、国徽、会徽等,设计要严格符合比例,不可改动,周边可用纹样装饰,用材也要整齐,使图案精细,多设置于庄严的场所;名人肖像,设计及施工均较严格,植物材料也要精选,从而真实体现名人形象,多布置在纪念性园地;也可选用花篮、花瓶、建筑小品、各种动物、花草、乐器等图案或造型,可以是装饰性的,也可以有象征意义;此外还可利用一些机器构件,如电动马达等与模纹图案共同组成有实用价值的各种计时器。常见的有日晷花坛、时钟花坛及日历花坛等。

图 3-5　时钟花坛

(1)日晷花坛。设置在公园、广场有充分阳光照射的草地或广场上,用毛毡花坛组成日晷的底盘,在底盘的南方立一倾斜的指针,在晴天时指针的投影可从 7:00 至 17:00 指出正确时间。

(2)时钟花坛。用植物材料时钟表盘,中心安置电动时钟,指针高出花坛之上,可正确指示时间,设在斜坡上观赏效果好(图 3-5)。

(3)日历花坛。用植物材料组成“年”“月”“日”或“星期”等字样,中间留出空间,用其他材料制成具体的数字填于空位,每日更换。日历花坛也宜设于斜坡上。

三、立体花坛的设计

立体花坛是指运用一年生或多年生小灌木或草本植物种植在二维或三维的立体构架上,形成植物艺术造型,是园艺技术和园艺艺术的综合展示(图 3-6、图 3-7)。

图 3-6 立体花坛(一)

图 3-7 立体花坛(二)

(1)标牌花坛。花坛以东、西两向观赏效果好,南向光照过强,影响视觉,北向逆光,纹样暗淡,装饰效果差。也可设在道路转角处,以观赏角度适宜为准。有两种方法,其一是用五色苋等观叶植物为表现字体及纹样的材料,栽种在 15 cm×40 cm×70 cm 的扁平塑料箱内。完成整体的设计后,每箱依照设计图案的规定扦插植物材料,各箱拼组在一起则构成总体图样。之后,把塑料箱依图案固定在竖起(可垂直,也可斜面)的钢木架上,形成立面景观。其二是盛花花坛的材料为主,表现字体或色彩,多为盆栽或直接种在架子内。架子为台阶式则一面观为主,架子呈圆台或棱台样阶式可作四面观。设计时要考虑阶梯间的宽度及梯间高差,阶梯高差小形成的花坛表面较细密。用钢架或砖及木板组成架子,然后花盆依图案设计摆放其上,或栽植于种植槽式阶梯架内,形成立面景观。设计立体花坛时要注意高度与环境协调。种植箱式可较高,台阶式不易过高。除个别场合利用立体花坛作屏障外,一般应在人的视觉观赏范围之内。此外,高度要与花坛面积成比例。以四面观圆形花坛为例,一般高为花坛直径的 1/6~1/4 较好。设计时还应注意各种形式的立面花坛不应露出架子及种植箱或花盆,充分展示植物材料的色彩或组成的图案。此外还要考虑实施的可能性及安全性,如钢木架的承重及安全问题等。

(2)造型花坛。造型物的形象依环境及花坛主题来设计,可为花篮、花瓶、动物、图徽及建筑小品等,色彩应与环境的格调、气氛相吻合,比例也要与环境协调。运用毛毡花坛的手法完成造型物,常用的植物材料如五色草类及小菊花。为施工布置方便,可在造型物下面安装有轮子的可移动基座。

任务实施

1. 进行花坛的设计，绘制图纸

运用小钢笔墨线、水粉、水彩、彩笔等绘制均可。

(1)环境总平面图。应标出花坛所在环境的道路、建筑边界线、广场及绿地等，并绘出花坛平面轮廓。依面积大小有别，通常可选用 1∶100 或 1∶1 000 的比例。

(2)花坛平面。应表明花坛的图案纹样及所用植物材料。如果用水彩或水粉表现，则按所设计的花色上色，或用写意手法渲染。绘出花坛的图案后，用阿拉伯数字或符号在图上依纹样使用的花卉，从花坛内部向外依次编号，并与图旁的植物材料表相对应，表内项目包括花卉的中文名、拉丁学名、株高、花色、花期、用花量等，以便于阅图。若花坛用花随季节变化需更换，也应在平面图及材料表中予以绘制或说明。

(3)立面效果图。用来展示及说明花坛的效果及景观。花坛中某些局部，如造型物等细部必要时需绘出立面放大图，其比例及尺寸应准确，为制作及施工提供可靠数据。立体阶梯式花坛还可给出阶梯架的侧剖面图。

(4)施工图(图 3-8)。

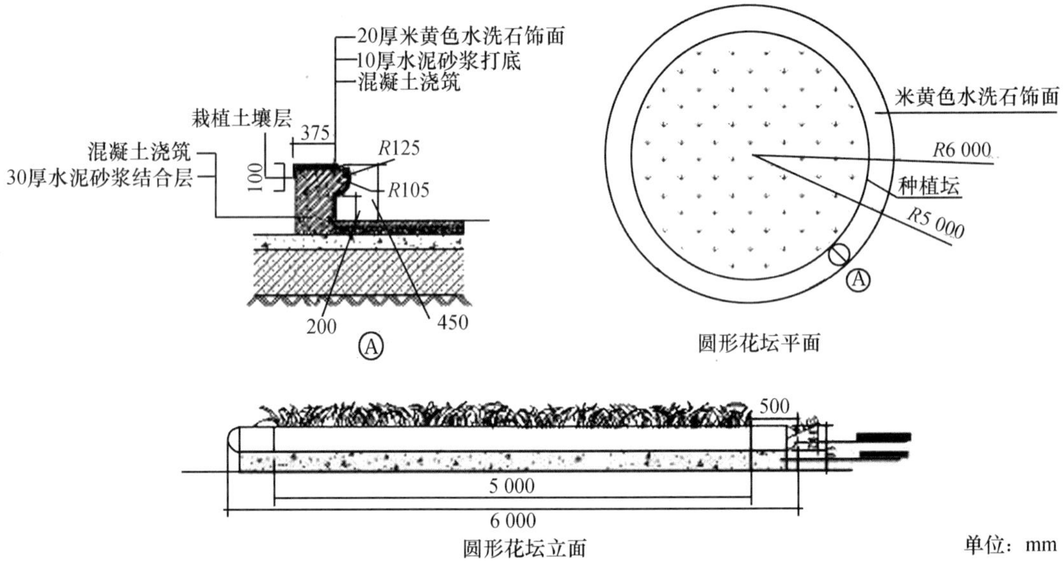

图 3-8　某花坛施工图

(5)设计说明书。简述花坛的主题、构思，并说明设计图中难以表现的内容，文字宜简练，可附在花坛设计图纸内。对植物材料的要求，包括育苗计划，用苗量的计算，育苗方法，起苗、运苗及定植要求，花坛建立后的一些养护管理要求。上述各图可布置在同一图纸上，注意图纸布图的媒体效果。也可把设计说明书另列出来。1 m^2 所栽株数×花坛中占的总面积，公式中株行距以冠幅大小为依据，不露地面为准。实际用苗量算出后，要根据花圃及施工的条件留出 5%～15% 的耗损量。花坛总用苗量的计算：$[A+A\times(5\%\sim15\%)]+[B+B\times(5\%\sim15\%)]+\cdots$，依此类推。

2. 花坛施工

(1)定点放线。根据设计图和地面坐标系统的对应关系,用测量仪器把花坛群中主花坛中心点坐标测量到地面上,再把纵横中轴线上的其他中心点的坐标测设下来,将各中心点连线,即在地面上放出花坛群的纵横轴线。据此可量出各处个体花坛的中心点,最后将各处个体花坛的边线放到地面上就可以了。

(2)花坛边缘石砌筑。花坛工程的主要工序就是砌筑边缘石。放线完成后,应沿着已有的花坛边线开挖边缘石基槽。基槽的开挖宽度应比边缘石基础宽 10 cm 左右,深度可在 12～20 cm。槽底土面要整平、夯实,有松软处要进行加固,不得留下不均匀沉降的隐患。在砌基础之前,槽底还应做一个 3～5 cm 厚的粗砂垫层,用于基础施工找平。边缘石一般是以砖砌筑的矮墙,高 15～45 cm,其基础和墙体可用 1∶2 水泥砂浆或 M2.5 混合砂浆砌 MU7.5 标准砖做成。矮墙砌筑好之后,回填泥土将基础埋上,并夯实泥土。

(3)花坛表面装饰设计。花坛表面装饰总的原则应同园林的风格与意境相协调,色调上或淡雅或端庄,在质感上或细腻或粗犷,与花坛内的花卉植物相得益彰。

①砌体材料装饰。选择砖、石的颜色、质感,以及砌块的组合变化,砌块之间勾缝的变化形成美的外观。

砖的勾缝类型:齐平、风蚀、钥匙、突出、提桶把手、凹陷。

石块的勾缝装饰:蜗牛痕迹、圆形凹陷、双斜边、刷、方形凹陷、草皮勾缝。

②贴面饰面。把块料面层镶贴到基层上的装饰方法,常用饰面砖、天然饰面板、人造石饰面板、卵石贴面。

③装饰抹灰。一般应分层涂抹,即底层、中层和面层。分为水刷石、水磨石、斩假石、干黏石、喷砂、喷涂、彩色抹灰等。

一般规定:抹灰面层的厚度、颜色、图案均应按设计图纸要求实施;底层、中层的糙板已施工完成,符合质量要求;面层施工前基层的水泥砂浆抹灰要求已做好并硬化,具有粗糙平整的中层,施工程序自上而下进行;必须分格,分格条泡水、平直通顺;施工缝留在分格缝、阴角、落水管背面或单独装饰部分的边缘;按设计图要求图案、色泽、分块大小、厚度等做成样板,供设计建设方选择定型;抹灰材料应力求相同,做到专材专用;抹灰前检查、补缺水泥糙板;装饰抹灰面层施工完成后,严禁开凿和修补,以免损坏装饰的完整性。

材料要求:主要是起色彩作用的石渣、彩砂、颜料、白水泥等。

施工需用机具:一般抹灰机具、专用工具和机械。

装饰抹灰的施工:斩假石(水磨石)的工艺流程如下:

基层处理→做灰饼→抹底层砂浆→设置标筋→抹中层灰→粘贴分格条→抹素水泥浆一遍→抹水泥石屑浆→养护→剁斩面层形成假石面。

(4)种植床的整理。在已完成的边缘石圈子内,进行翻土作业。一面翻土,一面挑。应当将劣质土全清除掉,另换新土,清除土中杂物。若土质太差,应当换新土填入花坛中。花坛栽种的植物需要消耗大量养料,因此花坛内的土壤必须很肥沃。在花坛填土之前,最好先填一层肥效较长的有机肥作为基肥,然后才填进栽培土。一般的花坛,其中央部分填土应该比较高,边缘部分填土则应低一些。单面观赏的花坛,前边填土应低些,后边填土则应高些。花坛土面应做成坡度为 5%～10%的坡面。在花坛边缘地带,土面高度应填至边缘石顶面以下 2～3 cm;以后经过自然沉降,土面即降到比边缘石顶面低 7～10 cm 之处,这就是边缘土面的合适高度。

花坛内土面一般要填成弧形面或浅锥形面，单面观赏花坛的土面则要填成平坦土面或是向前倾斜的直坡面。填土达到要求后，要把土面的土粒整细、耙平，以备栽种花卉植物。花坛种植床整理好之后，应当在中央重新打好中心桩，作为花坛图案放样的基准点。

阅读材料

常见的砌体材料

一、石材

石材是具有一定的物理、化学性能，可用作建筑材料的岩石。

（一）天然石材

天然石材资源丰富，使用历史悠久，是古老的建筑材料之一。我国对天然石材的使用也有悠久的历史和丰富的经验。例如，赵州永济桥、江苏洪泽湖大堤、北京人民英雄纪念碑、玉带桥等。由于天然石材具有抗压强度高，耐久性和耐磨性好，资源分布广，便于就地取材等优点而被广泛应用。但岩石也具有性质较脆、抗拉强度低、表观密度大、硬度高的特点，因此开采和加工都比较困难。天然岩石根据生成条件，按地质分类法分为岩浆岩、沉积岩和变质岩 3 种。

(1)岩浆岩又叫作火成岩，是由地壳内的岩浆冷凝而成，具有结晶构造而没有层理，根据岩浆冷却程度不同而分为深层岩、喷出岩、火山岩。

深层岩　是地壳深处的岩浆，在受上部覆盖压力的作用下经缓慢冷凝而形成的岩石。结构致密，结晶完整。

喷出岩　是岩浆喷出地表时，在压力降低和冷却较快的条件下形成的岩石。常见的喷出岩是玄武岩。

火山岩　是火山爆发时，岩浆被喷到空中而急速冷却后形成的岩石，比较常见的是火山灰和浮石。

(2)沉积岩又称为水成岩，是由岩石经风化、破碎后，在水流、山峰或者冰川作用下搬运、堆积，再经过胶结、压密等成岩作用而成的岩石。沉积岩的主要特征是具有层状结构，各层的成分、结构、颜色、厚度都有差异。表观密度小，孔隙率和吸水率大，强度较低，耐久性较差。根据沉积方式，可分为以下 3 种：

机械沉积岩　各种岩石风化后，经流水、冰川或者是风力作用搬运，逐渐沉积而成。岩石特点是矿物成分复杂，颗粒较大，如页岩、砂岩。

化学沉积岩　原生岩石经化学分解后，其中的易溶成分常呈溶液或胶体被水流搬运至低洼处形成，如石膏、石灰岩等。

生物沉积岩　由海水或淡水中的生物死亡后的残骸沉积而成，岩石大都质轻松软，强度低。

(3)变质岩是岩浆岩或沉积岩在地质条件发生剧烈变化时，在高温、高压或者其他因素作用下，经过变质作用后形成的岩石。其结构与岩浆岩相似，主要结构形式有变晶结构、变余结构等。变晶结构是由重结晶作用形成的，是变质岩中最常见的结构。

（二）砌筑用石材

砌筑用石材分为毛石、料石两类。

(1)毛石又称片石或块石，是由爆破直接得到的石块。按其表面平整程度分为乱毛石和平毛石两类。

乱毛石 是形状不规则的毛石，一般在一个方向的尺寸达 300～400 mm，质量为 20～30 kg，强度大于 10 MPa，软化系数不应小于 0.75，常用于砌筑基础、勒脚、墙身、堤坝、挡土墙等，也可用作混凝土的骨料。

平毛石 是乱毛石略经加工而成的石块，形状较整齐，表面粗糙，其中部厚度不应小于 200 mm。

(2)料石又称条石，是由人工或机械开采的较规则的并略加凿琢而成的六面体石块。按表面加工的平整程度可以分为以下 4 种：

毛料石 一般不加工或仅稍加修整，为外形大致方正的石块。其厚度不小于 200 mm，长度常为厚度的 1.5～3 倍，叠砌面凹凸深度不应大于 25 mm。

粗料石 外形较方正，截面的宽度、高度不应小于 200 mm，而且不小于长度的 0.25 倍，叠砌面凹凸深度不应大于 20 mm。

半细料石 外形方正，规格尺寸同粗料石，但叠砌面凹凸深度不应大于 15 mm。

细料石 经过细加工，外形规则，规格尺寸同粗料石，其叠砌面凹凸深度不应大于 10 mm。制作为长方形的称作条石，长宽高大致相等的称方料石，楔形的称为拱石。

上述料石常用致密的砂岩、石灰岩、花岗岩等开采凿制，至少应有一个面的边角整齐，以便相互合缝。料石常用于砌筑墙身、地坪、踏步、拱和纪念碑等；形状复杂的料石制品可用作柱头、柱基、窗台板、栏杆和其他装饰等。

二、砖

(1)烧结普通砖。是以黏土、煤矸石、页岩、粉煤灰等为主要原料，经成形、焙烧而制成的块体材料。尺寸为 240 mm×115 mm×53 mm 的实心砖称为普通砖，又称为标准砖、小砖、实心砖。

普通黏土砖是在隧道窑或轮窑中焙烧的，燃料燃烧完全，窑内为氧化气氛，砖坯氧化气氛中烧成出窑，制得红砖再经浇水闷窑，使窑内形成还原气氛，促使砖内的红色高价氧化铁还原成青灰色的低价氧化铁，制得青砖。青砖耐久性较高，但是生产效率低，燃料耗量大。

普通黏土砖焙烧温度应该适当，否则会出现欠火砖或过火砖。欠火砖是焙烧温度低、火候不足的砖，其特征是黄皮黑心，声哑，强度低，耐久性差。过火砖是焙烧温度过高的砖，其特征是颜色较深，声音清脆，强度与耐久性均高，但是导热系数较大，而且产品多弯曲变形。

(2)烧结多孔砖和空心砖。用多孔砖和空心砖代替实心砖可以使建筑物自重减轻 1/3，节约黏土 20%～30%，节省燃料 10%～20%，且烧成率高，造价降低 20%，施工效率提高 40%，并能改善砖的绝热和隔声性能。

在相同的热工性能要求下，用空心砖砌筑的墙体厚度可减半砖左右。所以，推广使用多孔砖、空心砖也是加快我国墙体材料改革，促进墙体材料工业技术进步的措施之一。

三、砂浆

砂浆是由骨料(砂)胶接料(水泥)、掺和料(石灰膏)和外加剂(如微沫剂、抗冻剂、防水剂)加水拌合而成的。根据组成材料，普通砂浆还可分为：

(1)石灰砂浆。由石灰膏、砂和水按一定配比制成，一般用于强度要求不高、不受潮湿的砌体和抹灰层。

(2)水泥砂浆。由水泥、砂和水按一定配比制成，一般用于潮湿环境或水中的砌体、墙面或地面等。

(3)混合砂浆。在水泥或石灰砂浆中掺加适当掺合料如粉煤灰、硅藻土等制成，以节约水泥或石灰用量，并改善砂浆的和易性。常用的混合砂浆有水泥石灰砂浆、水泥黏土砂浆和石灰黏土砂浆等。

四、混凝土

通常讲的混凝土一词是指用水泥作胶凝材料，砂、石作集料，与水(加或不加外加剂和掺合料)按一定比例配合，经搅拌、成形、养护而得的水泥混凝土，也称普通混凝土，它广泛应用于土木工程。

训练与评价

1. 目的要求

(1)掌握花坛的施工技术。

(2)能根据图纸和建造花坛的材料，正确进行花坛工程施工。

2. 施工内容

某大型公园，要求在广场上建造砖砌结构的花坛，如图 3-8 所示，根据结构设计要求，完成施工。

3. 要点提示

(1)定点放线。

(2)基槽处理。

(3)砌筑施工。

(4)花坛装饰。

(5)种植床整理。

4. 自我评价

序号	评价内容	评价标准	自我评定
1	定点放线	放线方法正确，精度符合要求(15 分)	
2	基槽处理	基槽素土夯实，采用 C10 混凝土作基础，达到厚度要求(15 分)	
3	砌筑施工	使用标准砖，砌筑方法正确，上、下错缝，灰缝均匀，回填土夯实(20 分)	
4	花坛装饰	花坛墙体装饰符合设计要求(20 分)	
5	种植床整理	床土耕翻到位，表土整平、耙细，植床中间稍高，四周稍低(15 分)	
6	花坛外观	花坛外观达到设计要求，并能栽植花卉(15 分)	

项目二

墙 体

任务一 挡土墙的设计与施工

任务描述

挡土墙被广泛应用于园林环境中，是防止土坡坍塌、承受侧向压力的构筑物，它在园林建筑工程中被广泛地用于房屋地基、堤岸、码头、河池岸壁、路边坡、桥梁台座、水榭、假山、地道、地下室等工程中。在山区、丘陵地区的园林中，挡土墙常常是非常重要的地上构筑物，起着十分重要的作用。在地势平坦的园林中，为分割空间、遮挡视线、丰富景观层次，有时会人工砌筑墙体，成为造景功能上的景墙。

相关知识

一、园林挡土墙的功能作用

1.固土护坡，阻挡土层塌落

当由厚土构成的斜坡坡度超过所允许的极限坡度时，土体的平衡即遭到破坏，发生滑坡与坍塌。挡土墙的主要功能是在较高地面与较低地面之间充当阻挡物，以防止陡坡坍塌。

2.节省占地，扩大用地面积

在一些面积较小的园林局部，当自然地形为斜坡地时要将其改造成平坦地，以便能在其上修筑房屋。为了获得最大面积的平地，可以将地形设计为两层或几层台地，这时，上、下台地地块之间若以斜坡相连接，则斜坡本身需要占用较多的面积，坡度越缓，所占面积越大。

3.削弱台地高差

当上、下台地地块之间高差过大，下层台地空间受到强烈压抑时，地块之间挡土墙的设计可以化整为零，分作几层台阶的挡土墙，以缓和台地之间高度变化太强烈的矛盾。

4. 制约空间和空间边界

当挡土墙采用两方甚至三方围合的状态布置时，就可以在所围合之处形成一个半封闭的独立空间。有时，这种半闭合的空间很有用处，能够为园林造景提供具有一定环绕性的良好的外在环境。如西方文艺复兴后期出现的巴洛克式园林的“水场”景观，就是在采用幻想式曲线造型的半环绕式的台地挡土墙前创造出的半闭合喷泉水景空间。

5. 造景作用

由于挡土墙是园林空间的一种竖向界面，在这种界面上进行一些造型造景和艺术装饰，就可以使园林的立面景观更加丰富多彩，进一步增强园林空间的艺术效果。挡土墙的作用是多方面的，除了上述几种主要功能外，它还可作为园林绿化的一种载体，增加园林绿色空间或作为休息之用。

二、挡土墙断面结构

(一)重力式挡土墙

利用墙身自重平衡土压力，保持墙体稳定。常用砖、砌石、混凝土筑成，墙体断面较大，对地基承载力要求较高，施工方便。重力式挡土墙的断面形式有三种(图 3-9)。

图 3-9 重力式挡土墙

(1)直立式。墙面基本与水平面垂直，墙背所承受的水平压力大，适用于几十厘米到 2 m 左右高度的挡土墙。

(2)倾斜式。墙背向土体倾斜，倾斜坡度在 20°左右，水平压力相对较小，墙背坡度与天然土层贴合比较密切，这种挡土墙可减少挖方数量和墙背回填土的数量，适用于中等高度的挡土墙。

(3)台阶式。为了适应不同土层深度的土压力和利用土的垂直压力增加稳定性，可将墙背做成台阶形，适用于更高的挡土墙。

横断面的具体尺寸是根据墙高来确定墙顶宽和底宽的，可以参考相关规范的数据；对于较高或较复杂的挡土墙，结构尺寸要通过力学计算来确定。

(二)悬臂式挡土墙

一般用钢筋混凝土做成，利用底板上填土的重量平衡墙背的土压力。墙体内拉力由钢筋承担，断面较小。适用于墙高＞5 m，地基土质条件较差或缺少石料时使用。一般由立壁、底板两部分构成，都属于悬臂构造(图 3-10)。

(三)扶壁式挡土墙

用扶壁加强立壁的抗弯性能，壁间填土可以增加墙体的抗滑和抗倾覆稳定性。一般可适用于墙高＞10 m 的情况。沿墙的纵向每隔 1/3～1/2 墙高设置一道扶壁，扶壁可设在内侧，也可设在外侧(图 3-11)。

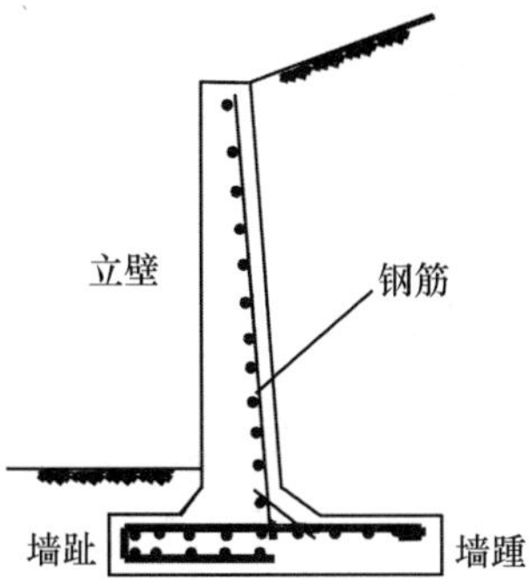

图 3-10　悬臂式挡土墙

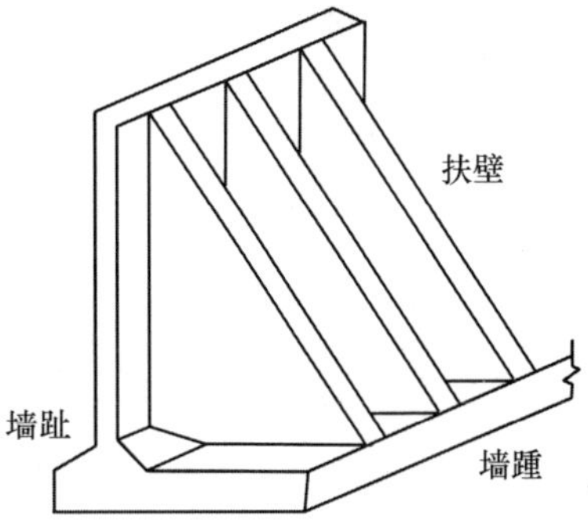

图 3-11　扶壁式挡土墙

(四)锚板式及板桩式挡土墙

锚板式挡土墙是利用墙后填土与结构的相互作用维持墙体的稳定。其特点是结构轻，柔性大，工程量小，造价低，施工方便。适用于地基承载力比较低的地方。板桩式挡土墙是利用板桩自身或支撑结构平衡土压力，可分为悬臂式、锚杆式两类。

锚板式挡土墙由钢筋混凝土立柱、墙面、钢拉杆和设置在填土中的锚锭板等构成。板桩式挡土墙通常由板桩(钢板桩、木板桩、钢筋混凝土板桩)或锚杆等组成(图 3-12)。

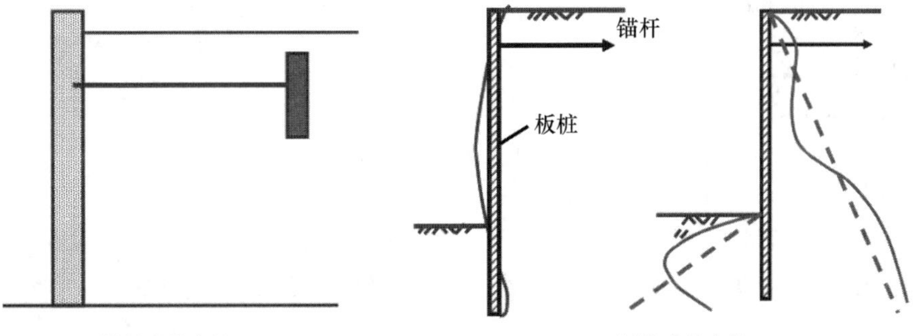

图 3-12　锚板式及板桩式挡土墙

三、园林挡土墙的结构

园林挡土墙的结构可参考图 3-13。

四、挡土墙排水处理

挡土墙后土坡的排水处理对于维持挡土墙的安全意义重大，因此应给予充分重视。常用的排水处理方式有：

(1) 地面封闭处理。在土壤渗透性较大而又无特殊使用要求时，可作 20～30 cm 厚夯实黏土层或种植草皮封闭。还可采用胶泥、混凝土或浆砌毛石封闭。

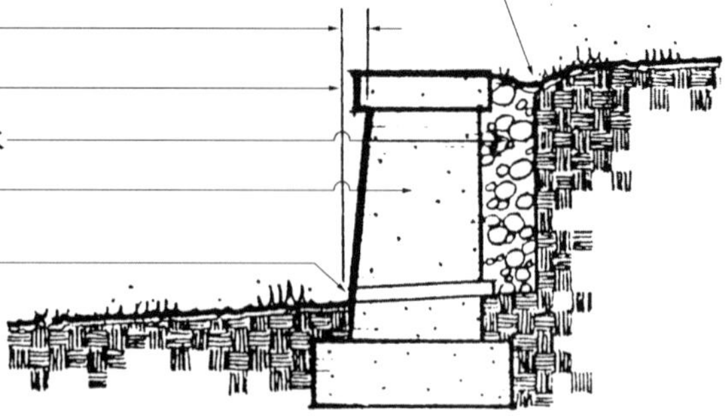

图 3-13　挡土墙的结构

(2)设地面截水明沟。在地面设置一道或数道平行于挡土墙的明沟,利用明沟纵坡将降水和上坡地面径流排除,减少墙后地面渗水。必要时还要设纵、横向盲沟,力求尽快排除地面水和地下水(图 3-14)。

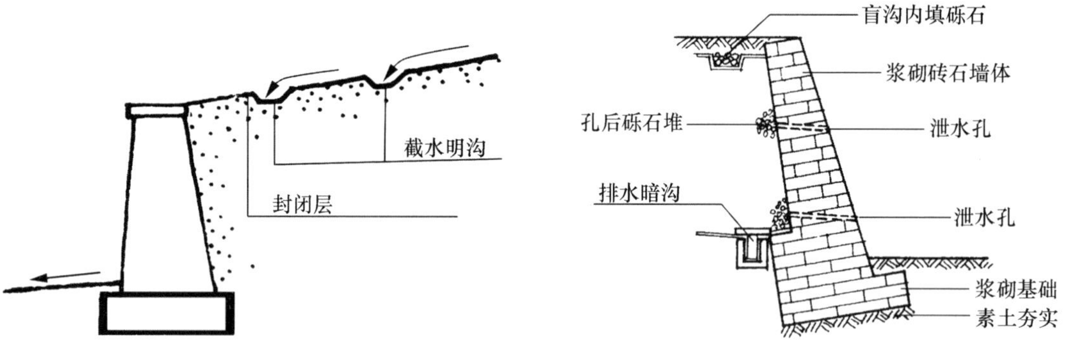

图 3-14　挡土墙排水设计

(3)内外结合处理,主要是泄水孔和盲沟。在墙体之后的填土之中,用乱毛石做排水盲沟,盲沟宽不小于 50 cm。经盲沟截下的地下水,再经墙身的泄水孔排出墙外。

五、挡土墙材料

现在的挡土墙常用石块、砖、混凝土、钢筋混凝土等硬质材料构成。

(1)石块。一般有两种形式:毛石和料石。石块的砌筑方法:浆砌法和干砌法。浆砌法就是将各石块用黏结材料粘合在一起。干砌法是不用任何黏结材料来修筑挡土墙,这种方法是将各个石块巧妙地镶嵌成一道稳定的砌体,由于重力作用,每块石头相互咬合十分牢固,增加了墙体的稳定性。

(2)砖。它比起石块,能形成平滑、光亮的表面。砖砌挡土墙需用浆砌法。

(3)混凝土和钢筋混凝土。既可现浇,又可预制。现浇的灵活性和可塑性较好;预制的可以按照不同的形状、尺寸、色彩进行标准化生产。

(4)木材。粗壮的木材也可以做挡土墙,但须进行加压和防腐处理。

任务实施

挡土墙的设计

1. 挡土墙的设计

(1)调查墙址周边的环境条件(土质、气候、排水等)。

(2)选择挡土墙的断面形式。

(3)挡土墙的结构设计。

(4)确定墙高、顶宽、底宽、墙宽的尺寸。

(5)排水设计。

(6)材料选择。

2. 挡土墙的施工

(1)工艺流程

施工准备→测量纹样→基坑开挖→报检复核→砌筑基础→基坑回填→要设沥青麻絮沉降缝→选修面石拌砂浆→砌筑墙身→填筑反滤层回填土→清理勾缝。

(2)挡土墙施工方法

①基槽开挖。基坑开挖前应严格按设计位置放线,做好地面截、排水措施,并提前复查核对基础的地质条件、地基承载力、基础埋入深度以及现场管线的位置、高程,做好管线加固改移工作。

根据本工程特点,基坑开挖分两步进行:第一步开挖基坑地面以上部分土层,拟采用人工配合推土机开挖的方法,第二步采用人工开挖,开挖时应严格按放设的边线垂直开挖,以保证基础下部二灰砂砾垫层宽度与厚度。

②基底处理。依据设计要求,挡土墙下基底设置二灰砂砾垫层,二灰砂砾垫层应按规定比例拌和均匀,并分层填筑夯实。同时严格依据设计图纸在垫层中预留出基础凸榫,凸榫要求尺寸、位置设置准确。

③基础浇注。基础浇注应分段分步进行,每段长度 15 m,分两步进行。在基底垫层完成后,即可直接在垫层上绑扎钢筋、支立模板。砼采用强制式搅拌机搅拌,小推车运送,插入式振捣器振捣。第一步首先灌注墙面板以下部分砼,第二步在墙面板(及肋)安装完毕后,再按设计标高要求灌注第二次砼。

在挡土墙与桥梁连接处的端墙应与相临路肩挡墙同时浇注。砼灌注、钢筋加工及砼振捣相关要求同桥梁工程施工方法。

④墙面板预制安装。墙面板拟在预制场预制,其模板拟采用大块定型模板,以确保内实外美,并减少拆模时间,加快施工进度。预制好的墙面板在经养生达到强度要求后采用汽车运至现场安装位置,汽车吊装就位。墙面板在运输安装过程中应轻起轻落,防止损坏,被损坏的墙面板不得继续使用。安装完成后,肋板预留钢板与基础钢板用钢筋焊接为一体,并用三角钢板焊接,使面板与基础连接牢固。同时在板缝圆槽内现浇 C25 豆石砼,将相临墙板连为一体。

以上工序完工后,在墙面板顶部支立模板,设置找坡层,并与挡墙帽石一同浇注成型。

⑤墙背土回填。在挡墙基础第二次浇注砼达到强度要求后,根据设计要求回填黏土、设置反滤层,并采用小型夯实机具压实到设计要求的密实度。墙面板两侧回填土必须同步进

行，以保证墙面板的稳定。回填时将墙址上部做成外倾斜的坡，以避免积水下渗影响墙身稳定。

训练与评价

1. 目的要求

(1)掌握挡土墙施工的流程。

(2)通过某具体项目掌握挡土墙施工的技术。

2. 施工内容

图 3-15 为某石砌筑倾斜式挡土墙施工图。根据图上的说明，完成其施工。

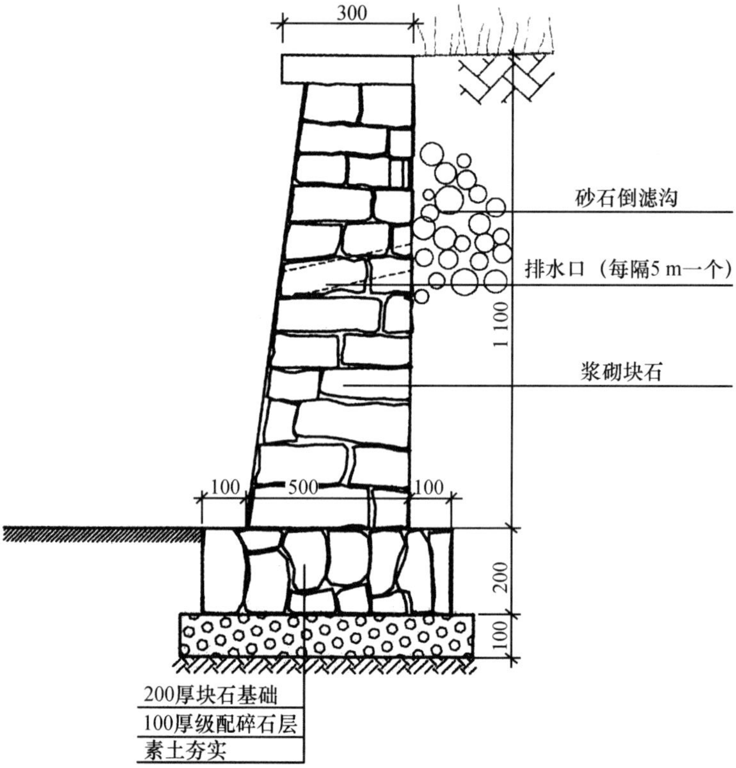

图 3-15　某石砌筑倾斜式挡土墙施工图(单位:mm)

3. 要点提示

(1)定点放线。

(2)基槽开挖。

(3)基础砌筑。

(4)墙身砌筑。

(5)压顶处理。

(6)墙面装饰。

4. 自我评价

序号	评价内容	评价标准	自我评定
1	定点放线	基础轴线位置正确，允许偏差为 20 mm（10 分）	
2	基槽开挖	素土夯实，灰土加固，处理方法正确（10 分）	
3	基础砌筑	M7.5 水泥砂浆砌筑方法正确，错缝搭接符合要求，灰缝厚度在 20～30 mm（20 分）	
4	墙身砌筑	用 M5 水泥砂浆砌筑方法正确，伸缩缝设置合理，泄水孔符合要求，有卵石或碎石作疏水层（30 分）	
5	压顶处理	用 1∶3 水泥砂浆抹面，条石宽度、厚度符合要求（10 分）	
6	墙面装饰	用 1∶2 水泥砂浆勾缝，勾缝处理正确（10 分）	
7	挡土墙外观	挡土墙施工达到设计要求，具备使用功能（10 分）	

任务二 景墙的设计与施工

任务描述

景墙以其自身优美的造型，变化丰富的组合形式，具有很强的景观性，是园林空间不可缺少的景观要素。在园林中经常巧妙地利用景墙将园林空间划分为许多的小单元，利用景墙的延续性和方向性，引导观赏者沿着景墙的走向有秩序地观赏园内不同空间的景观。

相关知识

在园林小品中，景墙具有隔断、导游、衬景、装饰、保护等作用。景墙的形式也是多种多样的，一般根据材料、断面的不同，有高矮、曲直、虚实、光洁、粗糙、有椽无椽等形式。景墙既要美观，又要坚固耐久。常用材料有砖、混凝土、花格围墙、石墙、铁花格围墙等。将这些墙巧妙地组合与变化，并结合树、石、建筑、花木等其他因素以及墙上的漏窗、门洞的巧妙处理，可以形成空间有序、富有层次、虚实相间、明暗变化的景观效果。

景墙是园林景观的一个有机组成部分。中国园林善于运用藏与露、分与合进行对比的艺术手法，营造不同的、个性的园林景观空间，使景墙与隔断得到了极大的发展，无论是古典园林还是现代园林，其应用都极其广泛。

园林景墙有围墙、隔断、景观墙三种类型，它们是逐渐发展变化的。景墙最初的主要功能是防护作用，然后逐渐成为分隔空间和组织空间的一个有效的手段，那就是隔断。园林中的“通而不透，隔而不漏”就是隔断作用的最好说明。景墙演化成园林环境中包括室内和室外的功能性和装饰性的小品设施，在园林中起到造景的作用，其丰富的造型和多变的色彩使之成为园林中不可缺少的景观之一。景墙按其构景形式可以分为：

(1)独立式景墙。以一面墙独立安放在景区中,成为视觉焦点(图 3-16)。

(2)连续式景墙。以一面墙为基本单位,联系排列组合,使景墙形成一定的序列感(图 3-17)。

(3)生态式景墙。将藤蔓植物进行合理种植,利用植物的抗污染、杀菌、滞尘、降温、隔声等功能,形成既有生态效益,又有景观效果的绿色景墙。

图 3-16　独立式景墙

图 3-17　连续式景墙

任务实施

1. 景墙的设计

(1)位置选择。

(2)根据环境进行景观造型。

①平面布局。

②立面设计:高度、造型及压顶。

③装饰设计。

(3)材料的选择。

(4)坚固与安全。

2. 景墙的施工

景墙的施工程序见图 3-18。

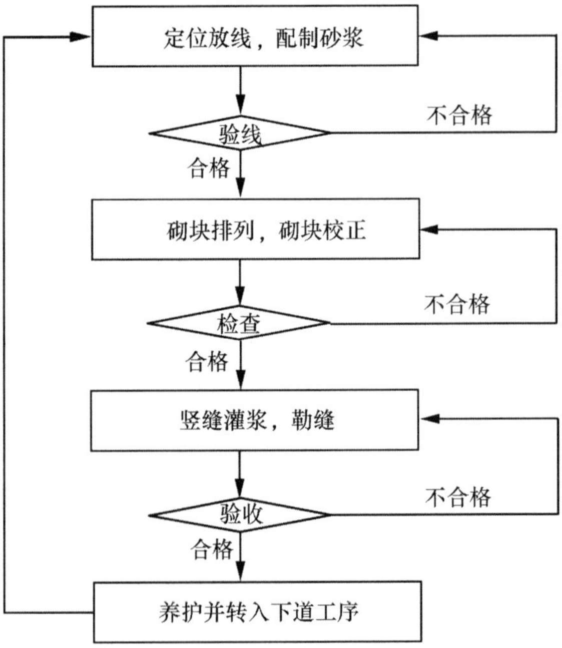

图 3-18　景墙的施工程序

训练与评价

1. 目的要求

(1)能说出砖砌、石砌等景墙的基本结构。

(2)选择并运用墙体砌筑与装饰材料,进行景墙的施工。

2. 施工内容

某景区为分隔空间场地,要在某一地段设置并建造景墙,如图 3-19、图 3-20 所示。根据景墙的构造设计要求,正确进行砖砌景墙施工。

3. 要点提示

(1)基槽放线。

(2)基槽开挖。

(3)混凝土基础砌筑。

(4)墙身砌筑。

(5)压顶处理。

(6)墙面装饰。

图 3-19　某景墙

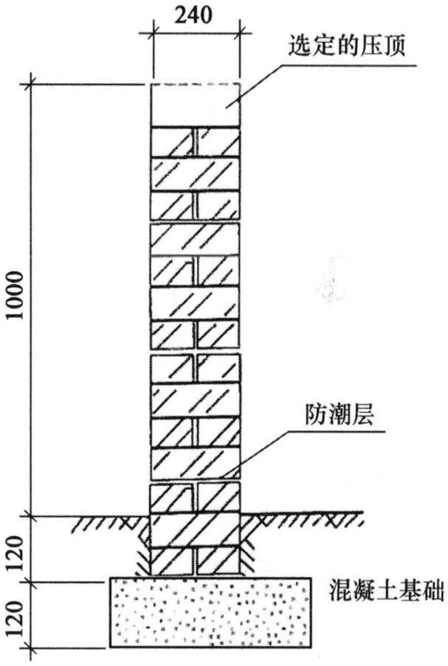

图 3-20　某景墙结构图(单位:mm)

4. 自我评价

序号	评价内容	评价标准	自我评定
1	基槽放线	确定沟槽平面位置,打桩放线正确(10 分)	
2	基槽开挖	基槽挖深正确,素土夯实,并找平(10 分)	
3	混凝土基础砌筑	配制 M7.5 水泥砂浆,砂的含泥量不应超过 5%,砌筑方法正确(15 分)	
4	墙身砌筑	用 M5 水泥砂浆砌筑方法正确,防潮层位置正确,墙面垂直度和平整度及灰缝符合要求(30 分)	
5	压顶处理	压顶的高度与宽度符合要求(10 分)	
6	墙面装饰	用 1∶2 的水泥砂浆勾缝或抹灰处理正确(15 分)	
7	景墙效果	景墙施工达到设计要求,具有景观效果(10 分)	

复习思考题

1. 砂浆类型及组成砂浆的材料有什么特点?
2. 装饰抹灰的基本要求有哪些?
3. 花坛的土建施工要点有哪些?
4. 挡土墙的类型及其特点是什么?
5. 景墙的造型装饰方法有哪些?

单元四

水景工程

知识目标

- 掌握湖、溪涧、瀑布的设计及施工；
- 掌握驳岸、护坡、水池、喷泉的结构、设计及施工。

技能目标

- 能进行简单的水景设计及施工。

水是园林中的灵魂，有了水才能使园林产生很多生气勃勃的景观。“仁者乐山，智者乐水”，寄情山水的审美理想和艺术哲理深深地影响着中国园林。水是园林空间艺术创作的一个重要园林要素，由于水具有流动性和可塑性，因此园林中对水的设计实际上是对盛水容器的设计。水池、溪涧、河湖、瀑布、喷泉等都是园林中常见的水景设计形式，它们静中有动，寂中有声，以少胜多渲染着园林气氛。

根据水流的状态可将水景分为静态水景和动态水景两种。

静态水景，也称静水，一般指园林中以片状汇聚的水面为景观的水景形式，如湖、池等。其特点是宁静、祥和、明朗。它的作用主要是净化环境、划分空间、丰富环境色彩、增加环境气氛。

动态水景以流动的水体，利用水姿、水色、水声来增强其活力和动感，令人振奋。形式上主要有流水、落水和喷水三种。流水如小河、小溪、涧，多为连续的、有宽窄变化的带状动态水景，如瀑布、跌水等，这种水景立面上必须有落水高差的变化；喷水是水受压后向上喷出的一种水景形式，如喷泉等。

水景工程是城市园林与理水有关的工程的总称，本单元主要介绍人工湖、溪涧、瀑布、驳岸、护坡、喷泉、水池等的设计与施工。

项目一

自然式园林水景

任务一　人工湖的设计与施工

人工湖的设计与施工

任务描述

湖的设计包括平面设计、立面设计及结构设计三个方面。湖的施工重点为湖底的施工。

相关知识

湖属于静态水体，有天然湖和人工湖之分。前者是自然的水域景观，如著名的南京玄武湖、杭州西湖、广东星湖等。人工湖则是人工依地势就低挖掘而成的水域，沿岸因境设景，自然天成图画，如深圳仙湖和一些现代公园的人工大水面。湖的特点是水面宽阔平静，具有平远开朗之感。此外，湖往往有一定的水深以利于水景。湖岸线和周边天际线较好，还常在湖中利用人工堆土成小岛，用来划分水域空间，使水景层次更为丰富。

一、水源选择

湖水的来源有以下几种：

(1)蓄积天然降水(雨水或雪水)。

(2)引天然河湖水。

(3)池塘本身的底部有泉。

(4)打井取水。

(5)引入城市用水。

以上(1)、(2)为园林中最为理想的水源，通过引入自然河湖水或汇集天然降水补充园林景观用水和植物养护用水，既节约资源，也节约能量。选择水源时，应根据用水的需要考虑地质、卫生、经济上的要求，并充分考虑节约用水。

二、水体空间划分处理手法

有时需要通过两岸岸线凹凸对水面进行划分。或者通过桥、岛、建筑物、堤岸、汀石等手法来划分，以丰富水景空间的造型层次和景深感。

(1)桥。池中桥宜建于水面窄处。例如拙政园小飞虹桥。小水面场合，桥宜曲折低矮、贴水而架。桥与栏杆多用水平条石砌筑，如拙政园的曲桥。大水面场合，应有堤桥分隔，并化大为小，以小巧取胜。如扬州瘦西湖的二十四桥。

(2)岛。要注意与水面的尺度比例协调，小水面不宜设岛。大水面可设岛屿，大不宜居中，应偏于一侧，如颐和园的知春亭岛。池中可设岛，岛中也可设池，构成“池中池”的复合空间。如杭州西湖。

(3)堤岸。一般有土堤、池岸、驳岸、岩壁、石矶、散礁等。

(4)水景平台。一般建于临水建筑(如亭、榭、廊等)与水面相交的地带，常采用规则的平面形式。

(5)汀石。设计在小水面或大水面收缩弯头落差处。

三、驳岸

在园林水体边缘和陆地的交界处，为了稳定岸壁、保护湖岸不被冲刷或水淹，我们常常用一些相对较为坚固的材料做成驳岸。在实际应用中，驳岸上不单是一种构筑物，也可以通过与假山、置石、花木等相结合，共同组成园景。

驳岸的设计与施工

1. 破坏驳岸的主要因素

驳岸可分成湖底以下基础部分、常水位以下部分、常水位与最高水位之间的部分和不淹没的部分(图 4-1)，不同部分其破坏因素不同。湖底以下驳岸的基础部分的破坏原因包括：

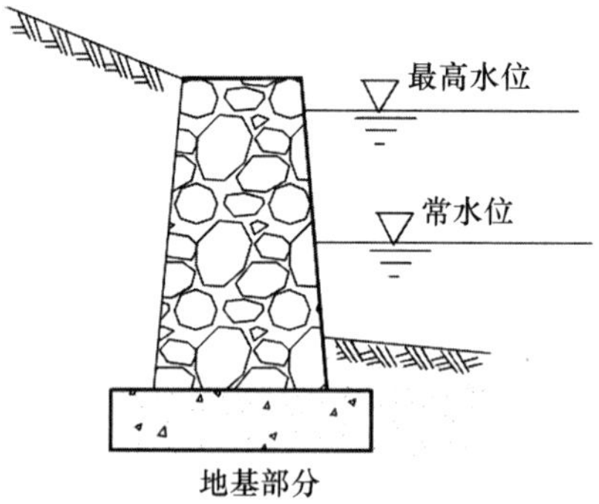

图 4-1　驳岸

(1)由于池底地基强度和岸顶荷载不一而造成不均匀的沉陷，使驳岸出现纵向裂缝甚至局部塌陷。

(2)在寒冷地区水深不大的情况下，可能由于冰胀而引起基础变形。

(3)木桩做的桩基则因受腐蚀或水底一些动物的破坏而朽烂。

(4)在地下水位很高的地区会产生浮托力影响基础的稳定。

常水位以下的部分常年被水淹没，其主要破坏因素是水浸渗。在我国北方寒冷地区则因水渗入驳岸内再冻胀会使驳岸胀裂，有时会造成驳岸倾斜或位移。常水位以下的岸壁又是排水管道的出口，如安排不当亦会影响驳岸的稳固。常水位至最高水位这一部分经受周期性的淹没。如果水位变化频繁则对驳岸也形成冲刷腐蚀的破坏。最高水位以上不淹没的部分主要是浪激、日晒和风化剥蚀。驳岸顶部则可能因超重荷载和地面水的冲刷受到破坏。另外，由于驳岸下部的破坏也会引起这一部分受到破坏。了解破坏驳岸的主要因素以后，可以结合具体情况采取防止和减少破坏的措施。

2.驳岸的造型

根据驳岸的造型，可以将驳岸划分为规则式驳岸、自然式驳岸和混合式驳岸三种。

(1)规则式驳岸。规则式驳岸指用砖、石、混凝土砌筑的比较规整的驳岸，如常见的重力式驳岸、半重力式驳岸和扶壁式驳岸等(图 4-2)，园林中用的驳岸以重力式驳岸为主，要求较好的砌筑材料和施工技术。这类驳岸简洁明快，耐冲刷，但缺少变化。

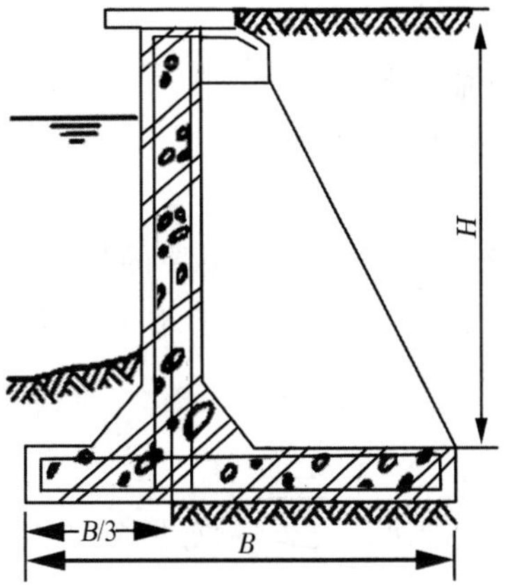

图 4-2 规则式驳岸

扶壁式驳岸构造要求：①在水平荷载时 $B=0.45H$；在超重荷载时 $B=0.65H$；在水平又有道路荷载时 $B=0.75H$。②墙面板、扶壁的厚度＞2 025 mm；底板厚度 25 mm

(2)自然式驳岸。自然式驳岸指外观无固定形状或规格的岸坡处理，如常见的假山石驳岸、卵石驳岸、仿树桩驳岸等，这种驳岸自然亲切，景观效果好。

(3)混合式驳岸(图 4-3)。这种驳岸结合了规则式驳岸和自然式驳岸的特点，一般用毛石砌墙，自然山石封顶，园林工程中也较为常用。

3.驳岸平面位置和岸顶高程的确定

与城市河湖接壤的驳岸，应按照城市规划河道系统规定的平面位置建造。园林内部驳岸则根据设计图纸确定平面位置。技术设计图上应该以常水位线显示水面位置。整形驳岸，岸顶宽度一般为 30～50 cm。如驳岸有所倾斜，则根据倾斜度和岸顶高程向外推求。

岸顶高程应比最高水位高出一段距离，一般是高出 25～100 cm。一般的情况下驳岸以贴近水面为好。在水面积大、地下水位高、岸边地形平坦的情况下，对于人流稀少的地带可以考虑短时间被洪水淹没以降低大面积垫土或增高驳岸的造价。

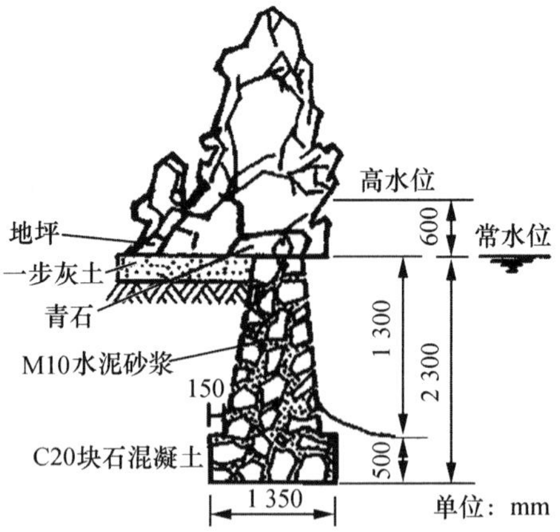

图 4-3　自然式驳岸

驳岸的纵向坡度应根据原有地形条件和设计要求安排，不必强求平整，可随地形有缓和的起伏，起伏过大的地方甚至可做成纵向阶梯状。

4. 常见驳岸的设计

(1)砌石驳岸。砌石驳岸是园林工程中最为主要的护岸形式。它主要依靠墙身自重来保证岸壁的稳定，抵抗墙后土壤的压力。园林驳岸的常见结构由基础、墙身和压顶三部分组成(图 4-4)。

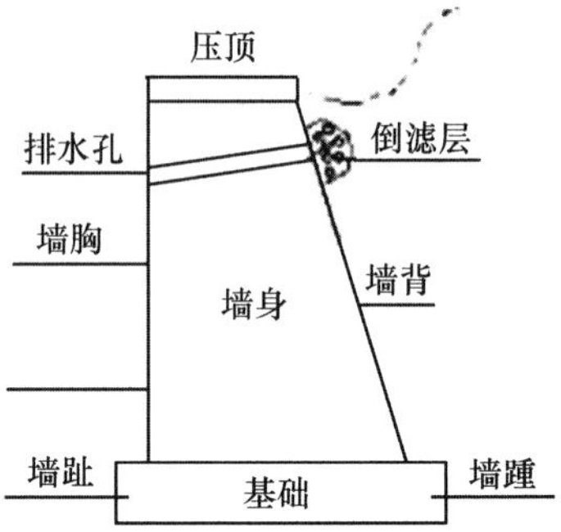

图 4-4　砌石驳岸

基础是驳岸承重部分，上部质量经基础传给地基。因此，要求基础坚固，埋入湖底深度不得小于 50 cm，基础宽度要求在驳岸高度的 0.6～0.8 倍范围内；如果土质轻松，必须做基础处理。

墙身是基础与压顶之间的主体部分，多用混凝土、毛石、砖砌筑。墙身承受压力最大，主要来自垂直压力、水的水平压力及墙后土壤侧压力，为此，墙身要确保一定厚度。墙体高度根据最高水位和水面浪高来确定。考虑到墙后土压力和地基沉降不均匀变化等，应设置沉降缝。为避免因温差变化而引起墙体破裂，一般每隔 10～25 m 设伸缩缝一道，缝宽 20～30 mm。岸顶以贴近水面为好，便于游人接近水面，并显得蓄水丰盈饱满。

压顶为驳岸最上部分，作用是增强驳岸稳定，阻止墙后土壤流失，美化水岸线。压顶用混凝土或大块石做成，宽度 30～50 cm。如果水体水位变化大，即雨季水位很高，平时水位低，这时可将岸壁迎水面做成台阶状，以适应水位的升降。

(2)桩基驳岸。桩基是常用的一种水体地基处理手法。基础桩的主要作用是增强驳岸的稳定，防止驳岸的滑移或倒塌，同时可加强土基的承载力。其特点是：基岩或坚实土层位于松土层，桩尖打下去，通过桩尖将上部荷载传给下面的基础或坚实土层；若桩打不到基岩，则利用摩擦，借木桩表面与泥土间的摩擦力将荷载传到周围的土层中，以达到控制沉陷的目的。

桩基驳岸的结构由桩基、碎填料、盖桩石、混凝土基础、墙身和压顶等部分组成(图 4-5)。卡当石是桩间填充的石块，主要是保持木桩的稳定。盖桩石为桩顶浆砌的条石，作用是找平桩顶以便浇灌混凝土基础。碎填料多用石块，填于桩间，主要是保持木桩的稳定。基础以上部分与砌石驳岸相同。

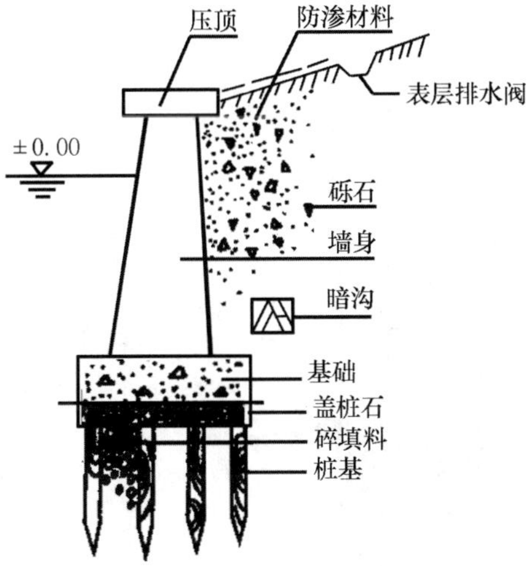

图 4-5　桩基驳岸

桩基的材料有木桩、石桩、灰土桩、混凝土桩、竹桩、板桩等。木桩要求耐腐、耐湿、坚固，如柏木、松木、橡树、榆树、杉木等。桩木的规格取决于驳岸的要求和地基的土质情况，一般直径 10～15 cm，长 1～2 m，弯曲度(d/l)小于 1%。桩木的排列常布置成梅花桩、“品”字桩或马牙桩。梅花桩一般 5 个/m^2。

灰土桩是先打孔后填灰土的桩基做法，常配合混凝土用，适用于岸坡水淹频繁而木桩又容易腐蚀的地方。混凝土桩坚固耐久，但投资较大。

竹桩、板桩驳岸是另一种类型的桩基驳岸。驳岸打桩后，基础上部临水面墙身由竹篱(片)或板片镶嵌而成，适用于临时性驳岸。竹篱驳岸造价低廉，取材容易，施工简单，工期短，能使用一定年限，凡盛产竹子，如毛竹、大头竹、勒竹、撑篙竹的地方均可采用。施工时，竹桩、竹篱要涂上一层柏油防腐。竹桩顶端由竹节处截断以防雨水积聚，竹片镶嵌要直顺、紧密、牢固(图 4-6)。

(3)驳岸的常见结构设计如图 4-7 至图 4-10 所示。

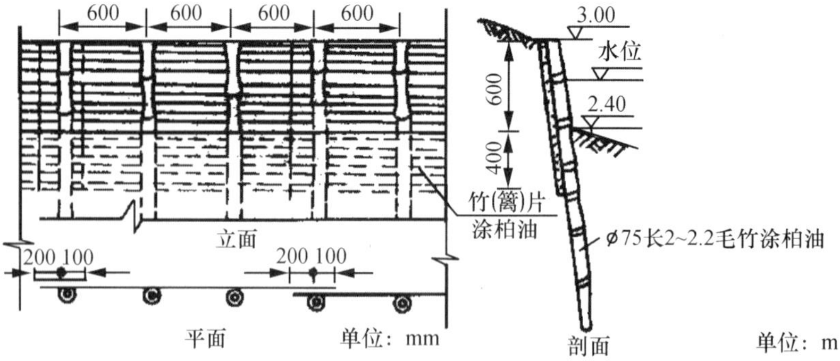

图 4-6　竹桩驳岸

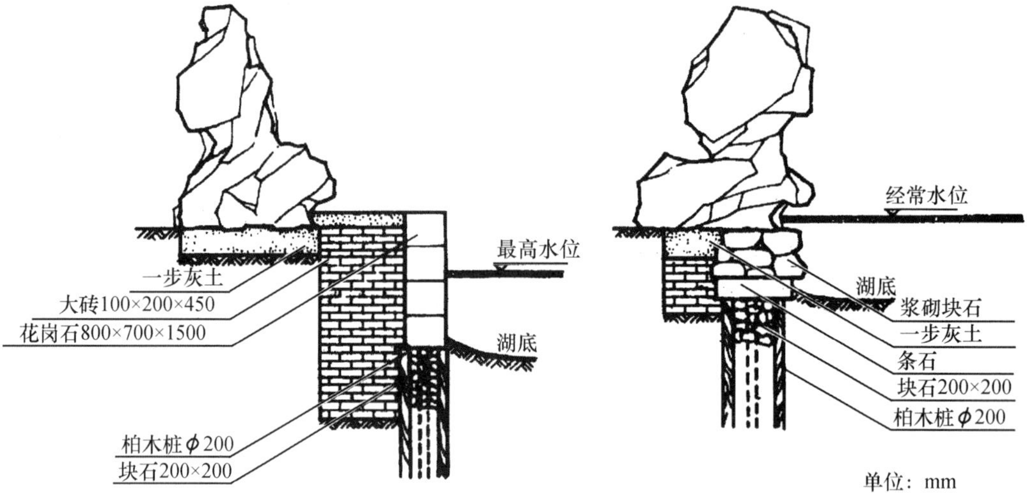

图 4-7　驳岸结构设计图

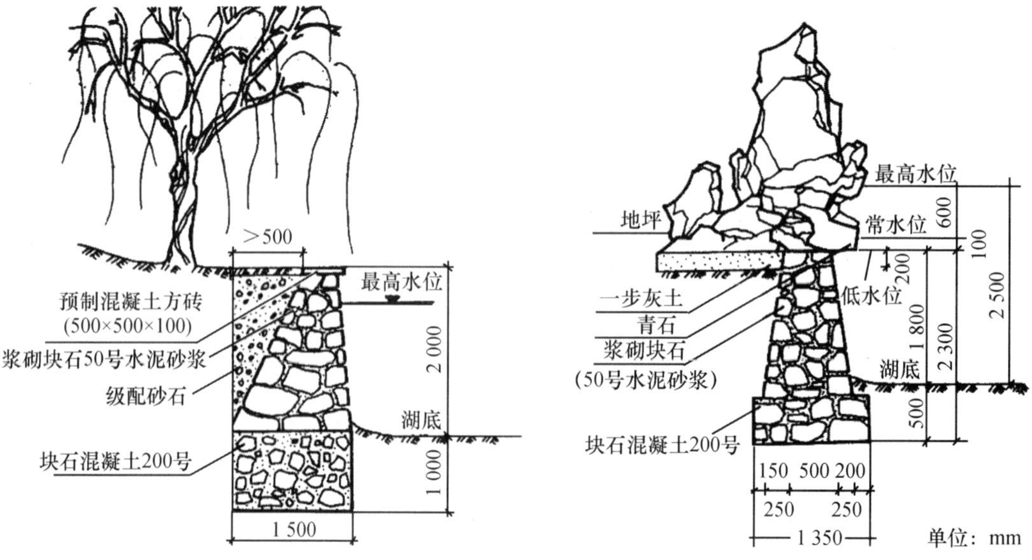

图 4-8　驳岸结构设计图

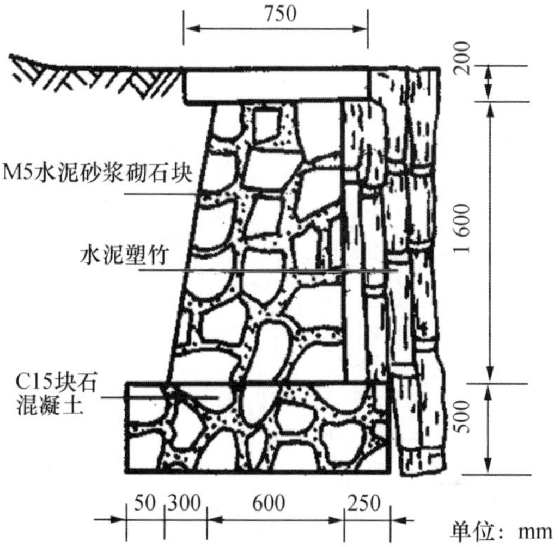

图 4-9 驳岸结构设计图

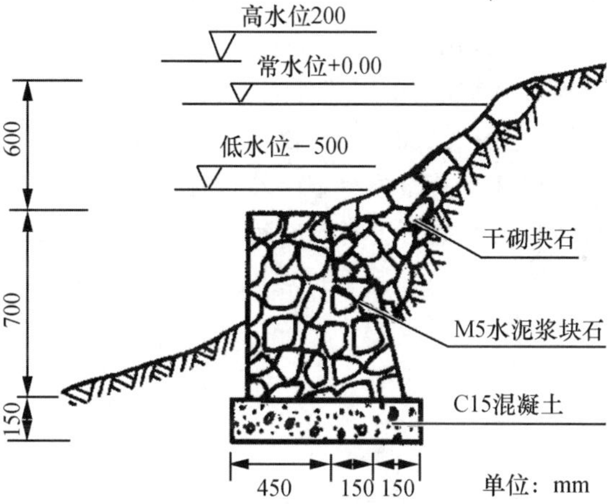

图 4-10 驳岸结构设计图

四、护坡

护坡在园林工程中得到广泛应用，原因在于水体的自然护坡能产生自然、亲水的效果。护坡的设计选择应依据坡岸用途、透视效果、水岸地质状况和水流冲刷程度而定。目前常见的方法有铺石护坡、灌木护坡、草皮护坡和铰接式护坡。

护坡的设计与施工

1. *铺石护坡*

当坡岸较陡、风浪较大或因造景需要时，可采用铺石护坡。铺石护坡由于施工容易，抗冲刷力强，经久耐用，护岸效果好，还能因地造景，灵活随意，是园林常见的护坡形式。

护坡石料要求吸水率低（不超过 1%）、密度大（大于 2 t/m^3）和较强的抗冻性，如灰岩、砂岩、花岗石等岩石，以块径为 18～25 cm，长宽比为 1∶2 的长方形石料最佳，铺石护坡的坡面应根据水位和土壤状况确定，一般常水位以下部分坡面的坡度小于 1∶4，常水位以上部分采用 1∶1.5(图 4-11)。

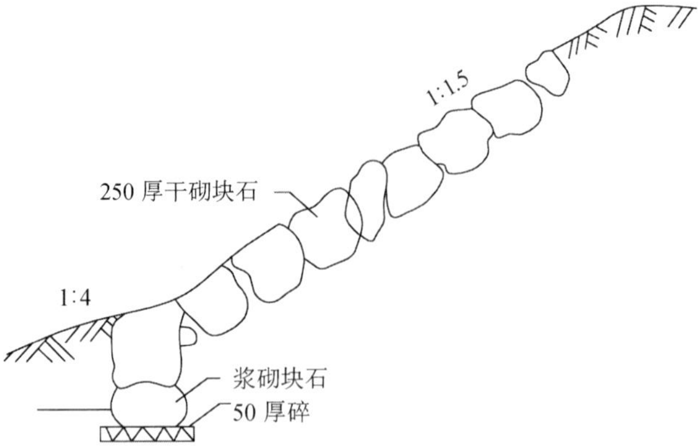

图 4-11　护坡施工(一)

施工方法如下:首先把坡岸平整好,并在最下部挖一条梯形沟槽,沟槽宽 40～50 cm,深 50～60 cm(图 4-12)。然后在坡脚用浆砌块石做基础支撑。在不冻土地区,水体较浅时,只需单层干砌块石。否则应以碎石做垫层,垫层的卵石或碎石要求大小一致,厚度均匀(图 4-13)。铺石时由下至上铺设,下层要选用大块的石料,以增加护坡的稳定性。石块与石块之间要紧密相贴,如有突出的棱角,应用铁锤将其敲掉。下一步就是用碎石嵌补铺石缝隙,再将铺石填实即成,之后检查一下质量,即当人在铺石上行走时铺石是否移动,如果不移动,则施工质量合乎要求。这是铺石护坡的结构图(图 4-14)铺石护坡也可以采用钢筋网绑扎成石笼的做法。

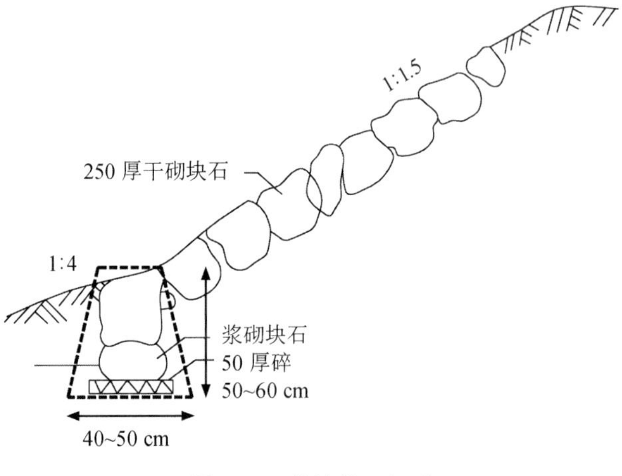

图 4-12　护坡施工(二)

2. 灌木护坡

灌木护坡较适于大水面平缓的坡岸。由于灌木有韧性,根系盘结,不怕水淹,能削弱风浪冲击力,减少地表冲刷,因而护坡效果较好。护坡灌木要具备速生、根系发达、耐水湿、株矮常绿等特点。施工时可直播,可植苗,但要求较大的种植密度。若因景观需要,强化天际线变化,可适量植草和乔木。灌木护坡的常见结构如图 4-15 所示。

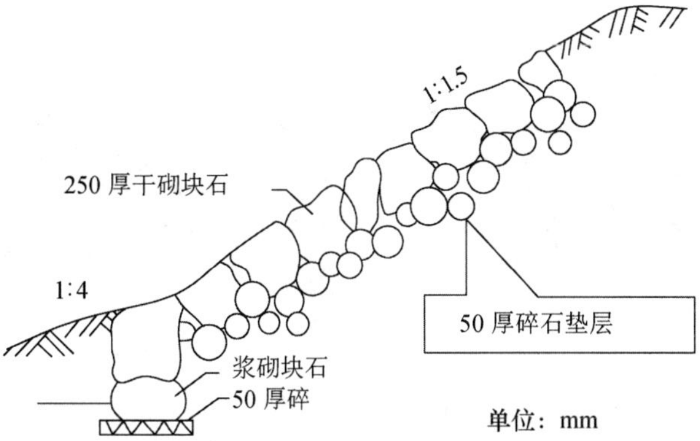

图 4-13　护坡施工(三)

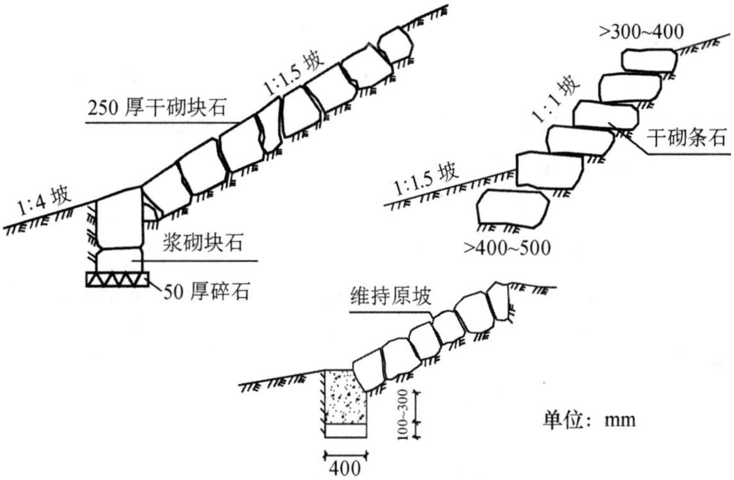

图 4-14　护坡施工(四)

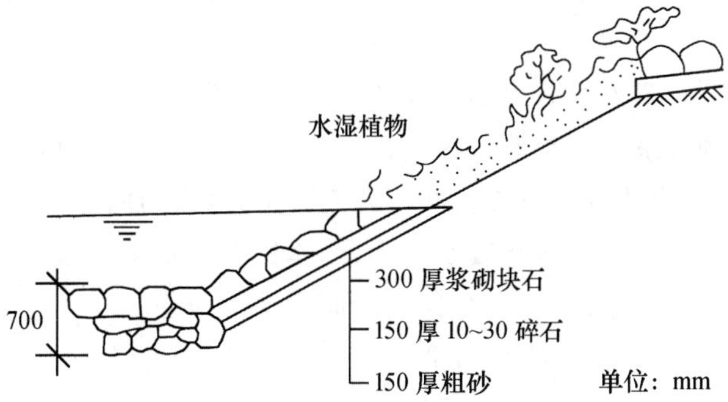

图 4-15　灌木护坡

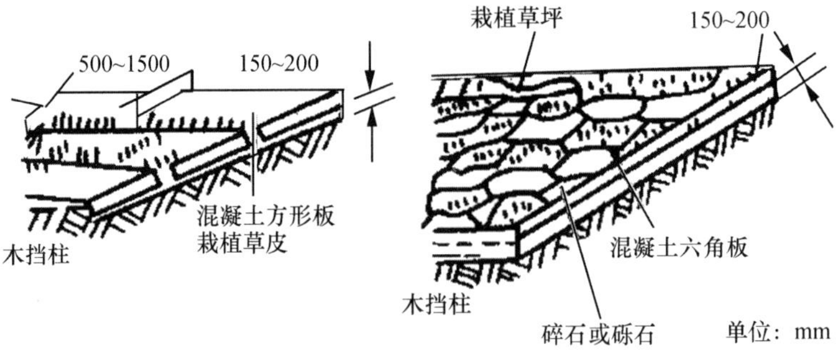

图 4-16　草皮护坡

3. 草皮护坡

草皮护坡适于坡度在 1∶(5～20)的湖岸缓坡。护坡草种要求耐水湿、根系发达、生长快、生存力强,如假俭草、狗牙根等。护坡做法按坡面具体条件而定,如果原坡面有杂草生长,可直接利用杂草护坡但要求美观。也有直接在坡面上播草种,加盖塑料薄膜,或先在正方砖、六角砖上种草,然后用竹签四角固定作护坡(图 4-16)。

4. 铰接式护坡

铰接式护坡是一组由尺寸、形状和重量一致的预制混凝土块用一系列绳索相互连接而形成的护坡结构。若要增加景观层次,可在铰接式护坡草地上散置山石,配以花灌木。

任务实施

1. 湖的设计

(1)平面设计。平面设计即确定规模和平面形状。

①规模的确定与限制因素。确定湖的规模,既要考虑周边环境的关系、基址的土壤条件、当地气候和补充水源等工程因素,又要考虑水面蒸发量、渗透损失和功能用途等方面的因素,切忌贪大求功。

a. 周边环境关系。湖塘水面的大小宽窄与环境的关系比较密切。水面的纵、横长度与水边景物高度之间的比例关系对水景效果影响很大。水面窄、水边景物高,则在水区内视线的仰角比较大,水景空间的闭合性也比较强。在闭合空间中,水面的面积看起来一般都比实际面积要小。如果水面纵、横长度不变,而水边景物降低,水区视线的仰角变小,空间闭合度减小,开敞性增加,则同样面积的水面看起来就会比实际面积要大一些。

b. 基址对土壤的要求。黏土、沙质黏土、壤土,土质细密、土层深厚或渗透力小的黏土夹层是最适合挖湖的土壤类型。以砾石为主,黏土夹层结构密实的地段,也适宜挖湖。砂土、卵石等容易漏水,应尽量避免在其上挖湖。如漏水不严重,要探明下面透水层的位置深浅,采用相应的截水墙或用人工铺垫隔水层等工程措施。基土为淤泥或草煤层等松软层,须全部挖出。湖岸立基的土壤必须坚实。黏土虽透水性小,但在湖水到达低水位时,容易开裂,湿时又会形成松软的土层、泥浆,故单纯黏土不能作为湖的驳岸为实际测量漏水情况,在挖湖前对拟挖湖的基础需要进行钻探,要求钻孔之间的最大距离不得超过 100 m,待土质情况探明后,再决定这一区域是否适合挖湖，或施工时应采取的工程措施。

c. 水面蒸发量的测定和估算。对于较大的人工湖，湖面的蒸发量是非常大的，为了合理设计人工湖的补水量，测定湖面水分蒸发量是很有必要的。目前，我国主要采用置 E-601 型蒸发器测定水面的蒸发量，但其测得的数值比水体实际的蒸发量大，因此须采用折减系数，年平均蒸发折减系数一般取 0.75～0.85，也可用下面公式估算：

$$E=0.22(1+0.17W_{200}^{1.5})(e_0-e_{200})$$

式中：E 为水面蒸发量，mm；e_0 为对应水面温度的空气饱和水气压，mbar（$1\ \mathrm{bar}=10^5\ \mathrm{Pa}$）；$e_{200}$ 为水面上空 200 cm 处空气水气压，mbar（$1\ \mathrm{bar}=10^5\ \mathrm{Pa}$）；$W_{200}$ 为水面上空 200 cm 处的风速，m/s。

d. 人工湖渗漏损失。根据湖面蒸发水的总量及渗漏的水的总量可计算出湖水体积的总减少量，依此可计算最低水位；结合雨季进入湖中雨水的总量，可计算出最高水位；结合湖中给水量，可计算出常水位，这些都是进行人工期的驳岸设计必不可少的数据。

②湖的平面形状。水是液体，本身没有固定的形状，水形由容器的形状决定。园林中的湖多为自然式，其平面有如图 4-17 所示几种常见形状。

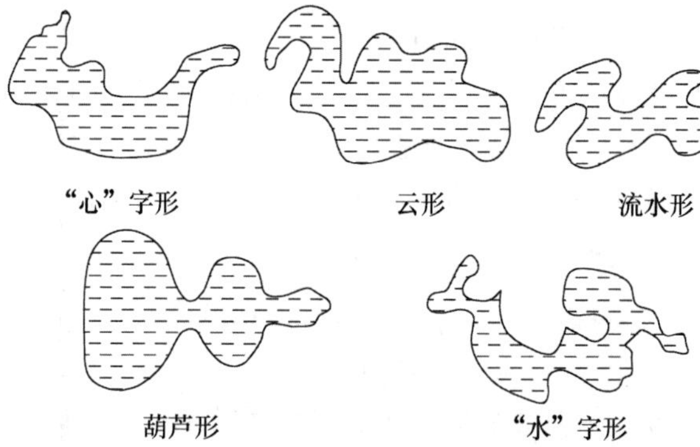

图 4-17　湖的平面形状

(2)立面设计。立面设计即水深和水位的确定。

水位即水的高程，高程不同给人的感受不同。高水位给人亲切感，低水位给人疏远感。水位低于 1 m 以下，给人以凭栏之感。水位宜距离岸顶 15～50 cm，大小由水体大小而定。

水深是指水池底部到水面的高度。园林中的湖池水体的水深应充分考虑安全、功能和水质的要求。水面的安全应放在首位考虑，规范规定：硬底人工水体距岸边、桥边、汀步边以外宽 2.0 m 的带状范围内，要设计为安全水深，即水深不超过 0.7 m，否则应设栏杆。无护栏的园桥、汀步附近 2.0 m 范围以内的水深不得大于 0.5 m。在住宅区中，安全水深一般为 2.3～0.4 m。如为喷泉，水深一般应按管道、设备的布置要求确定。死水自净为 1.5 m 左右。

为了保证湖池的水体质量，人工湖池应尽可能地扩大为≥1.5 m 的水面范围，但近岸 2.0 m 内又要设计为安全水深，所以通常人工湖池作阶梯状的池底设计。在住宅区中，当水深超过 0.3 m（安全水深）时，必须采取防护措施，以保护小孩的安全。一般可在非亲水区及成人游泳区处设栏杆，而亲水区采用护岸缓坡，或在岸边设≥2 m 的浅水区，转入深水区之前设水下拦网。

(3)结构设计。结构设计即湖底结构设计。

在湖池池底结构设计时通常应根据其基址条件、使用功能、规模大小等的不同作不同的底部构造选择。

园林中湖塘多为人工或自然湖塘改造，通常面积较大，湖底常见的有黏土层湖底、灰土层湖底、塑料薄膜湖底和混凝土湖底，其中灰土层湖底做法适于大面积湖体，混凝土湖底适于较小湖体或基址土壤较差的湖体。

湖底若为非渗透性土壤，应先敷以黏土，浸湿捣实；如果是透水性土壤则应经过碾压平后，面上需再铺 15～30 cm 细土层。如遇有城市生活垃圾等废物应全部清除，用土回填压实。如果湖底土壤条件渗透性较强或不均匀时，可用硬质材料如混凝土或钢筋混凝土。

人工湖防渗还可采用柔性防水材料，主要有聚乙烯防水毯、聚氯乙烯防水毯，三元乙丙橡胶、膨润土防水垫等。在防水层上平铺 15 cm 过筛细土或 100 cm 厚混凝土，以保护其不被破坏。

2.湖的施工

(1)认真分析设计图纸，并按设计图纸确定土方量。

(2)详细勘查现场，按设计线形定点放线。放线可用石灰、黄沙等材料。打桩时，沿湖池外缘 15～30 cm 打一圈木桩，第一根桩为基准桩，其他皆以此为准。基准桩即是湖体的池缘高度。桩打好后，注意保护好标志桩、基准桩。并预先准备好开挖方向及土方堆积方法。

(3)考察基址渗漏状况。好的湖底全年水量损失占水体体积的 5%～10%；一般湖底 10%～20%；较差的湖底 20%～40%，以此制定施工方法及工程措施。

(4)湖体施工时排水尤为重要。如水位过高，施工时可用多台水泵排水，也可通过梯级排水沟排水，由于水位过高，为避免湖底受地下水的挤压而被抬高，必须特别注意地下水的排放。通常用 15 cm 厚的碎石层铺设整个湖底，上面再铺 5～7 cm 厚沙子就足够了。如果这种方法还无法解决，则必须在湖底开挖环状排水沟，并在排水沟底部铺设带孔聚氯乙烯(PVC)管，四周用碎石填塞(图 4-18)，会取得较好的排水效果。同时要注意开挖岸线的稳定，必要时用块石或竹木支撑保护，最好做到护坡或驳岸的同步施工。通常基址条件较好的湖底不做特殊处理，适当夯实即可。但渗漏性较严重的必须采取工程手段。常见的措施有灰土层湖底、塑料薄膜湖底和混凝土湖底等做法。

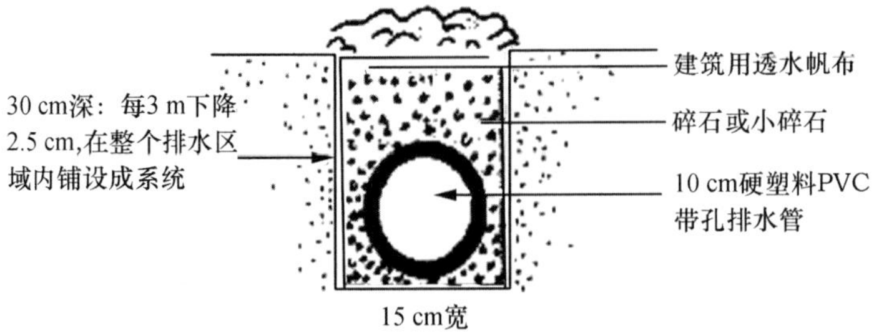

图 4-18　湖体施工时排水做法

(5)湖底做法应因地制宜。大面积湖底适宜于灰土做法，较小的湖底可以用混凝土做法，用塑料薄膜铺适合湖底渗漏中等的情况。图 4-19 是几种常见的湖底施工方法。

(6)湖岸的处理。湖岸的稳定性对湖体景观有特殊意义，应予以重视。先根据设计图严格将湖岸线用石灰放出，放线时应保证驳岸(或护坡)的实际宽度，并做好各控制基桩的标注。开挖后要对易崩塌之处用木条、板(竹)等支撑，遇到洞、孔等渗漏性大的地方，要结合施工材料采用抛石、填灰土、三合土等方法处理。如岸壁土质良好，做适当的修整后可进行后续施工。

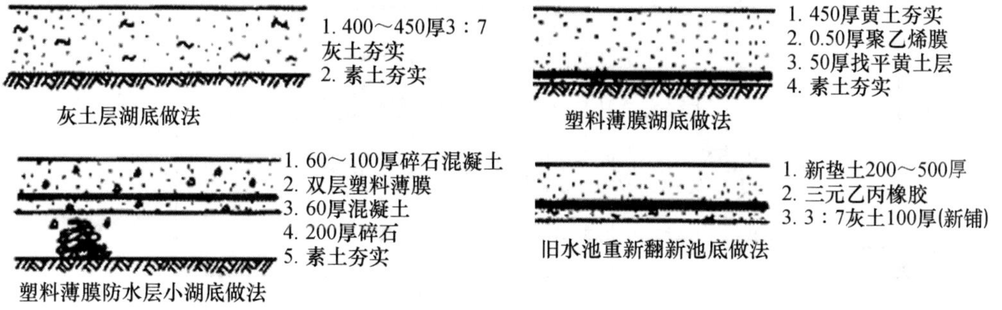

图 4-19　几种常见的湖底施工方法(单位：mm)

训练与评价

1. 目的要求

(1)掌握人工湖工程的施工内容、施工方法及工艺。

(2)掌握驳岸护坡的施工。

2. 施工内容

某景区为满足景观需要，拟建一处人工湖，如图 4-20 和图 4-21 为人工湖的平面放样图、剖面图及局部详图，试根据图纸完成施工。

3. 要点提示

(1)首先要根据图纸要求进行人工湖的湖底施工，施工过程中注意人工湖的防渗处理。

(2)然后是驳岸施工，施工过程中要严格按照图纸的要求选择材料，并注意驳岸的结构及防渗施工。

(3)在景石摆放的过程中应注意园林美学知识的应用。

(4)按照图纸要求布置进水口、排水口和溢水口，并注意水口的隐蔽。

4. 自我评价

序号	评价内容	评价标准	自我评价
1	施工图识读	掌握图纸表达内容(15 分)	
2	湖底的施工	能按照湖底施工的工艺流程进行施工(15 分)	
3	驳岸的施工	掌握驳岸施工的工艺流程(15 分)	
4	试水	设备运转正常，无渗透现象(20 分)	
5	工程质量	施工规范、工艺正确，能够达到相应工程质量标准(20 分)	
6	湖景观效果	能够实现规划设计方案的景观效果，实用美观(15 分)	

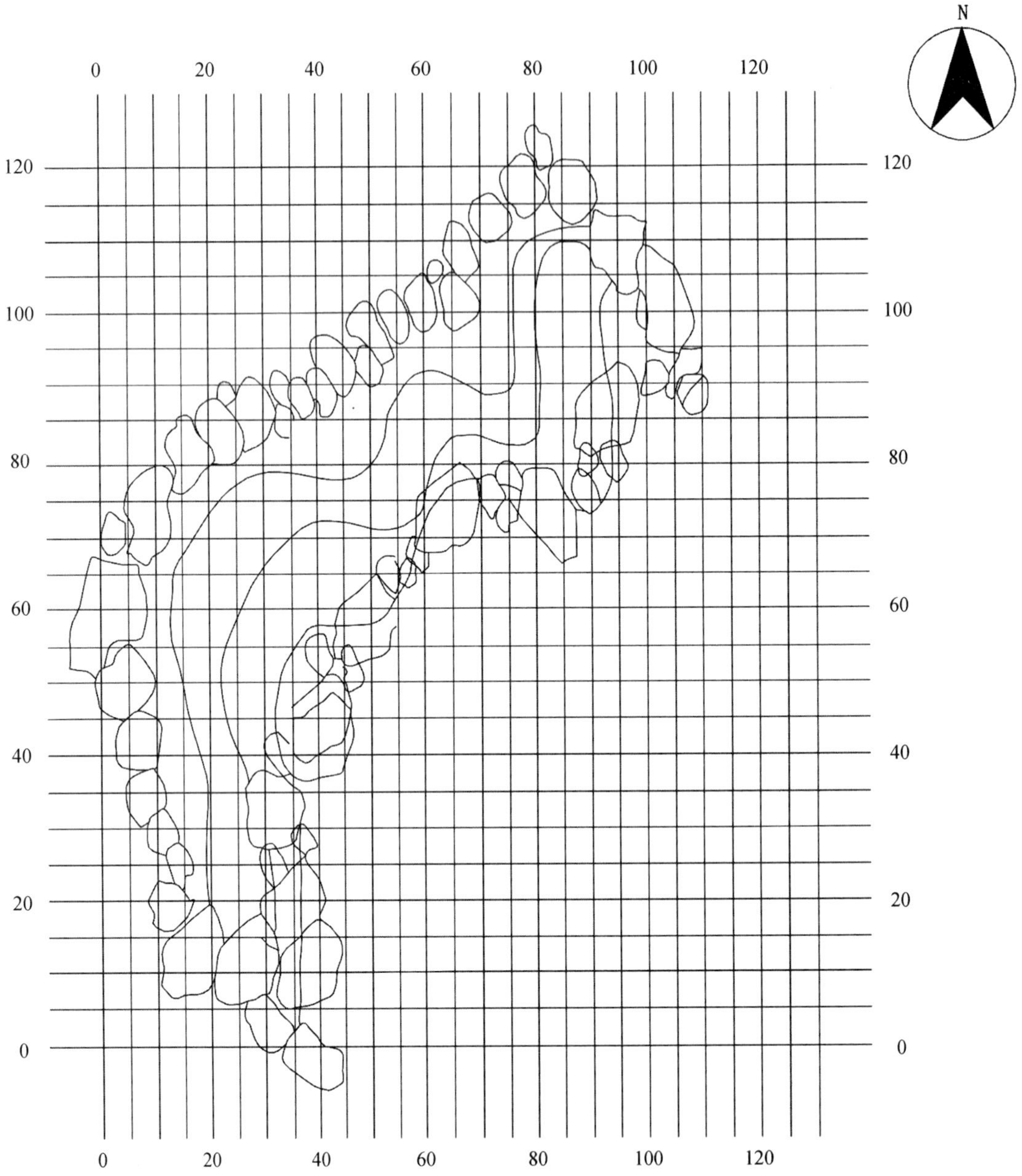

图 4-20　人工湖平面图

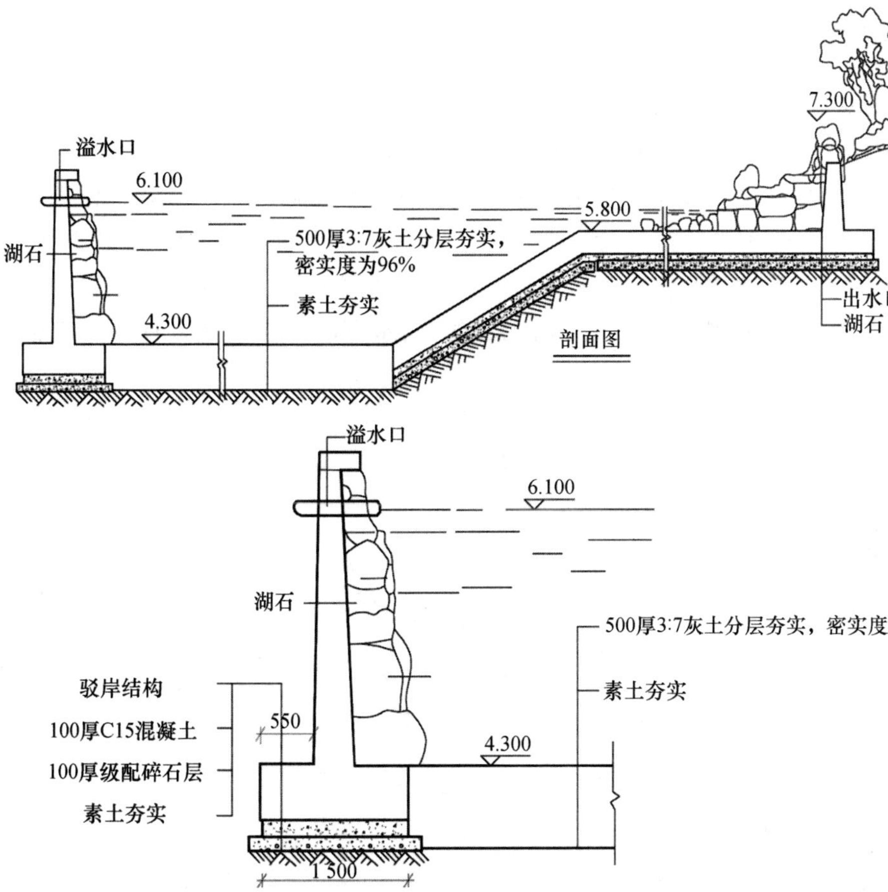

图 4-21　人工湖施工图(单位:mm)

任务二　溪涧的设计与施工

小溪的设计与施工

任务描述

水景设计中的溪流形式多种多样，其形态可根据水量、流速、水深、水宽、建材以及沟渠等自身的形式而进行不同的创作设计。

相关知识

溪、涧都是小型的带状水体。山涧的流水为溪，夹在两山之间的水为涧，人们已习惯将两者连在一起。溪与涧略有不同的是：溪的水底及两岸主要由泥土筑成，岸边多水草；涧的水底及两岸则主要由砾石和山石构成，岸边少水草。溪涧水景设计主要考虑其规模、平面形态、水岸线、缓急及其他景观要素和景观设施。

任务实施

1. 溪涧的设计

(1)溪涧的平面形态。在平面线形设计中,溪涧走向宜曲折深远,宽度应开合收放,富有变化(图 4-22)。溪涧宜曲不宜直,多弯曲以增长流程,显示源远流长,绵延不尽。溪涧弯曲一般采用"S"形或"Z"形,弯曲处需扩大,引导水体向下缓流。溪涧线形应流畅,回转自如,过曲则显矫揉造作,过直则平淡无趣。但也有一些溪涧流水强调特殊的设计意图和装饰美感而采取夸张的平面状态,如我国传统造园中出现过的"曲水流觞",就非常富有人文气息和古典韵味。

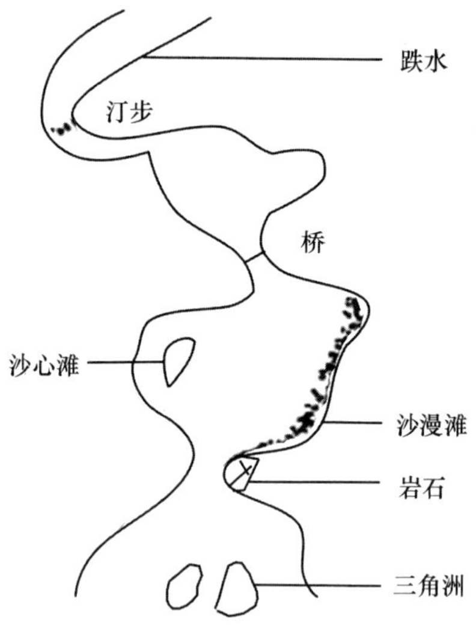

图 4-22 溪涧平面形态

溪流宽度由几十厘米到几米宽,变化幅度较大,应根据场地大小以及景观设计主题来确定。溪涧两条岸线的组合既要相互协调,又要有许多变化,要有开有合,有收有放,使水面富有宽窄变化。

溪涧河道宽窄变化决定流速和流水的形态:河床变窄形成急流与波浪;河床变宽形成平静的缓流。

以溪涧水景闻名的无锡寄畅园八音涧,就是由带状水体曲折、宽窄变化而获得很好景观效果的范例。在涧的前端,有引水入涧和调节水池,自水池而出的溪涧与相伴而行的曲径相互结合,流水忽而在小径之左,忽而又穿行到小径之右,宽窄弯曲,变化无穷。

(2)溪涧的立面设计。溪涧在立面上要有高低变化,水流有急有缓,平缓的流水段具有宁静、平和、轻柔的视觉效果,湍急的流水段则容易泛起浪花和水声,更能引起游人的注意。溪涧的立面变化主要包括溪底形式、坡度和水深三个方面。

①溪底的形式。溪涧的坡式即溪涧溪底纵向和横向的变化形式和坡度。常见的溪涧横断面有弧线形、方槽形、梯形、退台形四种形式。一般情况下小型溪涧,水面较窄且浅,

通常用方槽形、弧线形的横断面形式，方便施工；如水面较宽、水深的溪涧可采用梯形、退台形的横断面形式；若溪涧的水体较深，在其亲水区域，应采用退台形横断面或设置安全护栏。

溪底纵向变化有坡式和梯式两种。坡式溪底多用于天然溪涧改造或坡度较小的溪涧，通过调节其坡度陡缓的变化来改变流水形态，但当没有补充水源时，则溪底肌理暴露。梯式溪底竖向呈阶梯状变化，每一梯级内坡度较小(必要的排水坡度)，可通过滚水坝、跌水等来解决高差。梯式溪底的溪涧在没有补充水源时仍具有梯级的水面，可静态观赏，常用于居住区环境中。

溪底的平坦和凹凸不平能产生不同的景观效果(图 4-23)。

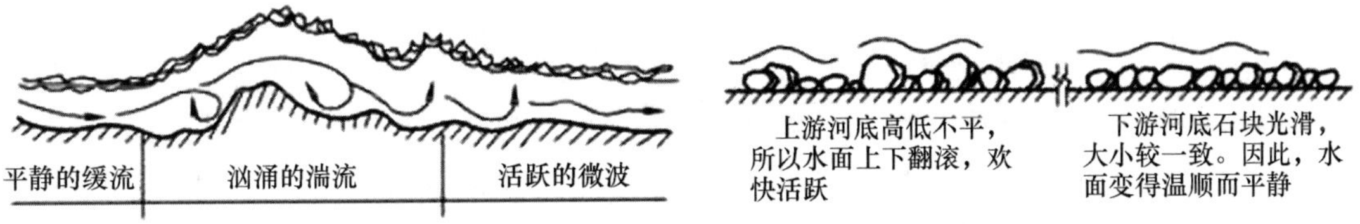

图 4-23　溪底做法

②坡度与水深。溪涧的坡度就是溪底的坡度。一般情况下，溪涧上游坡度宜大，下游坡度宜小。坡度大的地方摆放大块景石或圆石块，坡度小的地方摆放砾石或卵石。坡度的大小没有限制，可大至垂直 90°，小至 0.5%。在平地上其坡度宜小，在坡地上其坡度宜大，小型溪涧的坡度一般为 1%～2%，能让人感到流水趣味的坡度是在 3%内的变化。最大的坡度一般不超过 3%，因为超过 3%河床会受到影响，如坡度超过 3%应采取工程措施。

通常情况下，溪涧的水深通常为 20～50 cm，可涉入的溪流不深于 30 cm，溪底底板应做防滑处理。

总之，溪涧的平、立面变化将会使水景效果更加生动自然，更加流畅、优美。

(3)结构设计。通过绘制小溪剖面图，表现溪底和溪壁的结构、材料、尺寸，还要表现小溪的给排水系统以及溪底的高程和坡度。卵石护坡小溪结构见图 4-24；自然山石草护坡小溪结构见图 4-25。

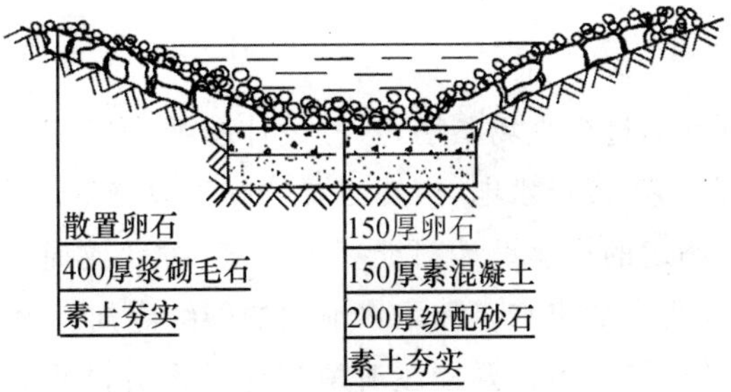

图 4-24　卵石护坡小溪结构图

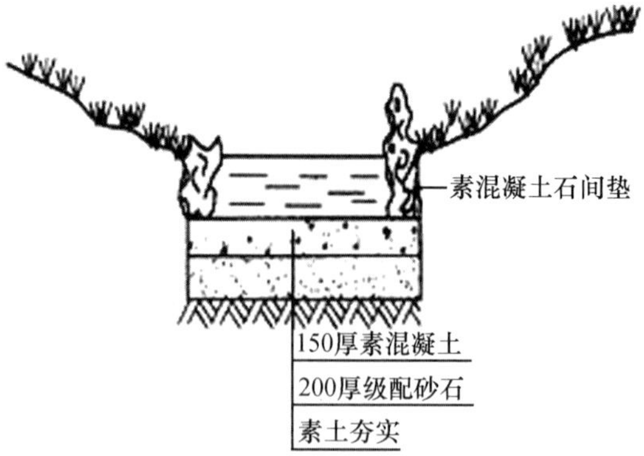

图 4-25　自然山石草护坡小溪结构图

(4)附属要素。溪涧中有河心滩、三角洲、河漫滩;岸边和水中有岩石、矶石、滚水坝(滚榄)、汀步、小桥等;岸边有若即若离,蜿蜒交错的小路。这些都属于溪涧的附属要素。

①滚水坝与汀步。当采用水流速度较大的小溪时,采用滚水坝(滚榄)可以形成翻滚而下的一种急流状态,并产生音响效果,可以形成一种美丽的景观。汀步常出现在溪涧较窄处,联系两岸交通,有时也和滚水坝相结合出现。

②溪涧景石。流水中置石的方式不同,水流也会产生不同的效果,如图 4-26 所示。在溪涧造景中常利用水中置石创造不同的水流状态。

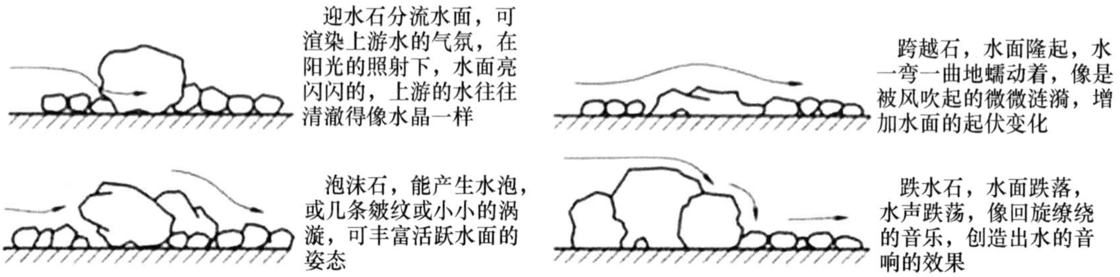

图 4-26　不同石景的水流效果

2.溪涧的施工

(1)施工工艺流程　施工准备→溪道放线→溪槽开挖→溪底施工→溪壁施工→溪道装饰→试水。

(2)施工要点

①施工准备。主要环节是进行现场踏勘,熟悉设计图纸,准备施工材料、施工机具、施工人员。对施工现场进行清理平整,接通水电,搭置必要的临时设施等。

②溪道放线。依据已确定的小溪设计图纸。用石灰、黄沙或绳子等在地面上勾画出小溪的轮廓,同时确定小溪循环用水的出水口和承水池间的管线走向。由于溪道宽窄变化多,放线时应加密打桩量,特别是转弯点。各桩要标注清楚相应的设计高程,变坡点(即设计矽跌水之处)要做特殊标记。

③溪槽开挖。小溪要按设计要求开挖,最好掘成“U”形坑,因小溪多数较浅,表层土壤较肥沃,要注意将表土堆放好,作为溪涧种植用土。溪道开挖要求有足够的宽度和深度,以便安

装散点石。值得注意的是，一般的溪流在落入下一段之前都应有至少 7 cm 的水深，故挖溪道时每一段最前面的深度都要深些，以确保小溪的自然。溪道挖好后，必须将溪底基土夯实，溪壁拍实。如果溪底用混凝土结构，先在溪底铺 10～15 cm 厚碎石层作为垫层。

④溪底施工。

a. 混凝土结构。在碎石垫层上铺上沙子(中沙或细沙)，垫层 2.5～5 cm，盖上防水材料(EPDM、油毡卷材等)，然后现浇混凝土(水泥标号、配比参阅水池施工)，厚度 10～15 cm(北方地区可适当加厚)，其上铺水泥砂浆约 3 cm，然后再铺素水泥浆 2 cm，按设计放入卵石即可。

b. 柔性结构。如果小溪较小，水又浅，溪基土质良好，可直接在夯实的溪道上铺一层 2.5～5 cm 厚的沙子，再将衬垫薄膜盖上。衬垫薄膜纵向的搭接长度不得小于 30 cm，留于溪岸的宽度不得小于 20 cm，并用砖、石等重物压紧。最后用水泥砂浆把石块直接粘在衬垫薄膜上。

c. 溪壁施工。溪岸可用大卵石、砾石、瓷砖、石料等铺砌处理。和溪道底一样，溪岸也必须设置防水层，防止溪流渗漏。如果小溪环境开朗，溪面宽、水浅，可将溪岸做成草坪护坡，且坡度尽量平缓。临水处用卵石封边即可。

d. 溪道装饰。为使溪流更自然有趣，可用较少的鹅卵石放在溪床上，这会使水面产生轻柔的涟漪。同时按设计要求进行管网安装，最后点缀少量景石，配以水生植物，饰以小桥、汀步等小品。

e. 试水。试水前应将溪道全面清洁，检查管路的安装情况。而后打开水源，注意观察水流及岸壁，如达到设计要求，说明溪道施工合格。

训练与评价

1. 目的要求

(1)明确溪涧的分类与特点。

(2)能够熟读溪涧工程施工图纸。

(3)掌握溪涧工程施工流程及工艺特点。

(4)能够指导施工人员完成溪涧工程施工。

2. 施工内容

图 4-27 和图 4-28 为某小区人工溪涧平面放样图及施工图，根据图纸完成溪涧施工。

3. 要点提示

(1)施工步骤：溪槽放线和溪槽挖掘；溪底施工；溪壁施工；管线安装；收尾和试水。

(2)开槽时注意溪涧上、下游设计标高的要求。

(3)严格按照图纸要求选择材料，并注意驳岸的结构及防渗施工。

(4)在卵石铺制和河道内景石摆放的过程中注意美观实用。

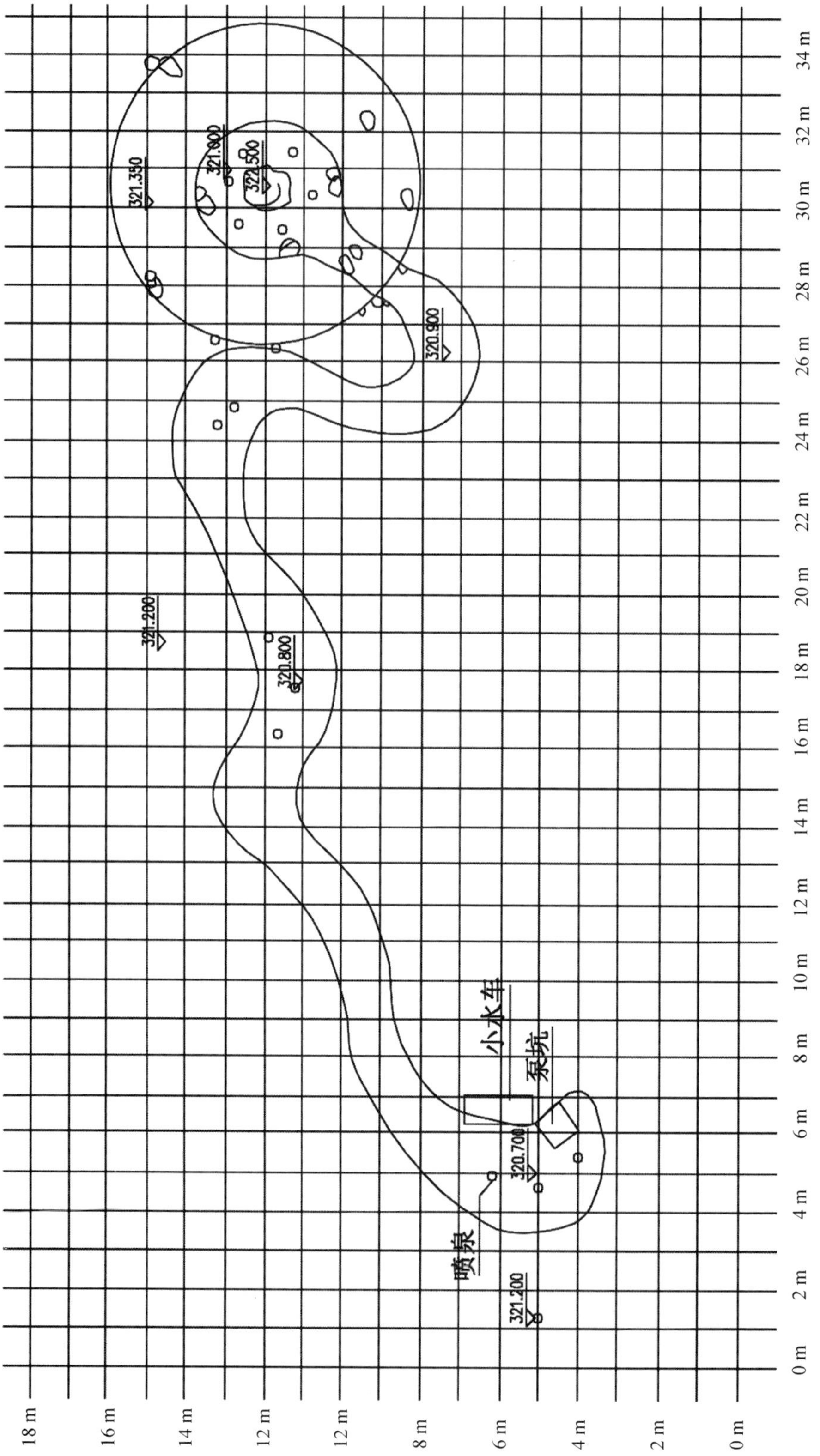

图4-27　某小区人工溪涧平面放样图

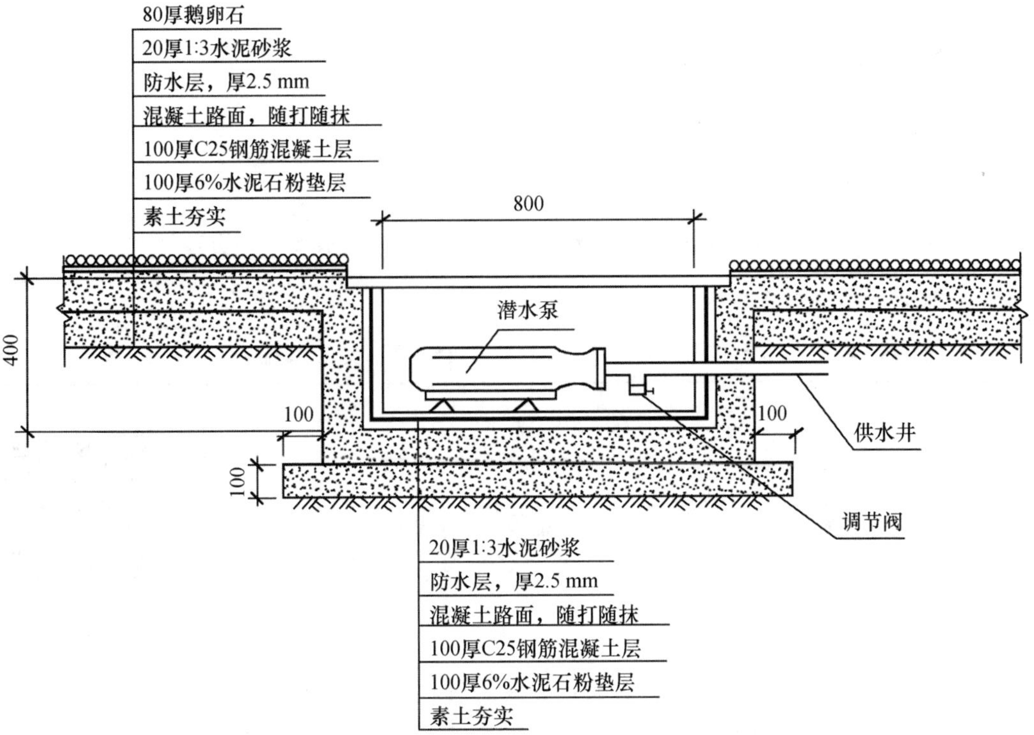

潜水泵　　　剖面图　　1:10

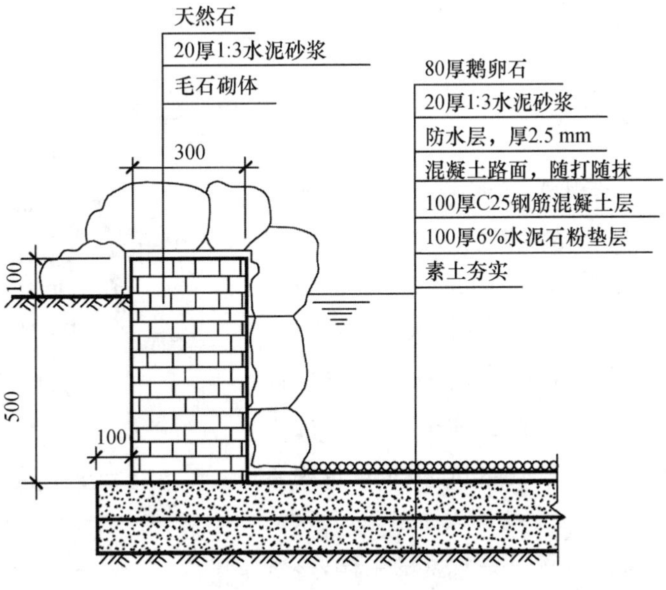

溪底、溪壁做法大样图　　1:10

图 4-28　某溪涧施工图（单位：mm）

4. 自我评价

序号	评价内容	评价标准	自我评定
1	施工图识别	掌握图纸表达内容(15 分)	
2	溪底的施工	能够按照溪底施工的工艺流程进行施工(15 分)	
3	溪壁的施工	掌握溪壁施工的工艺流程(15 分)	
4	收尾及试水	对工程各部分进行整理,检查水池是否有渗水现象(20 分)	
5	工程质量	施工规范,工艺正确,能够达到相应工程质量标准(20 分)	
7	景观效果	能够实现规划设计方案的景观效果,实用美观(15 分)	

任务三　瀑布的设计与施工

瀑布的设计与施工

◈ 任务描述

在园林水景造型中,瀑布是一种壮观的水景表现形式,在园林环境中起到声、形并举的作用,并对园林空间环境起着重要的作用,它可以调节局部空间的温度和湿度,对水体及周围的环境影响较大;本次任务我们一起来了解一下瀑布的设计和工程做法中常见的问题。

◈ 相关知识

一、瀑布的构成

瀑布是一种自然现象,是河床造成陡坎,水从陡坎处滚落下跌时,形成优美动人或奔腾咆哮的景观,因遥望下垂如布,故称瀑布。

瀑布一般由背景、上游积聚的水源、落水口、瀑身、承水潭及下流的溪水组成。人工瀑布常以山体上的山石、树木组成浓郁的背景,上游的水(或水泵动力提水)积聚在落水口,落水口也称瀑布口,其形状和光滑程度影响到瀑布水态,其水流量是瀑布设计的关键。瀑身是观赏的主体,落水后形成深潭经小溪流出。其模式图样如图 4-29 所示。

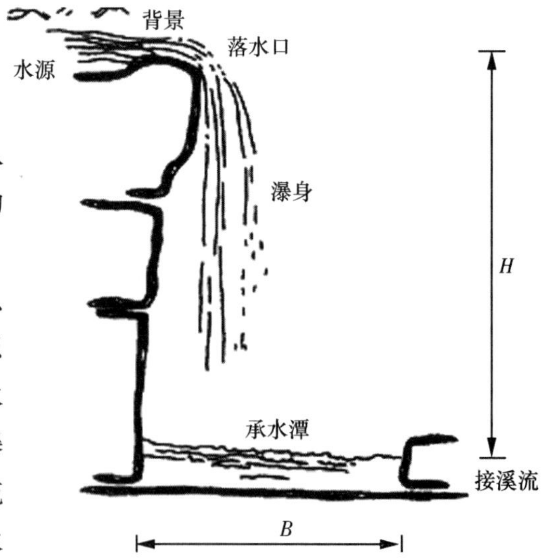

图 4-29　瀑布的构成

B 承水潭宽度　H 为瀑身高度

二、瀑布的设计要点

(1)筑造瀑布景观，应师法自然，以自然的瀑布作为造景砌石的参考，来体现自然情趣。

(2)设计前需先行勘查现场地形，以决定大小、比例及形式，并依此绘制平面图。

(3)瀑布设计有多种形式，筑造时要考虑水源的大小、景观主题，并依照岩石组合形式的不同进行合理的创新和变化。

(4)庭园属于平坦地形时，瀑布不要设计得过高，以免看起来不自然。

(5)为节约用水，减少瀑布流水的损失，可装置循环水流系统的水泵(图 4-30)，平时只需补充一些因蒸散而损失的水量即可。

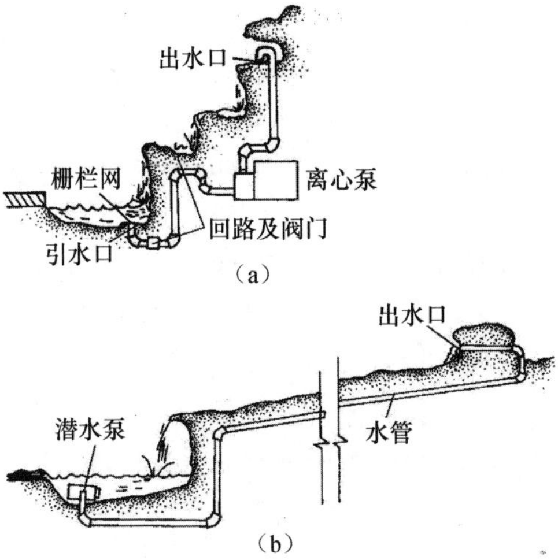

图 4-30　循环水流系统的水泵

(6)应以岩石及植物隐蔽出水口，切忌露出塑胶水管，否则将破坏景观的自然。

(7)岩石间的固定除用石与石互相咬合外，目前常以水泥强化其安全性，但应尽量以植栽掩饰，以免破坏自然山水的意境。

三、瀑布用水量的估算

人工建造瀑布，其用水量较大，因此多采用水泵循环供水。其用水量标准(每米用水量)可参阅表 4-1。水源要达到一定的供水量，据经验，高 2 m 的瀑布，每米宽度的流量以约为 0.5 m^2/min 较为适宜。

表 4-1　用水量标准

瀑布落水高度/m	蓄水池水深/m	用水量/(L/s)	瀑布落水高度/m	蓄水池水深/m	用水量/(L/s)
0.30	6	3	3.00	19	7
0.90	9	4	4.50	22	8
1.50	13	5	7.50	25	10
2.10	16	6	>7.50	32	12

任务实施

1.瀑布的设计

(1)形式的确定。瀑布的设计形式种类比较多。瀑布种类的划分依据,一是可从流水的跌落方式,二是可从瀑布口的设计形式。

①按瀑布跌落方式分,有直瀑、分瀑、跌瀑和滑瀑四种(图 4-31)。

直瀑　即直落瀑布。这种瀑布的水流是不间断地从高处直接落入其下的池、潭水面或石面。若落在石面,就会产生飞溅的水花四散洒落。直瀑的落水能够造成声响喧哗的效果,可为园林环境增添动态水声。

分瀑　实际上是瀑布的分流形式,因此又叫分流瀑布。它是由一道瀑布在跌落过程中受到中间物阻挡一分为二,再分成两道水流继续跌落。这种瀑布的水声效果也比较好。

跌瀑　也称跌落瀑布,是由很高的瀑布分为几跌,一跌一跌地向下落。跌瀑适宜布置在比较高的陡坡坡地,其水形变化较直瀑、分瀑都大一些,水景效果的变化也多一些,但水声要稍弱一点。

滑瀑　就是滑落瀑布。其水流顺着一个很陡的倾斜坡面向下滑落。斜坡表面所使用的材料质地情况决定着滑瀑的水景形象。斜坡是光滑表面,则滑瀑如一层薄薄的透明纸,在阳光照射下显示出湿润感和水光的闪耀。坡面若是凸起点(或凹陷点)密布的表面,水层在滑落过程中就会激起许多水花,当阳光照射时,就像一面镶满银色珍珠的挂毯。斜坡面上的凸起点(或凹陷点)若做成有规律排列的图形纹样,则所激起的水花也可以形成相应的图形纹样。

②按瀑布口的设计形式来分,瀑布有布瀑、带瀑和线瀑三种(图 4-31)。

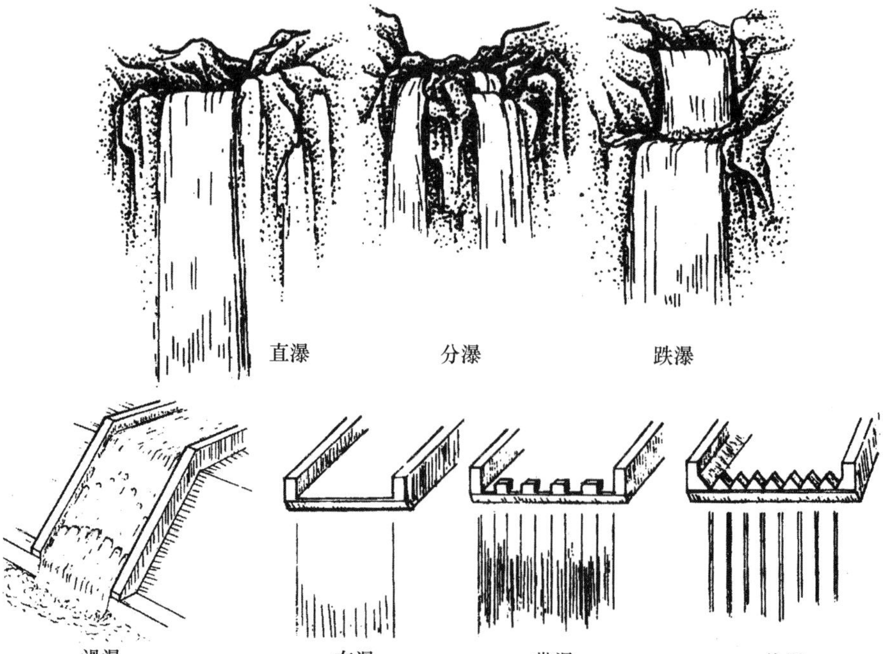

图 4-31　瀑布的设计形式

布瀑　瀑布的水像一片又宽又平的布一样飞落而下。瀑布口的形状设计为一条水平直线。

带瀑　从瀑布口落下的水流，组成一排水带整齐地落下。瀑布口设计为宽齿状，齿排列为直线，齿间的间距全部相等。齿间的小水口宽窄一致，相互都在一条水平线上。

线瀑　排线状的瀑布水流如同垂落的丝帘，这是线瀑的水景特色。线瀑的瀑布口形状，是设计为尖齿状的。尖齿排列成一条直线，齿间的小水口呈尖底状。从一排尖底状小水口上落下的水，即呈细线形。随着瀑布水量增大，水线也会相应变粗。

(2)顶部蓄水池的设计。蓄水池的容积要根据瀑布的流量来确定，要形成较壮观的景象，就要求其容积大；相反，如果要求瀑布薄如轻纱，就没有必要太深、太大。图 4-32 为蓄水池结构。

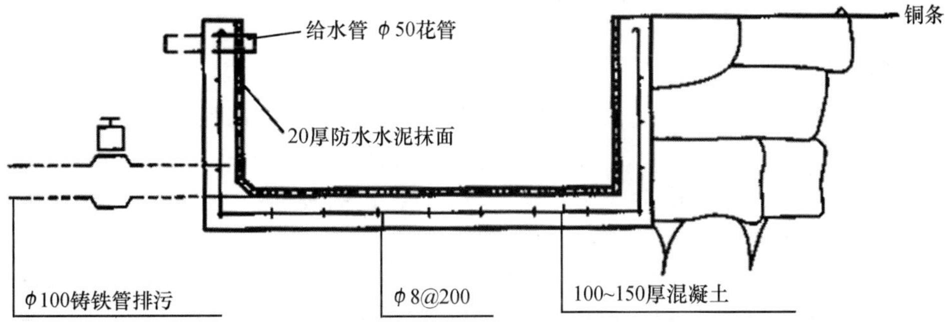

图 4-32　蓄水池结构(单位:mm)

(3)堰口处理。所谓堰口就是使瀑布的水流改变方向的山石部位。其出水口应模仿自然，并以树木及岩石加以隐蔽或装饰，当瀑布的水膜很薄时，能表现出极其生动的水态。

(4)瀑身设计。瀑布水幕的形态也就是瀑身，它是由堰口及堰口以下山石的堆叠形式确定的。例如，堰口处的整形石呈连续的直线，堰口以下的山石在侧面图上的水平长度不超出堰口，则这时形成的水幕整齐、平滑，非常壮丽。堰口处的山石虽然在一个水平面上，但水际线伸出、缩进，可以使瀑布形成的景观有层次感。若堰口以下的山石，在水平方向上堰口突出较多，可形成两重或多重瀑布，这样瀑布就更加活泼而有节奏感。图 4-33 为瀑布不同的水幕形式。

瀑身设计是表现瀑布的各种水态的性格。在城市景观构造中，注重瀑身的变化，可创造多姿多彩的水态。天热瀑布的水态是很丰富的，设计时应根据瀑布所在环境的具体情况、空间气氛，确定设计瀑布的性格。设计师应根据环境需要灵活运用。

(5)潭(受水池)。天然瀑布落水口下面多为一个深潭。在做瀑布设计时，也应在落水口下面做一个受水池。为了防止落时水花四溅，一般的经验是使受水池的宽度不小于瀑身高度的 2/3。

$$B \geqslant 2/3H$$

式中：B 为瀑布的受水池潭的宽度；H 为瀑身高度。

(6)与音响、灯光的结合。利用音响效果渲染气氛，增强水声，如波涛翻滚的意境。也可以把彩色的灯光安装在瀑布的对面，晚上就可以呈现出彩色瀑布的奇异景观，如南京北极阁广场瀑布就同时运用了以上两种效果。

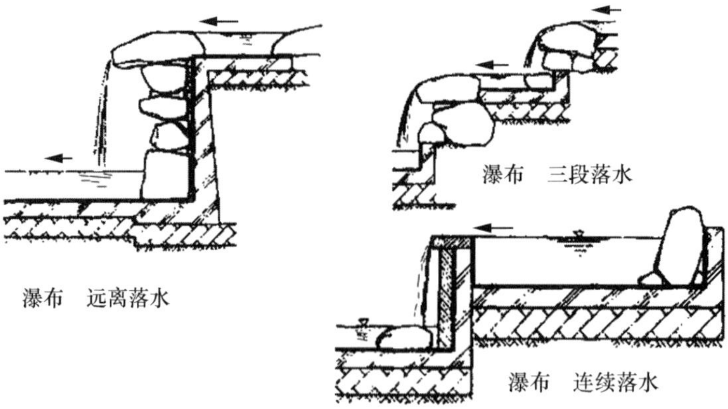

图 4-33　瀑布不同的水瀑形式

2.瀑布的施工

(1)现场放线。可参考小溪放线,但要注意落水口与承水潭的高程关系(用水准仪校对),同时要将落水口前的高位水池用石灰或沙子放出。如属掇山型瀑布,平面上应将掇山位置采用“宽打窄用”的方法放出外形,这类瀑布施工最好先按比例做出模型,以便施工时参考。还应注意循环供水线路的走向。

(2)基槽开挖。可采用人工开挖,挖方时要经常以施工图校对,避免过量挖方,保证各落水高程的正确。如瀑道为多层跌落方式,更应注意各层的基底设计坡面。

(3)瀑道与承水潭施工。请参考小溪溪道和水池的施工。

(4)管线安装。对于埋地管可结合瀑道基础施工同步进行。各连接管(露地部分)在浇混凝土 1～2 天后安装,出水口管段一般待山石推掇完毕后再连接。

(5)瀑布装饰与试水。根据设计的要求对瀑道和承水潭进行必要的点缀,如种上卵石、水草,铺上净砂、散石,必要时安装上灯光系统。瀑布的试水与小溪相同。

训练与评价

1.目的要求

(1)明确瀑布与跌水的形式及特点。

(2)熟悉瀑布及跌水的结构图。

(3)掌握瀑布的施工流程及各种施工工艺的特点。

(4)能够指导施工人员完成瀑布工程施工。

2.施工内容

图 4-34 和图 4-35 为某小区瀑布平面图及立面图,根据图纸要求,完成施工。

3.要点提示

按照现场放线、管线安装、顶部蓄水池施工、承水潭施工、瀑布落水口处理、瀑布装饰及试水的施工步骤完成施工任务。

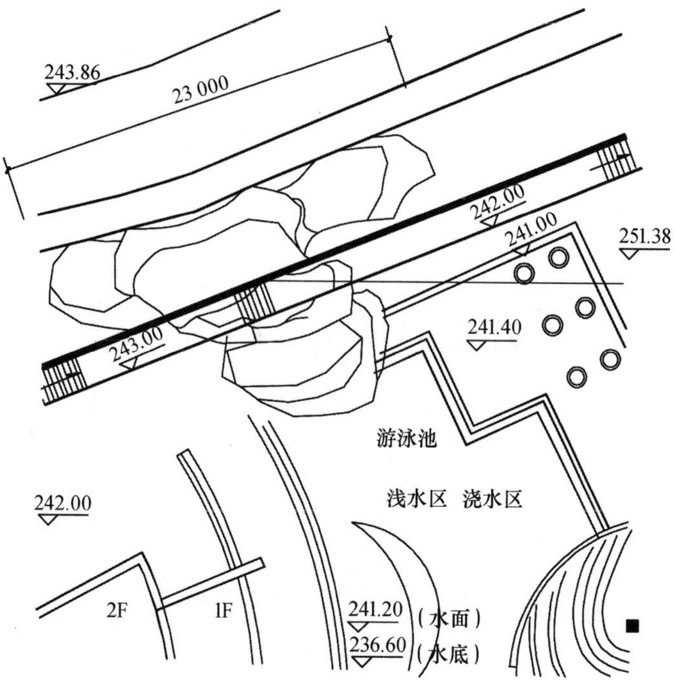

图 4-34 瀑布平面图(单位:mm)

图 4-35 瀑布立面图(单位:mm)

4. 自我评价

序号	评价内容	评价标准	自我评价
1	施工图识读	掌握图纸表达内容(15 分)	
2	蓄水池施工	能按照蓄水池施工的工艺流程进行施工(15 分)	
3	承水潭施工	掌握承水潭施工的工艺流程(15 分)	
4	装饰与试水	根据设计要求,完成点缀装饰,瀑道清洁,水流正常(20 分)	
5	工程质量	施工规范,工艺正确,能够达到相应工程质量标准(20 分)	
6	景观效果	能够实现规划设计方案的景观效果,实用美观(15 分)	

项目二

水池喷泉工程

任务一　水池的设计与施工

任务描述

由于水的流动性和可塑性,园林中对水的设计实际上就是装水容器的设计,水池是水景工程常见的设计形式,它们静中有动,寂中有声。水池在园林中的用途很广泛,可用作广场中心、道路尽端以及和亭、廊、花架等各种建筑等组合形成富于变化的各种景观效果。常见的喷水池、观鱼池、海兽池及水生植物种植池等都属于这种水体类型。水池平面形状和规模主要取决于园林总体规划以及详细规划中的观赏与功能要求,水景中水池的形态种类众多,深浅和材料也各不相同。

任务实施

水池的设计

1.水池的设计

水池的设计包括平面设计、立面设计、剖面结构设计、管线设计等。

(1)水池的平面设计显示水池在地面以上的平面位置和尺寸。水池平面可以标注各部分的高程,标注进水口、溢水口、泄水口、喷头、集水坑、种植池等的平面位置以及所取剖面的位置等内容。

(2)水池的立面设计反映主要朝向立面的高度和变化,水池的深度一般根据水池的景观要求和功能要求而定。水池池壁顶面与周围的环境要有合适的高程关系,一般以最大限度地满足游人的亲水性要求为原则。池壁顶除了使用天然材料,表现其天然特性外,还可用规整的形式,加工成平顶或挑伸,或中间折拱或曲拱,或向水池一面倾斜等多种形式。

(3)水池的剖面设计应从地基至池壁顶注明各层的材料和施工要求。剖面应有足够的代表性。如一个剖面不足以反映时可增加剖面。

(4)水池的管线设计。水池中的基本管线包括给水管、补水管、泄水管、溢水管等。有时给水与补水管道使用同一根管子。给水管、补水管和泄水管为可控制的管道,以便更有效地控制水的进出。溢水管为自由管道,不加闸阀等控制设备以保证其畅通。对于循环用水的溪流、跌水、瀑布等还包括循环水的管道。对配有喷泉、水下灯光的水池还存在供电系统设计问题。一般水景工程的管线可直接敷设在水池内或直接埋在土中。大型水景工程中,如果管线多而且复杂时,应将主要管线布置在专用管沟内(图 4-36 和图 4-37)。

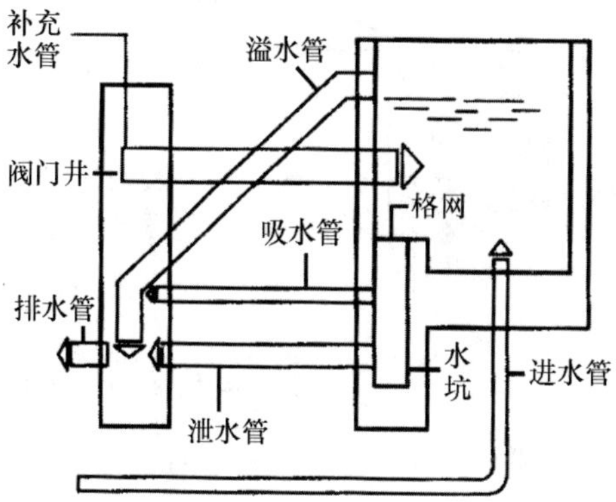

图 4-36　水池管线平面布置示意图

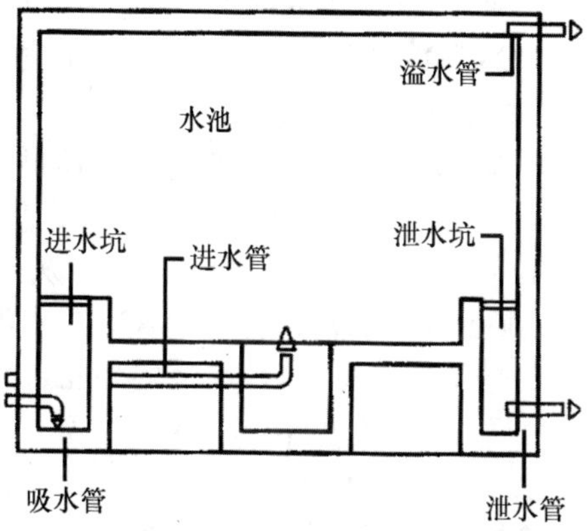

图 4-37　水池管线立面布置示意图

水池设置溢水管,以维持一定的水位和进行表面排污,保持水面清洁。溢水口应设格栅或格网,以防止较大漂浮物堵塞管道。

水池应设泄水口,以便于清扫、检修和防止停用时水质腐败或结冰,池底都应有不小于 0.01 的坡度,坡向朝向泄水口或集水坑。水池一般采用重力泄水,也可利用水泵的吸水口兼作泄水口。

(5)其他配套设计。在水池中可以布设卵石、汀步、跳水石、跌水台阶、置石、雕塑等景观设施,共同组成景观。对于有跌水的水池,跌水线可以设计成规整或不规整的形式,是设计时重点强调的地方。池底装饰可利用人工铺砌砂土、砾石或钢筋混凝土池底,再在其上选用池底装饰材料。

2. 水池的施工

目前,园林上人工水池从结构上可以分为,刚性结构水池、柔性结构水池,临时简易水池三种,具体可根据功能的需要适当选用。

(1)刚性结构水池施工。刚性结构水池施工也称钢筋混凝土水池,池底和池壁均配钢筋,因此寿命长、防漏性好,适用于大部分水池(图4-38)。钢筋混凝土水池的施工过程为:

材料准备→池基开挖→池底施工→浇注混凝土池壁→混凝土抹灰→试水等。

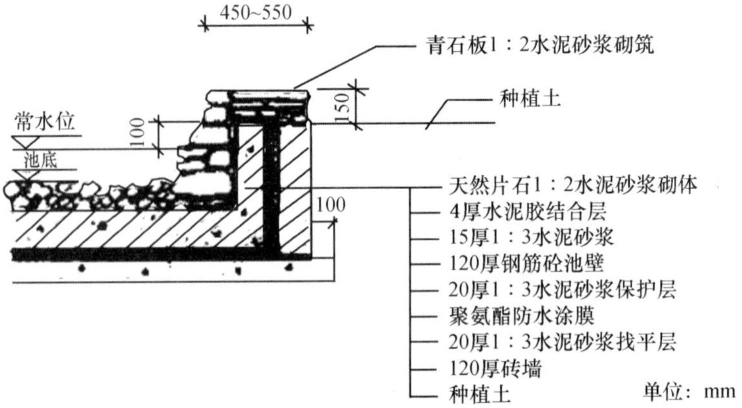

图4-38 刚性水池结构

①施工准备。混凝土配料　基础与池底:水泥1份,细沙2份,粒料4份,所配的混凝土型号为C20。池底与池壁:水泥1份,细沙2份,0.6～2.5 cm粒料3份,所配的混凝土型号为C15。防水层:防水剂3份,或其他防水卷材。

添加剂　混凝土中有时需要加入适量添加剂,常见的有U形混凝土膨胀剂、加气剂、氯化钙促凝剂、缓凝剂、着色剂等。

水泥　池底池壁必须采用425号以上普通硅酸盐水泥,水灰比≤0.55;粒料直径不得大于40 mm,吸水率不大于1.5%,混凝土抹灰和砌砖抹灰用325号水泥或425号水泥。

场地放线　根据设计图纸定点放线。放线时,水池的外轮廓应包括池壁厚度。为使施工方便,池外沿各边加宽50 cm,用石灰或黄沙放出起挖线,每隔5～10 m(视水池大小)打一小木桩,并标记清楚。方形(含长方形)水池,直角处要校正,并最少打3个桩,圆形水池,应先定出水池的中心点,再用线绳(足够长)以该点为圆心,水池宽的一半为半径(注意池壁厚度)划圆,石灰标明,即可放出圆形轮廓。

②池基开挖。目前挖方有人工挖方和人工结合机械挖方,可以根据现场施工条件确定挖方方法。开挖时一定要考虑池底和池壁的厚度。如为下沉式水池,应做好池壁的保护,挖至设计标高后,池底应整平并夯实,再铺上一层碎石、碎砖作为底座。如果池底设置有沉泥池,应结合池底开挖同时施工。

池基挖方会遇到排水问题,工程中常用基坑排水,这是既经济又简易的排水方法。此法是沿池基边挖成临时性排水沟,并每隔一定距离在池基外侧设置集水井,再通过人工或机械抽水排走,以确保施工顺利进行。

③池底施工。混凝土池底这种结构的水池,如其形状比较规整,则50 m内可不做伸缩缝。如其形状变化较大,则在其长度约20 m处并在其断面狭窄处,做伸缩缝。一般池底可根据景观需要,进行色彩上的变化,如贴蓝色的瓷砖等,以增加美感。混凝土池底施工要点如下:

a.依情况不同加以处理。如基土稍湿而松软时,可在其上铺以厚10 cm的碎石层,并加以夯实,然后浇灌混凝土垫层。

b.混凝土垫层浇完隔1～2天(应视施工时的温度而定),在垫层面测量确定底板中心,然后根据设计尺寸进行放线，定出柱基以及底板的边线，画出钢筋布线，依线绑扎钢筋，接着安装柱基和底板外围的模板。

c. 在绑扎钢筋时，应详细检查钢筋的直径、间距、位置、搭接长度、上下层钢筋的间距、保护层及埋件的位置和数量，看其是否符合设计要求。上下层钢筋均应用铁撑（铁马凳）加以固定，使之在浇捣过程中不发生变化。如钢筋过水后生锈，应进行除锈处理。

d. 底板应一次连续浇完，不留施工缝。施工间歇时间不得超过混凝土的初凝时间。如混凝土在运输过程中产生初凝或离析现象，应在现场进行二次搅拌后方可入模浇捣。底板厚度在 20 cm 以内，可采用平板振动器，20 cm 以上则采用插入式振动器。

e. 池壁为现浇混凝土时，底板与池壁连接处的施工缝可留在基础上 20 cm 处。施工缝可留成台阶形、凹槽形、加金属止水片或遇水膨胀橡胶带。各种施工缝的优缺点及做法见表 4-2。

表 4-2　施工缝的优点及做法

施工缝种类	简图	优点	缺点	做法
台阶形	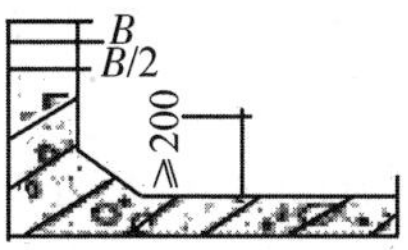	可增加接触面积，使渗水路线延长和受阻，施工简单，接缝表面易清理	接触面简单，双面配筋时，不易支模，阻水效果一般	支模时可在外侧安设木方，混凝土终凝后取出
凹槽形	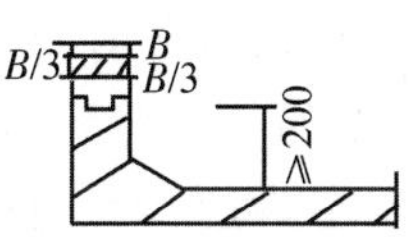	加大了混凝土的接触面，使渗水路线受更大阻力，提高了防水质量	在凹槽内易于积水和存留杂物，清理不净时影响接缝严密性	支模时将木方置于池壁中部，混凝土终凝后取出
加金属止水片	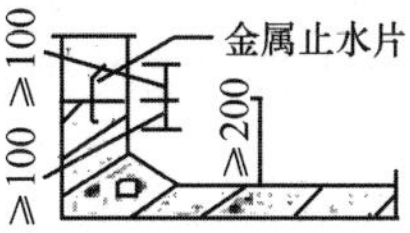	适用于池壁较薄的施工缝，防水效果比较可靠	安装困难，且需耗费一定数量的钢材	将金属止水片固定在池壁中部，两侧等距
遇水膨胀橡胶止水带	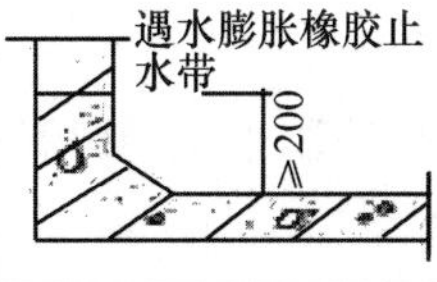	施工方便，操作简单，橡胶止水带遇水后体积迅速膨胀，将缝隙塞满、挤密		将腻子型橡胶止水带置于已浇筑好的施工缝中部即可

④水池池壁施工技术。人造水池一般采用垂直形池壁。垂直形的优点是池水降落之后，不至于在池壁淤积泥土，从而使低等水生植物无从寄生，同时易于保持水面洁净。垂直形的池壁，可用砖石或水泥砌筑，以瓷砖、罗马砖等饰面，甚至做成图案加以装饰。

a. 混凝土浇筑池壁的施工技术。做水泥池壁，尤其是矩形钢筋混凝土池壁时，应先做模板以固定之，池壁厚 15～25 cm，水泥成分与池底同。目前有无撑及有撑支模两种方法。有撑支模为常用的方法。当矩形池壁较厚时，内外模可在钢筋绑扎完毕后一次立好。浇捣混凝土时操作人员可进入模内振捣，并应用串筒将混凝土灌入，分层浇捣。矩形池壁拆模后，应将外露的止水螺栓头割去。池壁施工要点：

水池施工时所用的水泥标号不宜低于 425 号，水泥品种应优先选用普通硅酸盐水泥，不宜采用火山灰质硅酸盐水泥和粉煤灰硅酸盐水泥。所用石子的最大粒径不宜大于 40 mm，吸水率不大于 1.5%。

池壁混凝土每立方米水泥用量不少于 320 kg，含砂率宜为 35%～40%，灰砂比为

1∶(2～2.5)，水灰比不大于0.6。

固定模板用的铁丝和螺栓不宜直接穿过池壁。当螺栓或套管必须穿过池壁时，应采取止水措施。常见的止水措施有：螺栓上加焊止水环，止水环应满焊，环数应根据池壁厚度确定；套管上加焊止水环，在混凝土中预埋套管时，管外侧应加焊止水环，管中穿螺栓，拆模后将螺栓取出，套管内用膨胀水泥砂浆封堵；螺栓加堵头，支模时，在螺栓两边加堵头，拆模后，将螺栓沿平凹坑底割去角，用膨胀水泥砂浆封塞严密。

在池壁混凝土浇筑前，应先将施工缝处的混凝土表面凿毛，清除浮粒和杂物，用水冲洗干净，保持湿润。再铺上一层厚20～25 mm的水泥砂浆。水泥砂浆所用材料的灰砂比应与混凝土材料的灰砂比相同。

浇筑池壁混凝土时，应连续施工，一次浇筑完毕，不留施工缝。

池壁有密集管群穿过预埋件或钢筋稠密处浇筑混凝土有困难时，可采用相同抗渗等级的细石混凝土浇筑。

池壁混凝土浇筑完后，应立即进行养护，并充分保持湿润，养护时间不得少于14昼夜。拆模时池壁表面温度与周围气温的温差不得超过15℃。

b.混凝土砖砌池壁施工技术。用混凝土砖砌造池壁大大简化了混凝土施工的程序，但混凝土砖一般只适用于古典风格或设计规整的池塘。混凝土砖10 cm厚，结实耐用，常用于池塘建造；也有大规格的空心砖，但使用空心砖时，中心必须用混凝土浆填塞。有时也用双层空心砖墙中间填混凝土的方法来增加池壁的强度。用混凝土砖砌池壁的一个好处是，池壁可以在池底浇筑完工后的第二天再砌。一定要趁池底混凝土未干时将边缘处拉毛，池底与池壁相交处的钢筋要向上弯伸入池壁，以加强结合部的强度，钢筋伸到混凝土砌块池壁后或池壁中间。由于混凝土砖是预制的，池壁四周必须保持绝对的水平。砌混凝土砖时要特别注意保持砂浆厚度均匀。

⑤池壁抹灰施工技术。抹灰在混凝土及砖结构的池塘施工中是一道十分重要的工序。它使池面平滑，不会伤及池鱼。此外，池面光滑也便于清洁。

a.砖壁抹灰施工要点。内壁抹灰前2天应将墙面扫清，用水洗刷干净，并用铁皮将所有灰缝刮一下，要求凹进1～1.5 cm。

应采用325号普通水泥配制水泥砂浆，配合比1∶2，必须称量准确，可掺适量防水粉，搅拌均匀。

在抹第一层底层砂浆时，应用铁板用力将砂浆挤入砖缝内，增加砂浆与砖壁的黏结力。底层灰不宜太厚，一般在5～10 mm。第二层将墙面找平，厚度5～12 mm。第三层面层进行压光，厚度2～3 mm。

砖壁与钢筋混凝土底板结合处，要特别注意操作，加强转角抹灰厚度，使呈圆角，防止渗漏。

外壁抹灰可采用1∶3水泥砂浆一般操作法。

b.钢筋混凝土池壁抹灰要点。抹灰前将池内壁表面凿毛，不平处铲平，并用水冲洗干净。

抹灰时可在混凝土墙面上刷一遍薄的纯水泥浆，以增加黏结力。其他做法与砖壁抹灰相同。

⑥压顶。规则水池顶上应以砖、石块、石板、大理石或水泥预制板等作压顶。压顶或与地面平，或高出地面。当压顶与地面平时，应注意勿使土壤流入池内，可将池周围地面稍向外倾。有时在适当的位置上，将顶石部分放宽，以便容纳盆钵或其他摆饰。图4-39是几种常见压顶

的做法。

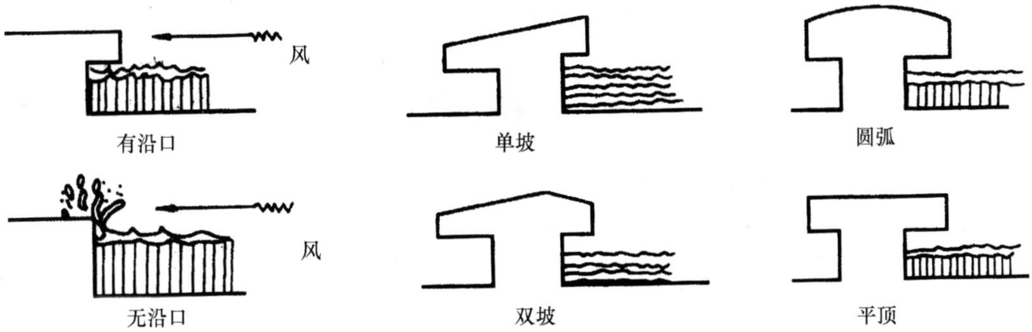

图 4-39　常见压顶的做法

⑦刚性水池施工工程质量要求。

a. 砖壁砌筑必须做到横平竖直,灰浆饱满。不得留踏步式或马牙搓。砖的强度等级不低于 MU7.5,砌筑时要挑选,砂浆配合比要称量准确,搅拌均匀。

b. 钢筋混凝土壁板和壁槽灌缝之前,必须将模板内杂物清除干净,用水将模板湿润。

c. 池壁模板不论采用无支撑法还是有支撑法,都必须将模板紧固好,防止混凝土浇筑时,模板发生变形。

d. 防渗混凝土可掺用素磺酸钙减水剂,掺用减水剂配制的混凝土,耐油、抗渗性好,而且节约水泥。

e. 矩形钢筋混凝土水池,由于工艺需要,长度较长,在底板、池壁上没有伸缩缝。施工中必须将止水钢板或止水胶皮正确固定好,并注意浇注,防止止水钢板、止水胶皮移位。

f. 水池混凝土强度的好坏,养护是重要的一环。底板浇筑完后,在施工池壁时,应注意养护,保持湿润。池壁混凝土浇筑完后,在气温较高或干燥情况下,过早拆模会引起混凝土收缩产生裂缝。因此,应继续浇水养护,底板、池壁和池壁灌缝的混凝土的养护期应不少于 14 天。

⑧试水。试水工作应在水池全部施工完成后方可进行。其目的是检验结构安全度,检查施工质量。试水时应先封闭管道孔。由池顶放水入池,一般分几次进水,根据具体情况,控制每次进水高度。从四周上下进行外观检查,做好记录,如无特殊情况,可继续灌水到储水设计标高。同时要做好沉降观察。

灌水到设计标高后,停 1 天,进行外观检查,并做好水面高度标记,连续观察 7 天,外表面无渗漏及水位无明显降落方为合格。水池施工中还涉及许多其他工种与分项工程,如假山工程、给排水工程、电气工程、设备安装工程等,可参考其他相关章节或其他相关书籍。

(2)柔性结构水池施工。近几年,随着新建筑材料的出现,水池的结构出现了柔性结构。实际上水池若是一味靠加厚混凝土和加粗加密钢筋网是无济于事的,这只会导致工程造价的增加,尤其对北方水池的冻害渗漏,不如用柔性不渗水的材料做水池夹层为好。目前在工程实践中使用的有玻璃布沥青席水池、三元乙丙橡胶(EPDM)薄膜水池、再生橡胶薄膜水池、油毛毡防水层(二毡三油)水池等。

①玻璃布沥青席水池 (图 4-40)。这种水池施工前得先准备好沥青席。方法是以沥青 0 号∶3 号=2∶1 调配好,按调配好的沥青 30%,石灰石矿粉 70%的配比,且分别加热至 100℃,再将矿粉加入沥青锅拌匀,把准备好的玻璃纤维布(孔目 8 mm×8 mm 或者 10 mm×

10 mm)放入锅内蘸匀后慢慢拉出，确保黏结在布上的沥青层厚度在 2～3 mm，拉出后立即洒滑石粉，并用机械碾压密实，每块席长 40 m 左右。

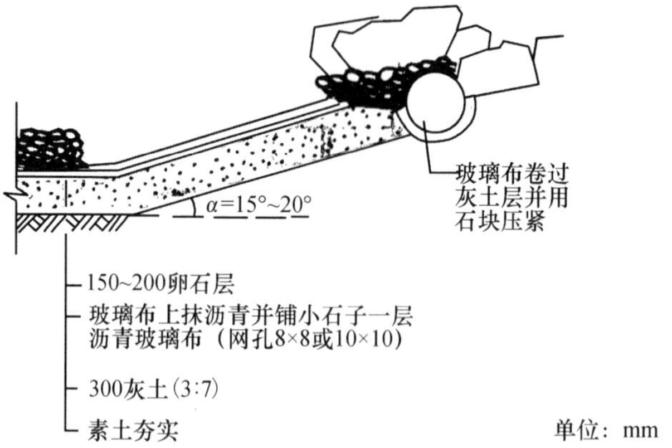

图 4-40　玻璃布沥青席水池

施工时，先将水池土基夯实，铺 300 mm 厚 3∶7 灰土保护层，再将沥青席铺在灰土层上，搭接长 5～100 mm，同时用火焰喷灯焊牢，端部用大块石压紧，随即铺小碎石一层。最后在表层散铺 150～200 mm 厚卵石一层即可。

②三元乙丙橡胶(EPDM)薄膜水池(图 4-41)。EPDM 薄膜类似于丁基橡胶，是一种黑色柔性橡胶膜，厚度为 3～5 mm，能经受温度－40～80℃，扯断强度＞7.35 N/mm^2，使用寿命可达 50 年，施工方便自重轻，不漏水，特别适用于大型展览用临时水池和屋顶花园用水池。建造 EPDM 薄膜水池，要注意衬垫薄膜与池底之间必须铺设一层保护垫层，材料可以是细砂(厚度＞5 cm)、废报纸、旧地毯或合成纤维。薄膜的需要量可视水池面积而定，不过要注意薄膜的宽度必须包括池沿，并保持在 30 cm 以上。铺设时，先在池底混凝土基层上均匀地铺一层 5 cm 厚的沙子，并洒水使沙子湿润，然后在整个池中铺上保护材料，之后就可铺 EPDM 衬垫薄膜了，注意薄膜四周至少多出池边 15 cm。如是屋顶花园水池或临时性水池，可直接在池底

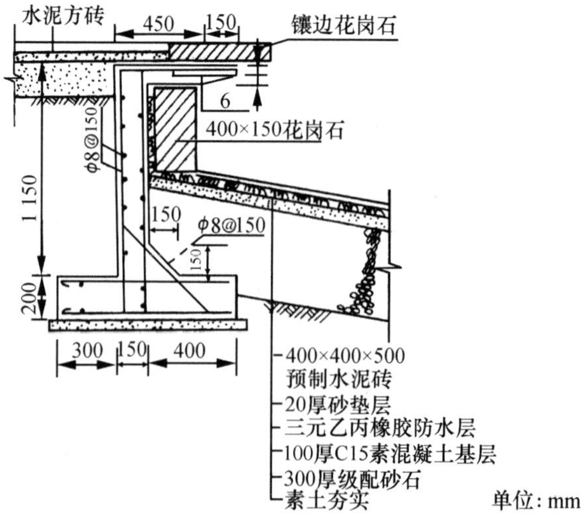

图 4-41　三元乙丙橡胶薄膜水池

铺沙子和保护层，再铺 EPDM 即可。

常见水池做法见图 4-42 至图 4-48。

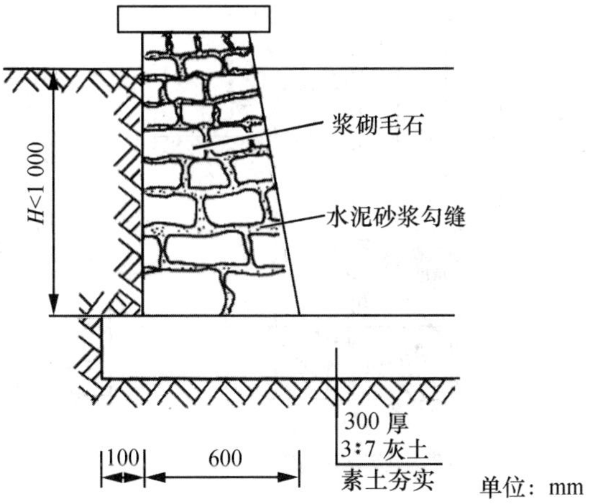

图 4-42　常见水池做法

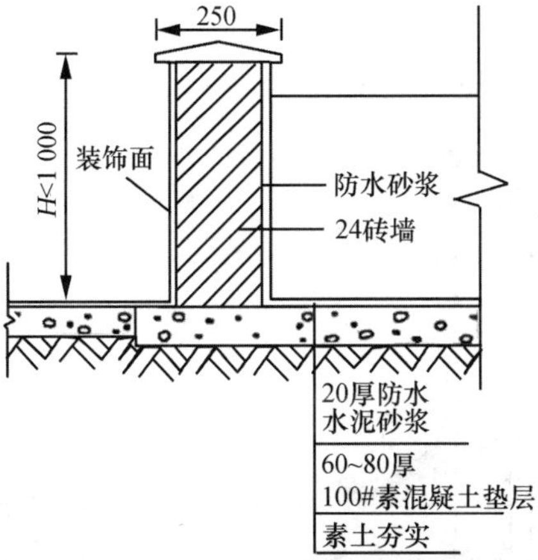

图 4-43　常见水池做法

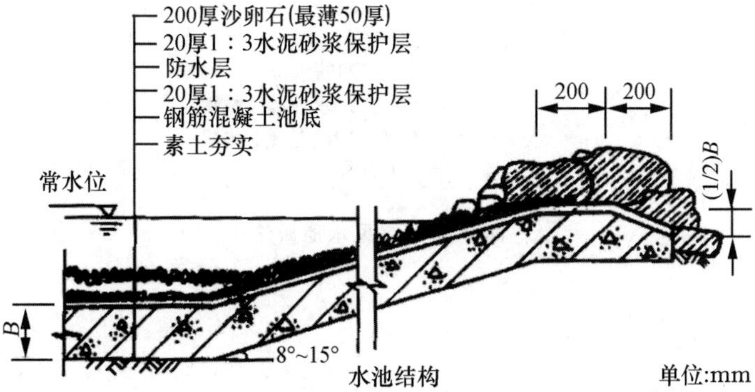

图 4-44　常见水池做法

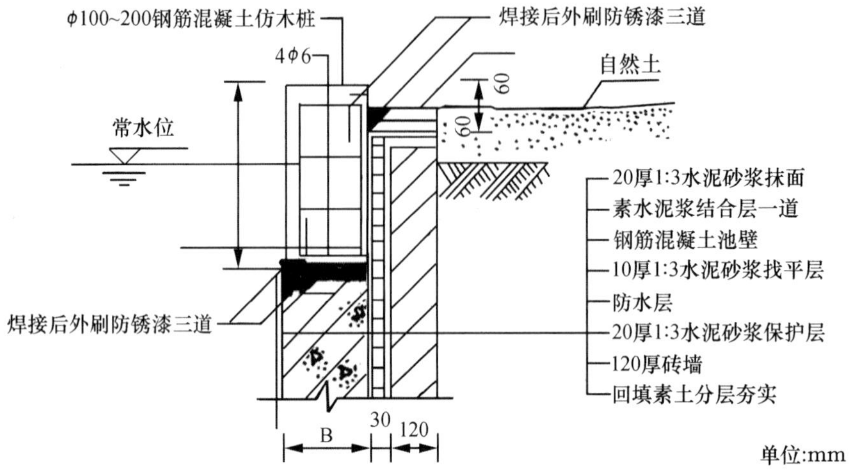

图 4-45　常见水池做法

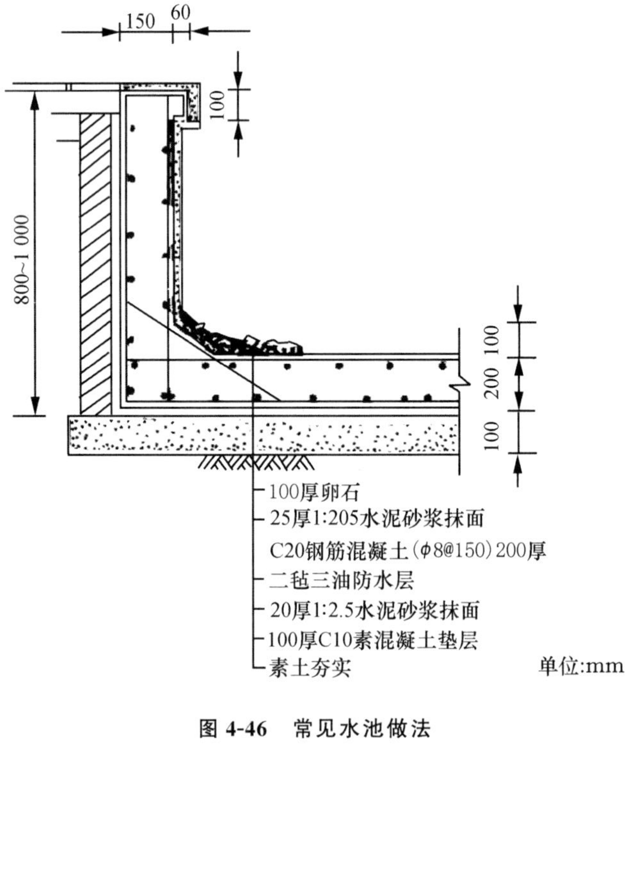

图 4-46　常见水池做法

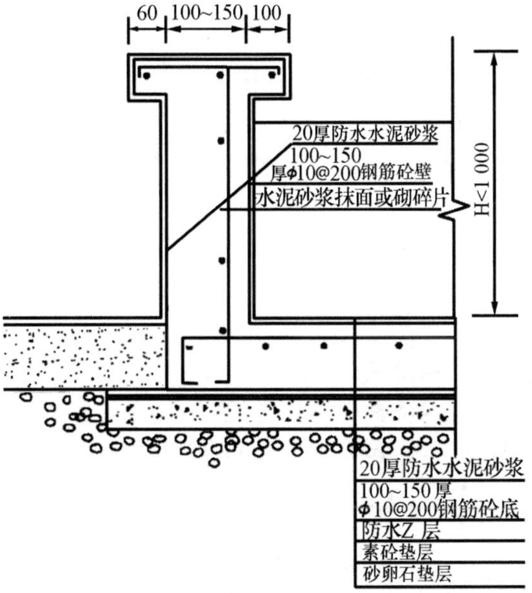

图 4-47　常见水池做法

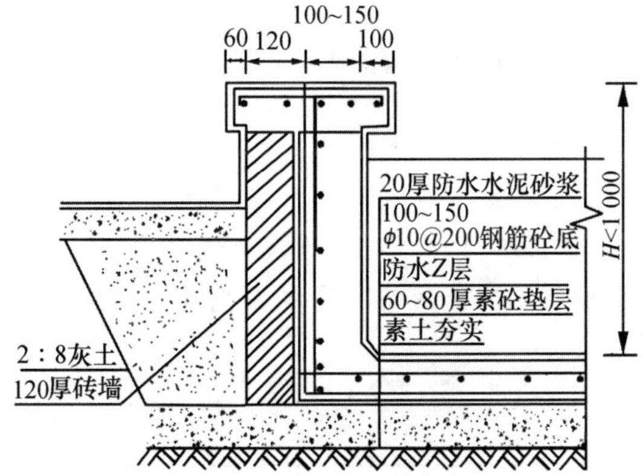

图 4-48　常见水池做法

◈ 阅读材料

水池的给排水系统和后期管理

一、给水系统

水池的给水系统要有直流给水系统、陆水泵循环系统、潜水泵循环给水系统和盘式水量循环给水系统四种形式。

(1)直流给水系统。直流给水系统(图 4-49)。将喷头直接与给水网连接,喷头喷射一次后即将水排至下水道。这种系统构造简单、维护简单且造价低,但耗水量较大。直流给水系统常与假山、盆景配合，作小型喷泉、瀑布、孔流等，适合在小型庭院、大厅内设置。

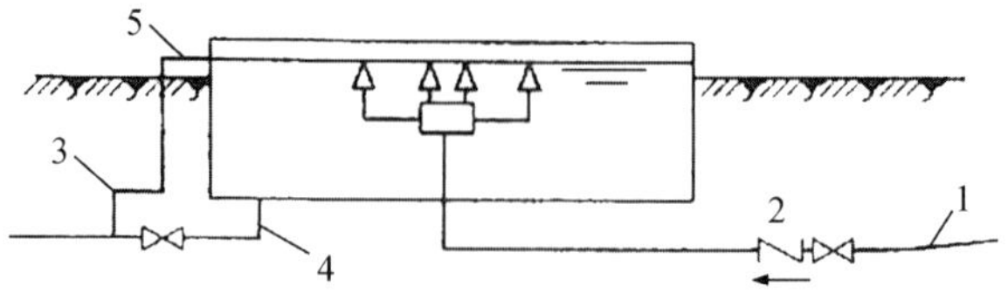

图 4-49　直流给水系统

1.给水管　2.止回隔断阀　3.排水管　4.泄水管　5.溢水管

(2)陆上水泵循环给水系统。陆上水泵循环给水系统(图 4-50)。该系统设有贮水池、循环水系房和循环管道，喷头喷射后的水多次循环使用，具有耗水量少、运行费用低的优点。但系统较复杂，占地较多，管材用量较大，投资费用高，维护管理麻烦。此种系统适合各种规模和形式的水量，一般用于较开阔的场所。

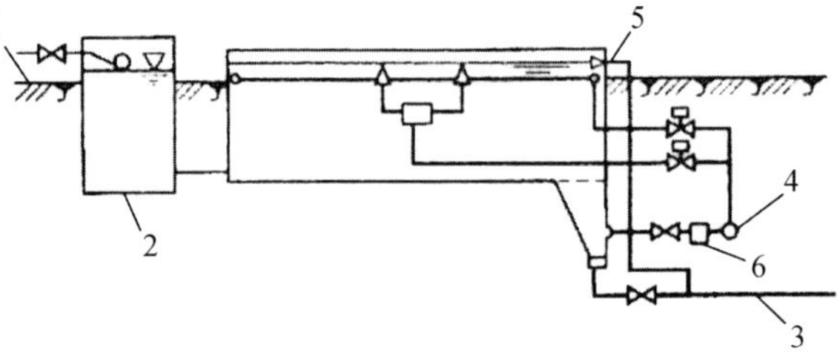

图 4-50　陆上水泵循环给水系统

1.给水管　2.补给水井　3.排水管　4.循环水　5.水管　6.过滤器

(3)潜水泵循环给水系统。潜水泵循环给水系统(图 4-51)。该系统设有贮水池，将成组喷头和潜水泵直接放在水池内作循环使用。这种系统具有占地少，投资低，维护管理简单，耗水量少的优点，但是水姿花形控制调节较困难。潜水泵循环给水系统适用于各种形式的中型或小型喷泉、水塔、涌泉、水膜等。

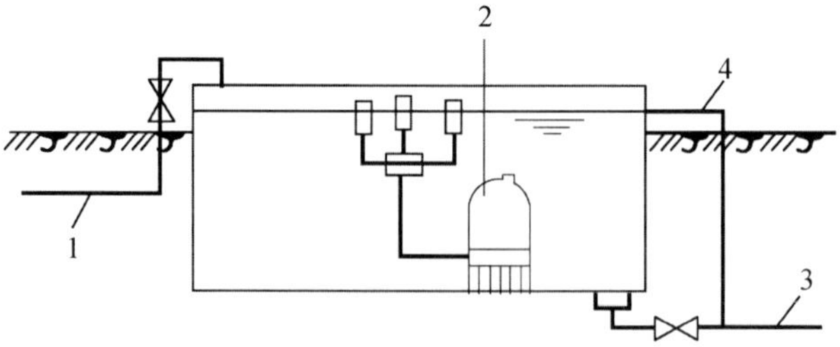

图 4-51　潜水泵循环给水系统

1.给水管　2.潜水泵　3.排水管　4.溢水管

(4)盘式水景循环给水系统。盘式水景循环给水系统(图 4-52)。该系统设有集水盘、集水井和水泵房。盘内铺砌踏石构成铺路。喷头设在石隙间，适当隐蔽。人们可在喷泉间穿行，满足人们的亲水感、增添欢乐气氛。该系统不设贮水池，给水均循环利用，耗水量少，运行费用低，但存在循环水易被污染、维护管理较麻烦的缺点上述几种系统的配水管道以环状形式布置在水池内，小型水池也可埋入池底，大型水池可设专用管廊。一般水池的水深采用0.4～0.5 m，超高为0.25～0.3 m，水池充水时间按24～48 h考虑。配水管的水头损失一般为1～5 mmH_2O/m为宜。配水管道接头应严密平滑，转弯处应采用大转弯半径的光滑弯头。每个喷头前应有不小于20倍管径的直线管段；每组喷头应有调节装置，以调节射流的高度或形状。循环水泵应靠近水池，以减少管道的长度。

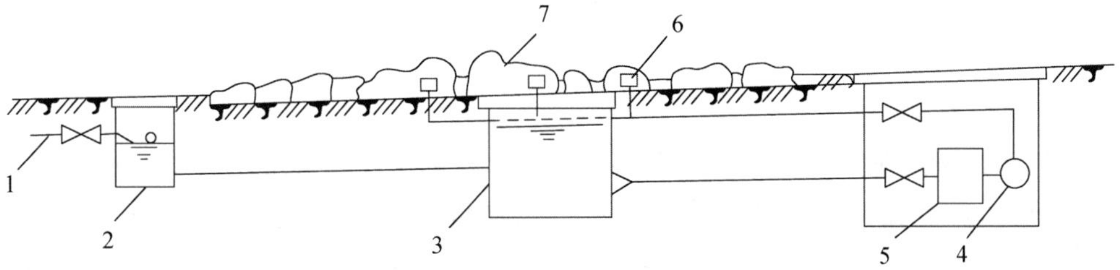

图4-52　盘式水景循环给水系统

1.给水管　2.补给水井　3.集水井　4.循环泵　5.过滤器　6.喷头　7.踏石

二、排水系统

为维持水池水位和进行表面排污，保持水面清洁，水池应有溢水口。常用的溢水口形式有堰口式、漏斗式、管口式和连通管式等(图4-53)。大型水池宜设多个溢水口，均匀布置在水池中间或周边。溢水口的设置不能影响美观，并要便于清除积污和疏通管道，为防止漂浮物堵塞管道，溢水口要设置格栅，格栅间隙应不大于管径的1/4。

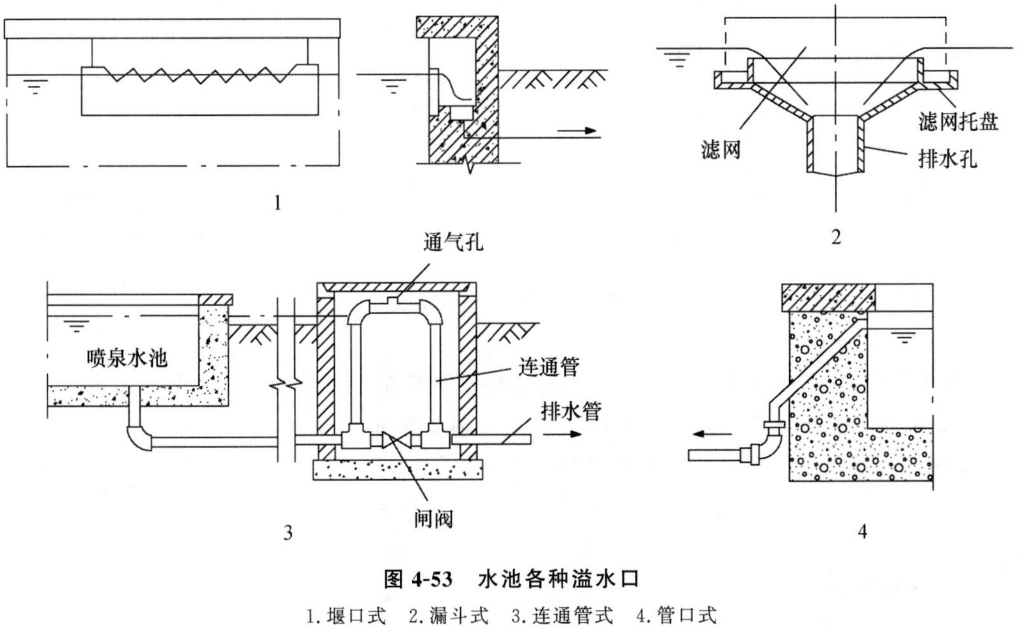

图4-53　水池各种溢水口

1.堰口式　2.漏斗式　3.连通管式　4.管口式

为便于清洗、检修和防止水池停用时水质腐败或池水结冰，影响水池结构，池底应有1%的坡度，坡向泄水口。若采用重力泄水有困难时，在设置循环水泵的系统中，也可利用循环水泵泄水，并在水泵吸水口上设置格栅，以防水泵装置和吸水管堵塞，一般栅栏间隔不大于管径的1/4。

三、人工水池日常管理要点

(1)定期检查水池各种出水口情况,包括格栅、阀门等。

(2)定期打捞水中漂浮物,并注意清淤。

(3)注意半年至一年对水池进行一次全面清扫和消毒(漂白粉或5%的高锰酸钾)。

(4)做好冬季水池泄水的管理,避免冬季池水结冰而冻裂池体。

(5)做好池中水生植物的养护。主要是及时清除枯叶,检查种植箱土壤,并注意施肥,更换植物品种等。

四、室外水池防冻

在我国北方冰冻期较长,对于室外园林地下水池的防冻处理,就显得十分重要了。若为小型水池,一般是将池水排空,这样池壁受力状态是:池壁顶部为自由端,池壁底部接(如砖墙池壁)或固接(如钢筋混凝土池壁、太空水池壁外侧)受土层冻胀影响,池壁承受较大的冻胀推力,严重时会造成水池池壁产生水平裂缝或断裂。

冬季池壁防冻,可在池壁外侧采用排水性能较好的轻骨料,如矿渣、焦砟或砂石等,并应解决地面排水,使池壁外回填土不发生冻胀情况(图4-54),池底花管可解决池壁外积水(沿纵向将积水排出)。

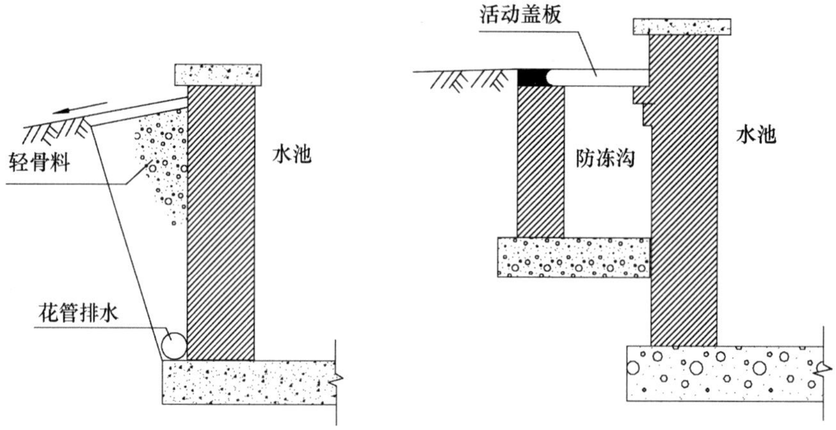

图4-54 池壁防冻措施

在冬季,为了防止冻胀推裂大型水池池壁,可采取冬季池水不撤空,池中水面与池外地坪持平,使池水对池壁压力与冻胀推力相抵消。因此为了防止池面结冰,胀裂池壁,在寒冬季节,应将池边冰层破开,使池子四周为不结冰的水面。

训练与评价

1.目的要求

(1)能够熟读水池工程施工图纸。

(2)掌握水池施工的流程及施工注意事项。

(3)掌握水池施工工艺。

(4)能够指导施工人员完成水池工程施工。

2. 施工内容

图 4-55 和图 4-56，为某校教学楼前绿化总平面图及喷泉水池池底、池壁结构图，请按喷泉水池所在位置及工程要求完成施工。

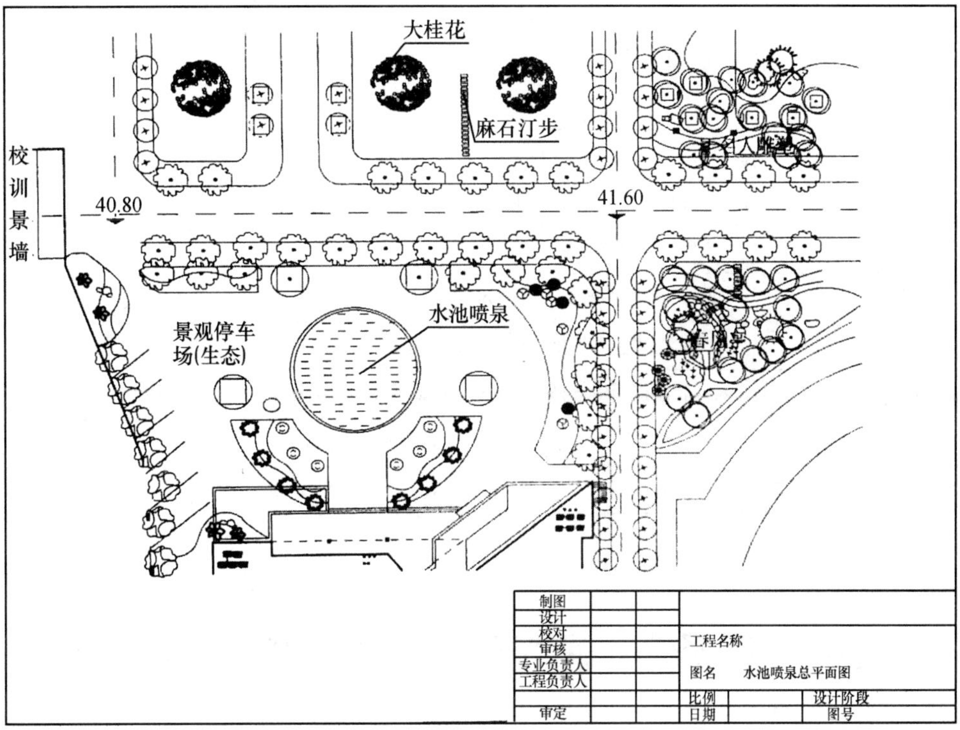

图 4-55 水池绿化总平面图

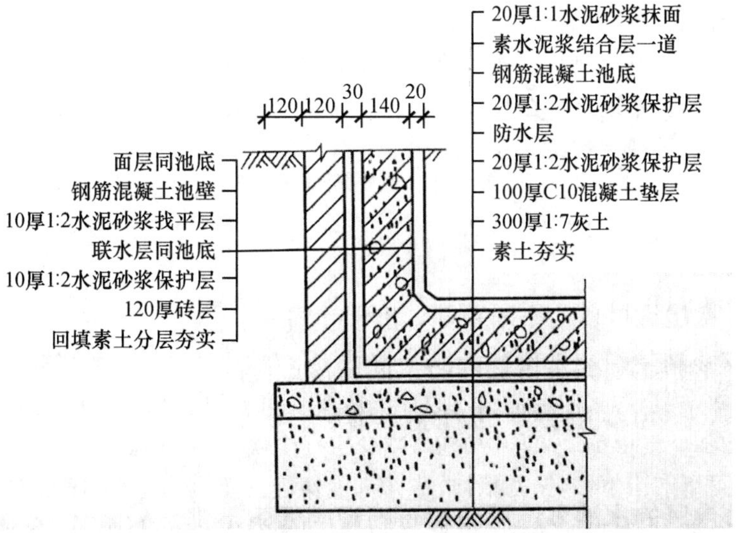

图 4-56 水池结构图

3. 要点提示

(1)根据图纸的要求进行水池的池底施工。

(2)完成池壁施工,施工时要注意防渗处理。

(3)做好压顶及装饰施工。

(4)通过试水检验工程质量。

4. 自我评价

序号	评价内容	评价标准	自我评价
1	施工图识读	掌握图纸表达内容(10 分)	
2	基础施工	正确浇筑基础,并进行养护(10 分)	
3	池底的施工	能按照池底施工的工艺流程进行施工(15 分)	
4	池壁的施工	掌握池壁施工的工艺流程(15 分)	
5	收尾和试水	各部分是否达到施工要求,水池是否有漏水现象(15 分)	
6	工程质量	施工规范、工艺正确,能够达到相应工程质量标准(20 分)	
7	水池景观效果	能够实现规划设计方案的景观效果,实用美观(15 分)	

任务二　喷泉的设计与施工

任务描述

喷泉是园林理水的手法之一,它是利用压力使水从孔中喷向空中再自由落下的一种优秀的造园水景工程,它以壮观的水姿、奔放的水流、多变的水形,深得人们喜爱。近年来,由于技术的进步,出现了多种造型喷泉、构成抽象形体的水雕塑和强调动态的活动喷泉等,大大丰富了喷泉构成水景的艺术效果。在我国喷泉已成为园林绿化、城市及地区景观的重要组成部分,越来越得到人们的重视和欢迎。

相关知识

一、喷泉的作用

喷泉可以为园林环境提供动态水景,丰富城市景观,这种水景一般都被作为园林的重要景点来使用。其次,喷泉对其一定范围内的环境质量还有改良作用。它能够增加局部环境中的空气湿度,并增加空气中负氧离子的浓度,减少空气尘埃,有利于改善环境质量,有益于人们的身心健康。它可以陶冶情怀,振奋精神,培养审美情趣。正因为这样,喷泉在艺术上和技术上才能够不断地发展,不断地创新,不断地受到人们的喜爱。

二、喷泉的布置形式

喷泉有很多种类和形式,如果进行大体上的区分,可以分为如下几类:

(1)普通装饰性喷泉。由各种普通的水花图案组成的固定喷水型喷泉。

(2)与雕塑结合的喷泉。喷泉的各种喷水花与雕塑、观赏柱等共同组成景观。

(3)水雕塑。用人工或机械塑造出各种大型水柱的姿态。

(4)自控喷泉。一般用各种电子技术,按设计程序来控制水、光、音、色形成多变奇异的景观。

三、常用的喷头种类

喷头是喷泉的主要组成部分,它的作用是把具有一定压力的水变成各种预想的绚丽水花,喷射在水池的上空。喷泉的工作原理如图 4-57 所示。一个完整的喷泉系统一般由喷头、管道、水泵三部分组成。喷头的形式、制造的质量和外观等,都对整个喷泉的艺术效果产生重要的影响。

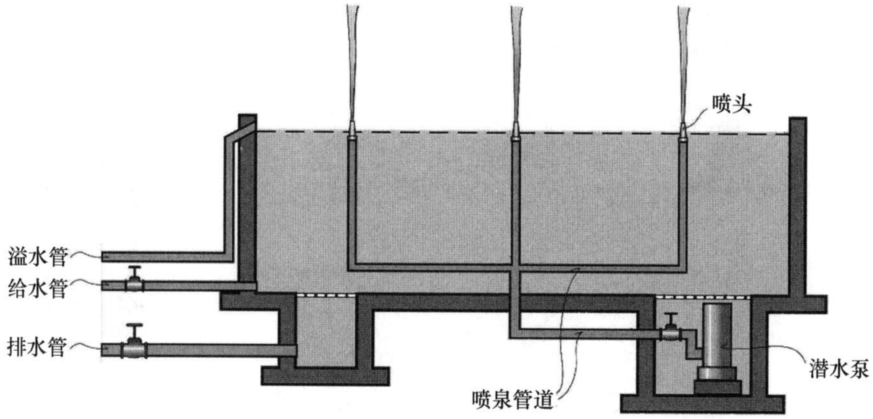

图 4-57 喷泉的工作原理

喷头因受水流的摩擦,一般多用耐磨性好,不易锈蚀,又具有一定强度的黄铜或青铜制成。为了节省铜材,近年来亦使用铸造尼龙制造喷头,这种喷头具有耐磨、自润滑性好、加工容易、轻便、成本低等优点。但存在易老化、使用寿命短、零件尺寸不易严格控制等问题。目前,国内外经常使用的喷头式样可以归结为以下几种类型:

(1)单射流喷头。喷泉中应用最广的一种喷头,又称直流喷头[图 4-58(a)]。

(2)喷雾喷头。这种喷头内部装有一个螺旋状导流板,使水流做圆周运动,水喷出后,形成细细的弥漫的雾状水流[图 4-58(b)]。

(3)环形喷头。喷头的出水口为环形断面,即外实内空,使水形成集中而不分散的环形水柱。它以雄伟、粗犷的气势跃出水面,带给人们奋发向上的气氛[图 4-58(c)]。

(4)旋转喷头。它利用压力水由喷嘴喷出时的反作用力或其他动力带动回转器转动,使喷嘴不断地旋转运动,从而丰富了喷水造型,喷出的水花或欢快旋转或飘逸荡漾,形成各种扭曲线形,婀娜多姿[图 4-58(d)]。

(5)扇形喷头。这种喷头的外形很像扁扁的鸭嘴。它能喷出扇形的水膜或像孔雀开屏一样美丽的水花[图 4-58(e)]。

(6)多孔喷头。多孔喷头可以由多个单射流喷嘴组成一个大喷头;也可以由平面、曲面或

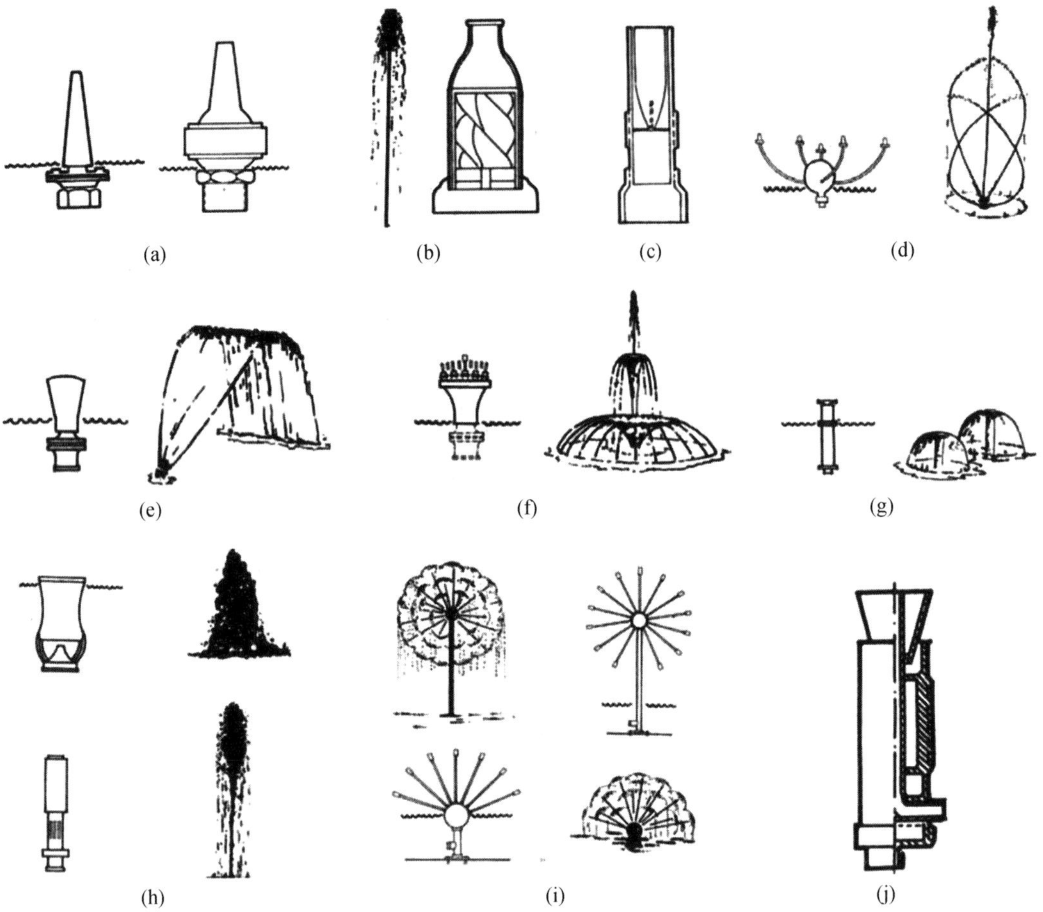

图 4-58 喷头种类

半球形的带有很多细小孔眼的壳体构成喷头,它们能呈现出造型各异的盛开水花[图 4-58(f)]。

(7)变形喷头。通过喷头形状的变化使水花形成多种花式。变形喷头的种类很多,它们共同的特点是在出水口的前面有一个可以调节的、形状各异的反射器,水流通过反射器使水花造型,从而形成各式各样的、均匀的水膜,如牵牛花形、半球形、扶桑花形等[图 4-58(g)]。

(8)蒲公英形喷头。这种喷头是在圆球形壳体上,装有很多同心放射状喷管,并在每个管头上装有一个半球形变形喷头。因此,它能喷出像蒲公英一样美丽的球形或半球形水花。它可单独使用,也可以几个喷头高低错落地布置,显得格外新颖、典雅[图 4-58(h)]。

(9)吸力喷头。此种喷头是利用压力水喷出时,在喷嘴的喷口处附近形成负压区。由于压差的作用,它能把空气和水吸入喷嘴外的环套内,与喷嘴内喷出的水混合后一并喷出。此时水柱的体积膨大,同时因为混入大量细小的空气泡,形成白色不透明的水柱。它能充分地反射阳光,因此光彩艳丽。夜晚如有彩色灯光照明则更为光彩夺目。吸力喷头又可分为喷水喷头、加气喷头和吸水加气喷头[图 4-58(i)]。

(10)组合式喷头。由两种或两种以上形体各异的喷嘴,根据水花造型的需要,组合成一个大喷头,叫组合式喷头,它能够形成较复杂的花形[图 4-58(j)]。

任务实施

1.喷泉的设计

(1)位置的选择。在选择喷泉位置，布置喷水池周围的环境时，首先要考虑喷泉的主题、形式，要与环境相协调，把喷泉和环境统一考虑，用环境渲染和烘托喷泉，并达到美化环境的目的，或借助喷泉的艺术联想，创造意境。在一般情况下，喷泉的位置多设于建筑、广场的轴线焦点或端点处，也可以根据环境特点，做一些喷泉水景，自由地装饰室内外的空间。喷泉宜安置在避风的环境中以保持水型。

喷水池的形式有自然式和整形式。喷水的位置可以居于水池中心，组成图案，也可以偏于一侧或自由地布置；其次要根据喷泉所在地的空间尺度来确定喷水的形式、规模及喷水池的大小比例。

(2)喷泉的水形设计。喷泉水形是由喷头的种类、组合方式及俯仰角度等几个方面因素共同造成的。喷泉水形的基本构成要素，就是由不同形式喷头喷水所产生的不同水形，即水柱、水带、水线、水幕、水膜、水雾、水花、水泡等。由这些水形按照设计构思进行不同的组合，就可以创造出千变万化的水形设计。

水形的组合造型也有很多方式，既可以采用水柱、水线的平行直射、斜射、仰射、俯射，也可以使水线交叉喷射、相对喷射、辐状喷射、旋转喷射，还可以用水线穿过水幕、水膜，用水雾掩藏喷头，用水花点击水面等。从喷泉射流的基本形式来分，水形的组合形式有单射流、集射流、散射流和组合射流四种。常见的基本水形如表 4-3 所示。

表 4-3　常见的基本水形

序号	名称	水形	备注
1	单射形	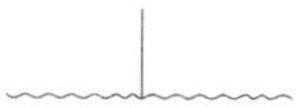	单独布置
2	水幕形	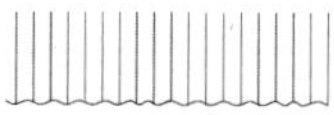	布置在圆周上
3	拱顶形	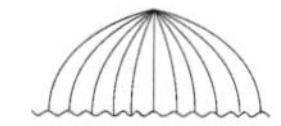	布置在圆周上
4	向心形	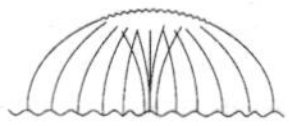	布置在圆周上
5	圆柱形	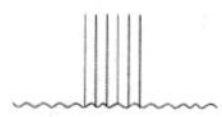	布置在圆周上
6	向外编织形	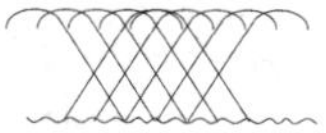	布置在圆周上

续表 4-3

序号	名称	水形	备注
6	向内编织形	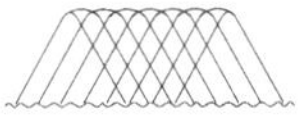	布置在圆周上
	篱笆形		布置在圆周上或直线上
7	屋顶形	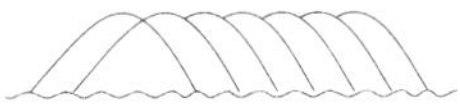	布置在直线上
8	喇叭形	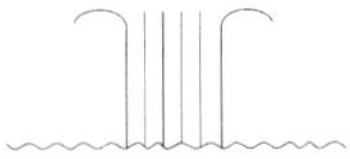	布置在圆周上
9	圆弧形		布置在曲线上
10	蘑菇形		单独布置
11	吸力形	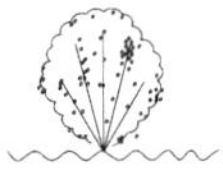	单独布置,此型可分为吸水形、吸气形、吸水吸气形
12	旋转形	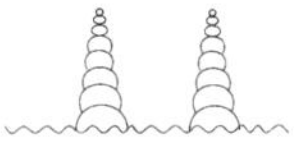	单独布置
13	喷雾形	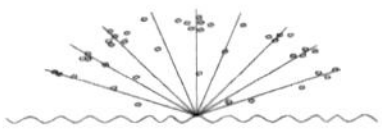	单独布置
14	洒水形		布置在曲线上
15	扇形	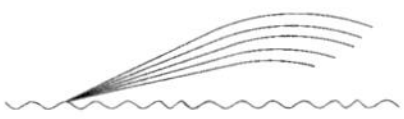	单独布置
16	孔雀形	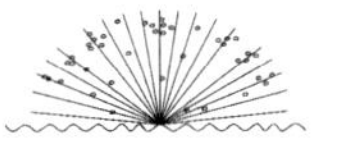	单独布置
17	多层花形	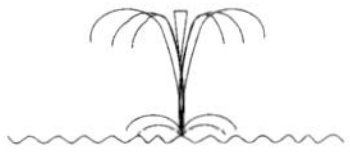	单独布置
18	牵牛花形	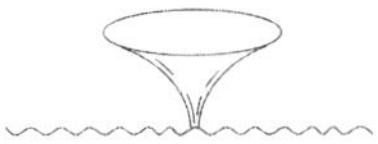	单独布置
19	半球形	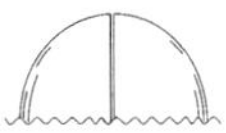	单独布置
20	蒲公英形		单独布置

上述各种水形除单独使用外，还可以将几种水形根据设计意图自由组合，形成多种美丽的水形图案。

(3)控制方式的设计。喷泉喷射水量、时间和喷水图样变化的控制，主要有以下三种方式：

①手阀控制。这是最常见和最简单的控制方式，在喷泉的供水管上安装手控调节阀，用来调节各管段中水的压力流量，形成固定的水姿形式。

②继电器控制。通常用时间继电器按照设计时间程序控制水系、电磁阀、彩色灯等的起闭，从而实现可以自动变换的喷水水姿形式。

③音响控制。声控喷泉是利用声音来控制喷泉水型变化的一种自控泉。它一般由以下几部分组成：

声电转换、放大装置　通常是由电子线路或数字电路、计算机组成。

执行机构　通常使用电磁阀来执行控制指令。

动力设备　用水泵提供动力，并产生压力水。

其他设备　主要有管路、过滤器、喷头等。

声控喷泉的原理是将声音信号转变为电信号，经放大及其他一些处理，推动继电器或其电子式开关，再去控制设在水路上的电磁阀的启闭，从而控制喷头水流的通断。这样，随着声音的起伏，人们可以看到喷水大小、高矮和形态的变化。它能把人们的听觉和视觉结合起来，使喷泉喷射的水花随着音乐优美的旋律而翩翩起舞。

④计算机控制。计算机通过对音频、视频、光线、电流等信号的识别，进行译码和编码，最终将信号输出到控制系统，使喷泉及灯光的变化与音乐变化保持同步，从而达到喷泉水型、灯光、色彩、视频等与音乐情绪的完美结合，使喷泉表演更生动，更加富有内涵。

(4)水源及给排水设计。喷泉的水源应为无色、无味、无有害杂质的清洁水。因此，喷泉除用城市自来水作为水源外，也可用地下水；其他像冷却设备和空调系统的废水也可作为喷泉的水源。

喷泉的给水方式有以下几种(图 4-59)：

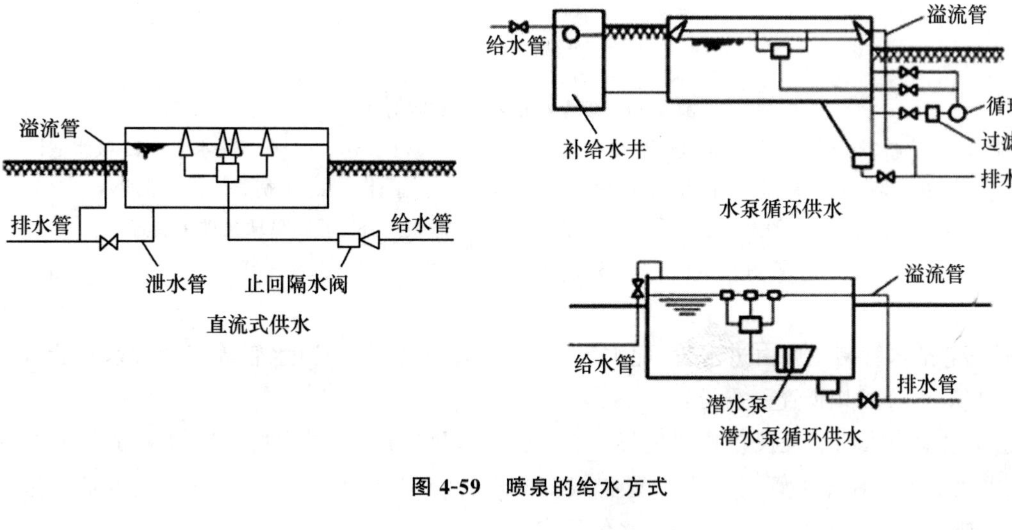

图 4-59　喷泉的给水方式

①直流式供水(自来水供水)。流量在 2～3 L/s 以内的小型喷泉,可直接由城市自来水供水,使用后的水排入雨水管网。

②水泵循环供水。为了确保水具有必要的、稳定的压力,同时节约用水,减少开支,对于大型喷泉,一般采用循环供水。循环供水的方式可以设水泵房。

③潜水泵循环供水。将潜水泵直接放置于喷水池中较隐蔽处或低处,直接抽取池水向喷水管及喷头循环供水。这种供水方式较为常见,一般多适用于小型喷泉。

④高位水体供水。在有条件的地方,可以利用高位的天然水塘、河渠、水库等作为水源向喷泉供水,水用过后排放掉。为了确保喷水池的卫生,大型喷泉还可设专用水泵,以供喷水池水的循环,使水池的水不断流动;并在循环管线中设过滤器和消毒设备,以消除水中的杂物、藻类和病菌。

喷水池的水应定期更换。在园林或其他公共绿地中,喷水池的废水可以和绿地喷灌或地面洒水等结合使用,作水的二次使用处理。

(5)喷泉管线设计。大型水景工程的管道可布置在专用或共用管沟内,一般水景工程的管道可直接敷设在水池内。为保持各喷头的水压一致,宜采用环状配管或对称配管,并尽量减少水头损失。每个喷头或每组喷头前宜设置调节水压的阀门。对于高射程喷头,喷头前应尽量保持较长的直线管段或设整流器。喷泉给排水系统的构成见图 4-60。

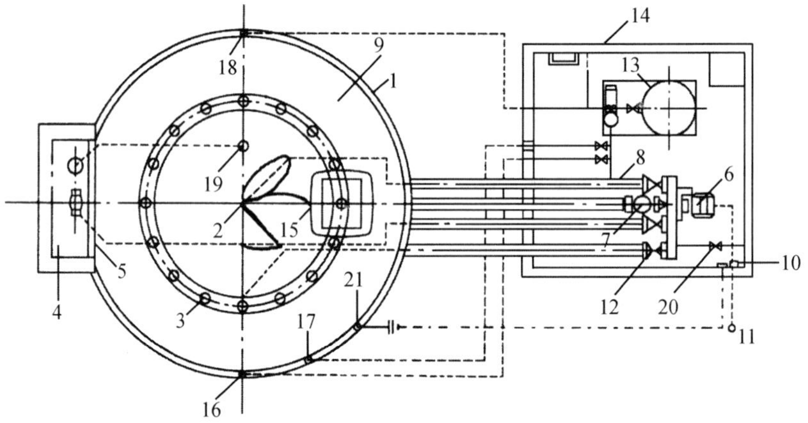

图 4-60　喷泉给排水系统的构成

1. 喷水池　2. 加气喷头　3. 装有直射流喷头的环状管　4. 高位水池　5. 堰　6. 水泵　7. 吸水滤网　8. 吸水关闭阀　9. 低位水池　10. 风控制盘　11. 风传感计　12. 平衡阀　13. 过滤器　14. 泵房　15. 阻涡流板　16. 除污器　17. 真空管线　18. 可调眼球状进水装置　19. 溢流排水口　20. 控制水位的补水阀　21. 液位控制器

喷泉给排水管网主要由进水管、配水管、补充水管、溢流管和泄水管等组成。水池管线布置示意见图 4-61。其布置要点是:

①喷水池中水的蒸发及在喷射过程中有部分水被风吹走等,造成喷水池内水量的损失,因此,在水池中应设补充水管。补充水管和城市给水管相连接,并在管上设浮球阀或液位继电器,随时补充池内水量的损失,以保持水位稳定。

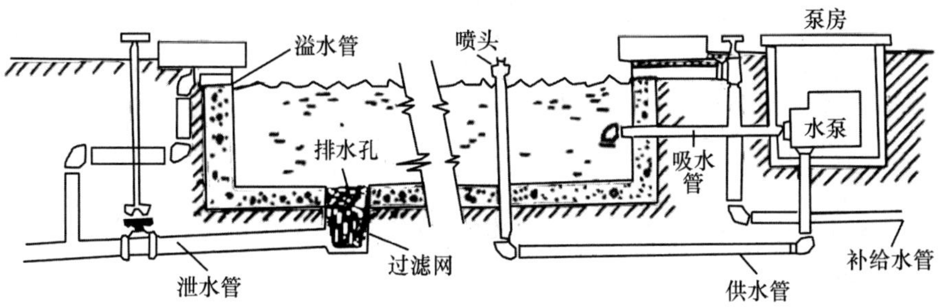

图 4-61　喷泉管线布置示意图

②为了防止因降雨使池水上涨而设的溢水管，应直接接通雨水管网，并应有不小于 3%的坡度；溢水口的设置应尽量隐蔽，在溢水口外应设拦污栅。

③泄水管直通雨水管道系统，或与园林湖池、沟渠等连接起来，使喷泉水泄出后、作为园林其他水体的补给水。也可供绿地喷灌或地面洒水用，但需另行设计。

④在寒冷地区，为防冻害，所有管道均应有一定坡度，一般不小于 2%，以便冬季将管道内的水全部排空。

⑤连接喷头的水管不能有急剧变化，如有变化，必须使管径逐渐由大变小，另外，在喷头前必须有一段适当长度的直管，管长一般不小于喷头直径的 20～30 倍，以保持射流稳定。

(6)喷泉的水力计算及水泵选型。各种喷头因流速、流量的不同，喷出的花形会有很大差异，达不到预定的流速、流量则不能获得设计的效果，因此喷泉设计必须经过水力计算，主要是求喷泉的总流量、总扬程和管径。

①总流量 Q。

单个喷嘴的流量(q)：

$$q=uf(2gH)^{1/2}\times 10^{-3}$$

式中：q 为喷嘴流量，m^3/s；u 为流量系数，与喷嘴的形式有关，一般在 0.62～0.94，如蘑菇式喷头 0.8～0.98，雾状喷头 0.9～0.98，牵牛花喷头 0.8～0.9；f 为喷嘴出水口断面积，mm^2；g 为重力加速度，$9.80/s^2$；H 为喷头入口水压，mH_2O。

总流量(Q)。喷泉总流量是指在某一时间同时工作的各个喷头喷出的流量之和的最大值，即

$$Q=q_1+q_2+\cdots+q_n$$

选择合适的进水管径(D)：

$$D=(4Q/\pi v)$$

式中：D 为管径，mm；Q 为总流量，m^3/s；π 为圆周率(3.141 6)；v 为流速，通常选用 0.5～0.6 m/s。另外，也可依据如下公式：

$$进水管径\ D\geqslant 800\times Q^{1/2}(mm)$$

$$泄水管管径\ d=17.9\times F^{0.5}\times H^{0.25}\times T^{-0.5}$$

式中：F 为水池面积，m^2；H 为水池水深，m；T 为要求泄水时间，h，一般选用 4～8 h，不超过 12 h。

②总扬程。水泵的提水高度叫扬程，一般将水泵进、出水池的水位差称为“净扬程”，加上水流进出水管的水头损失称为总扬程，即

$$总扬程=净扬程+损失扬程$$

其中损失扬程的计算比较复杂。对一般的喷泉可以粗略地取净扬程的 10%～30%作为损失扬程。表 4-4 为损失扬程估算表。

表 4-4　损失扬程估算表　　m

净扬程	损失扬程
5 以下	1
6～10	1～2
11～15	2～3
16～20	3～4
21～40	4～8

③选择合适的水泵。根据以上所计算的总扬程以及水泵铭牌上的扬程(在一定转速下效率最高时的扬程，一般称为“额定扬程”)，确定合适的水泵。

喷泉用水泵以离心泵、潜水泵最为普遍。单级悬壁式离心泵特点是依靠泵内的叶轮旋转所产生的离心力将水吸入并压出，它结构简单，使用方便，扬程选择范围大，应用广泛，常有 IS 型、DB 型。潜水泵使用方便，安装简单，不需要建造泵房，主要型号有 QY 型、QD 型、B 型等。

水泵选择要做到“双满足”，即流量满足、扬程满足。为此，先要了解水泵的性能，再结合喷泉水力计算结果，最后确定泵型。通过铭牌能基本了解水泵的规格及主要性能。

a. 水泵型号，按流量、扬程、尺寸等给水泵编的型号，有新旧两种型号。

b. 水泵流量，指水泵在单位时间内的出水量，单位用 m^3/h 或 L/s。

c. 水泵扬程，指水泵的总扬水高度。

d. 允许吸上真空高度，是防止水泵在运行时产生汽蚀现象，通过试验而确定的吸水安全高度，其中已留有 0.3 m 的安全距。该指标表明水泵的吸水能力，是水泵安装高度的依据。

通过流量和扬程两个主要因子选择水泵：

a. 确定流量，按喷泉水力计算总流量确定。

b. 确定扬程，按喷泉水力计算总扬程确定。

c. 选择水泵，水泵的选择应依据所确定的总流量、总扬程查水泵铭牌即可选定。如喷泉需用两个或两个以上水泵提水时(注：水泵并联，流量增加，压力不变；水泵串联，流量不变，压力增大)，用总流量除水泵数求出每台水泵流量，再利用水泵性能表选泵。查表时，若遇到两种水泵都适用，应优先选择功率小、效率高、叶轮小、重量轻的型号。

2. 喷泉的施工

喷泉的施工包括喷水池施工、管线施工、泵房和阀门井的施工。

(1)喷水池。喷水池是喷泉的重要组成部分。其本身不仅能独立成景，起点缀、装饰、渲染

环境的作用，而且能维持正常的水位以保证喷水。因此，可以说喷水池是集审美功能与实用功能于一体的人工水景。

喷水池的形状、大小应根据周围环境和设计需要而定。形状可以灵活设计，但要求富有时代感；水池大小要考虑喷高，喷水越高，水池越大，一般水池半径为最大喷高的1～1.3倍，平均池宽可为喷高的3倍。实践中，如用潜水泵供水，吸水池的有效容积不得小于最大一台水泵3 min的出水量。水池水深应根据潜水泵、喷头、水下灯具等的安装要求确定，其深度不能超过0.7 m，否则，必须设置保护措施。

喷水池由基础、防水层、池底、压顶等部分组成。

①基础。基础是水池的承重部分，由灰土和混凝土层组成。施工时先将基础底部素土夯实，密实度不得低于85%。灰土层厚30 cm(3∶7灰土)。C10混凝土厚10～15 cm。

②防水层。水池工程中，防水工程质量的好坏对水池安全使用及其寿命有直接影响，因此，正确选择和合理使用防水材料是保证水池质量的关键。

目前，水池防水材料种类较多。按材料分，主要有沥青类、塑料类、橡胶类、金属类、砂浆、混凝土及有机复合材料等。按施工方法分，有防水卷材、防水涂料、防水嵌缝油膏和防水薄膜等。

水池防水材料的选用，可根据具体要求确定，一般水池用普通防水材料即可。钢筋混凝土水池还可采用抹5层防水砂浆(水泥中加入防水粉)做法。临时性水池则可将吹塑纸、塑料布、聚苯板组合使用，均有很好的防水效果。

③池底。池底直接承受水的竖向压力，要求坚固耐久。多用现浇钢筋混凝土池底，厚度应大于20 cm，如果水池容积大，要配双层钢筋网。施工时，每隔20 m选择最小断面处设变形缝，变形缝用止水带或沥青麻丝填充；每次施工必须从变形缝开始，不得在中间留施工缝，以防漏水，如图4-62所示。

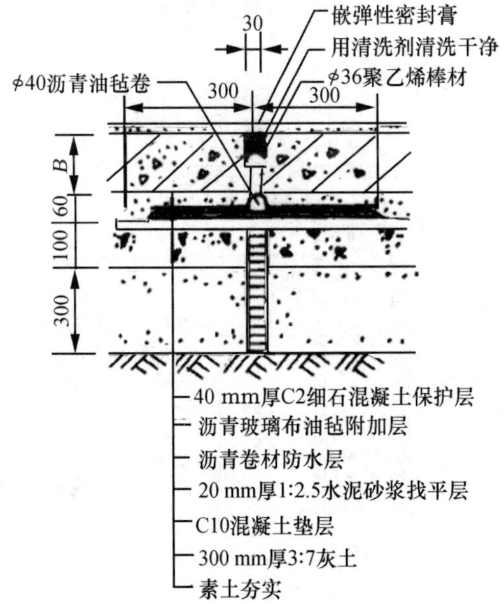

图4-62　变形缝做法

④池壁。是水池竖向的部分，承受池水的水平压力。池壁一般有砖砌池壁、块石池壁和钢筋混凝土池壁三种，见图 4-63。池壁厚视水池大小而定，砖砌池壁采用标准砖，M7.5 水泥砂浆砌筑，壁厚>240 mm。砖砌池壁虽然具有施工方便的优点，但红砖多孔，砌体接缝多，易渗漏，使用寿命短。块石池壁自然朴素，要求垒石严密。钢筋混凝土池壁厚度一般不超过 300 mm，常用 150～200 mm，宜配直径 8 mm、12 mm 钢筋，中心距 200 mm，C20 混凝土现浇，如图 4-64 所示。

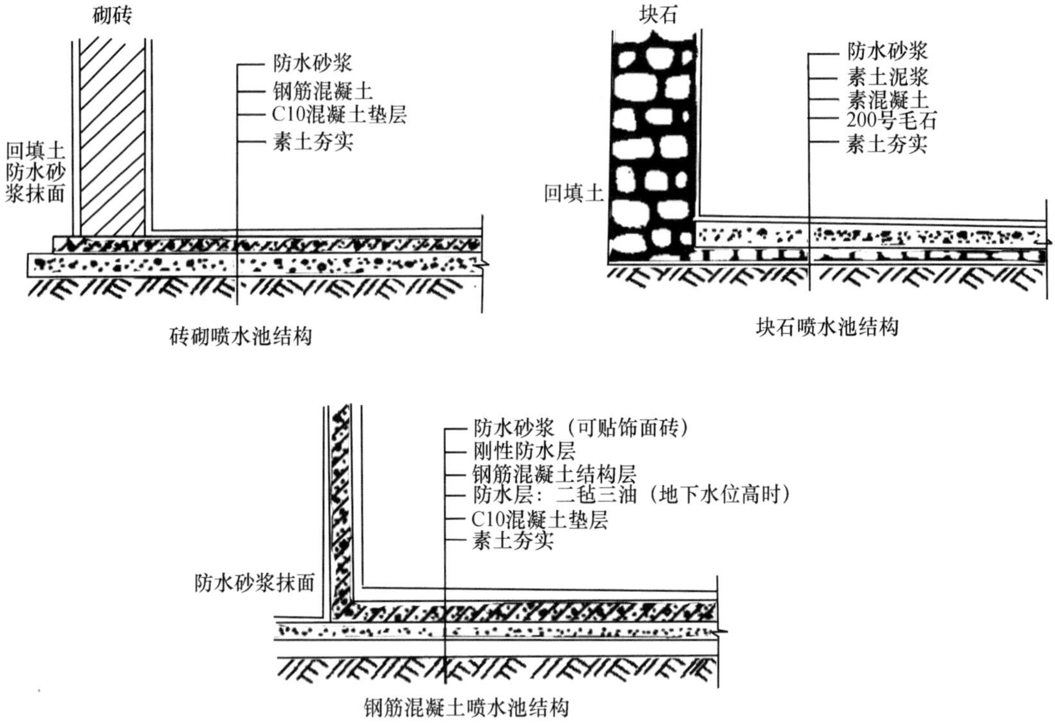

图 4-63　池壁结构图

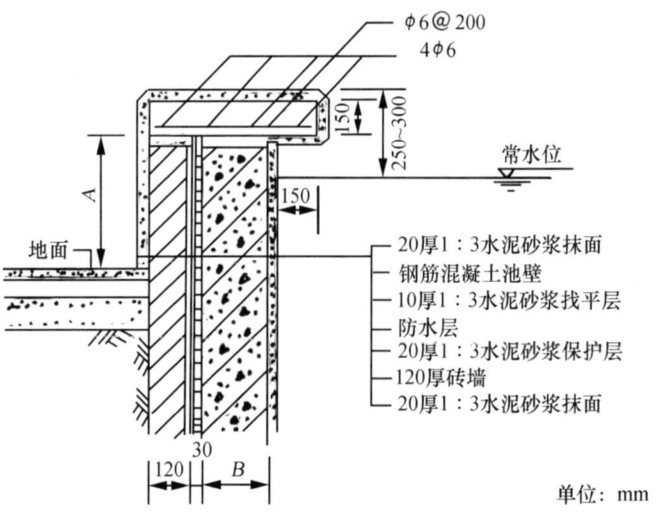

图 4-64　钢筋混凝土池壁结构图

⑤压顶。压顶是池壁最上部分，它的作用是保护池壁，防止污水泥沙流入池内。下沉式水池压顶至少要高于地面 5～10 cm。池壁高出地面时，压顶的做法见水池压顶做法。

(2)管线施工。喷水池中还必须配套有供水管、补给水管、泄水管和溢水管等管网。这些管有时要穿过池底或池壁，这时，必须安装止水环，以防漏水。图 4-65 是喷水池内管道穿过池壁的常见做法。供水管、补给水管要安装调节阀；泄水管需配单向阀门，防止反向流水污染水池；溢水管不要安装阀门，直接在泄水管单向阀门后与排水管连接。为了利于清淤，在水池的最低处设置沉泥池，也可做成集水坑，如图 4-66 所示。

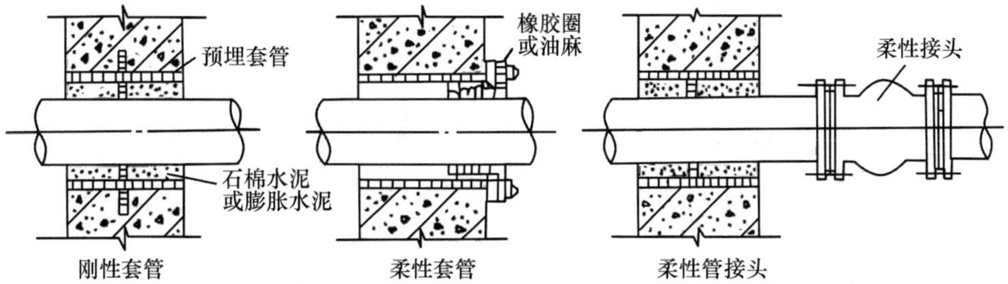

图 4-65 喷水池内管道穿过池壁的常见做法

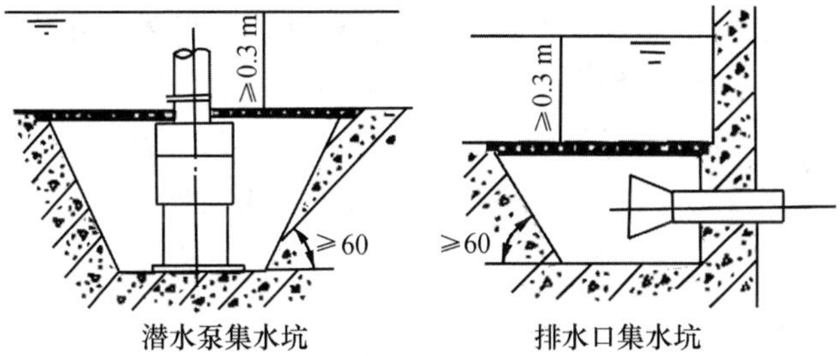

图 4-66 集水坑的做法

喷泉工程中常用的管材有镀锌钢管(白铁管)、不镀锌钢管(黑铁管)、铸铁管及硬聚氯乙烯塑料管几种。一般埋地管道管径在 70 mm 以上可以选用铸铁管。屋内工程或小型移动式水景可采用塑料管。所有埋地的钢管必须做防腐处理，方法是先将管道表面除锈，刷防锈漆两遍(如红丹漆等)。埋于地下的铸铁管，外管一律刷沥青防腐，明露部分可刷红丹漆。

钢管的连接方式有螺纹连接、焊接和法兰连接三种。镀锌管必须用螺纹连接，多用于明装管道。焊接一般用于非镀锌钢管，多用于暗装管道。法兰连接一般用在连接阀门、止回阀、水泵、水表等处以及需要经常拆卸检修的管段上。就管径而言，$nN<100$ mm 时管道用螺纹连接；$nN>100$ mm 时用法兰连接。

(3)泵房和阀门井。泵房是指安装水泵等提水设备的常用构筑物。在喷泉工程中，凡采用清水离心泵循环供水的都要设置泵房。泵房的形式按照泵房与地面的关系分为地上式泵房、地下式泵房和半地下式泵房三种。

地上式泵房的特点是泵房建于地面上，多采用砖混结构，其结构简单，造价低，管理方便，但有时会影响喷泉环境景观，实际中最好和管理用房配合使用，适用于中、小型喷泉。地下式泵房建于地面之下，园林用得较多，一般采用砖混结构或钢筋混凝土结构，特点是需做特殊的防水处理，有时排水困难，会因此提高造价，但不影响喷泉景观。

泵房内安装有电动机、离心泵、供电、电气控制设备及管线系统等。水泵相连的管道有吸水管和出水管。出水管即喷水池与水泵间的管道，其作用是连接水泵至分水器之间的管道，设置闸阀。为了防止喷水池中的水倒流，需在出水管安装单向阀。分水器的作用是将出水管的压力水合成多个支路再由供水管送到喷水池中供喷水用。为了调节供水的水量和水压，应在每条供水管上安装闸阀。北方地区，为了防止管道受冻坏，当喷泉停止运行时，必须将供水管内存的水排空。方法是在泵房内供水管最低处设置回水管，接入房内下水池中排除，以截止阀控制。

泵房内应设置地漏，特别注意防止房内地面积水。泵房用电要注意安全。开关箱和控制板的安装要符合规定。泵房内应配备灭火器等灭火设备。

有时在给水管道上要设置给水阀门井，根据给水需要可随时开启和关闭，便于操作。给水阀门井内安装截止阀控制。

①给水阀门井。一般为砖砌圆形结构，由井底、井身和井盖组成。井底一般采用 C10 混凝土垫层，井底内径不小于 1.2 m，井壁应逐渐向上收拢，且一侧应为直壁，便于设置铁爬梯。井口圆形，直径 600 mm 或 700 mm。井盖采用成品铸铁井盖。

②排水阀门井。用于泄水管和溢水管的交接，并通过排水阀门井排进下水管网。泄水管道要安装闸阀，溢水管接于阀后，确保溢水管排水畅通。

(4)喷泉照明特点。目前，喷泉的配光已成为喷泉设计的重要内容。喷泉照明多为内侧给光，根据灯具的安装位置，可分为水上环境照明和水体照明两种方式。

水上环境照明，灯具多安装于附近的建筑设备上。特点是水面照度分布均匀，色彩均衡、饱满，但往往使人们眼睛直接或通过水面反射间接地看到光源，眼睛会产生眩光。水体照明，灯具置于水中，多隐蔽，多安装于水面以下 5 cm 处，特点是可以欣赏水面波纹，并能随水花的散落映出闪烁的光，但照明范围有限。喷泉配光时，其照射的方向、位置与喷水姿有关(见图 4-67)。

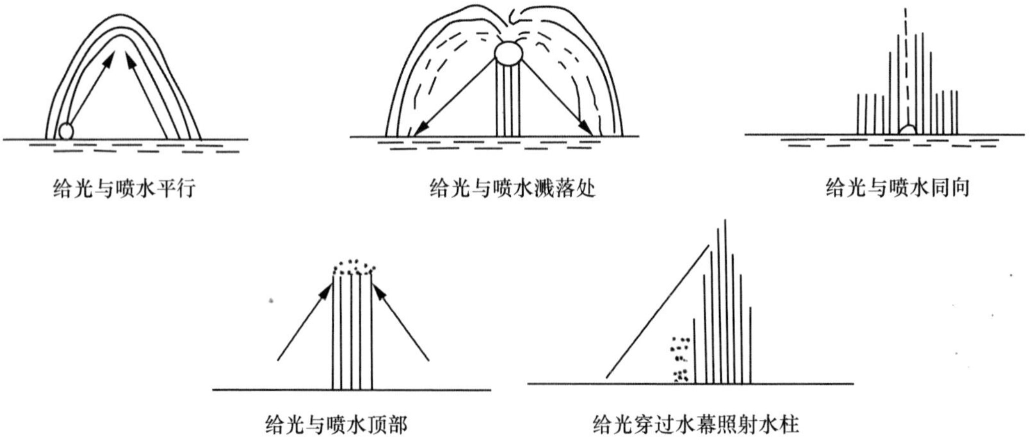

图 4-67 喷泉灯光设计

喷泉照明要求比周围环境有更高的亮度，如周围亮度较大时，喷水的先端至少要有100～200 lx的光照度；如周围较暗时，需要有50～100 lx的光照度。照明用的光源以白炽灯为最多，其次可用汞灯或金属卤化物灯，光的色彩以黄、蓝色为佳，特别是水下照明。配光时，还应注意防止多种色彩叠加后得到白色光，造成局部的色彩损失。一般主视面喷头背后的灯色要比观赏者旁边的灯色鲜艳，因而要将黄色等透射较高的彩色灯安装于主视面近游客的一侧，以加强衬托效果。

喷泉照明线路要采用水下防水电缆，其中一根要接地，且要设置漏电保护装置。照明灯具应密封防水，安装时必须满足施工相关技术规程。电源线要通过护缆塑管（或镀锌管）由池底接到安装灯具的地方，同时在水下安装接线盒，电源线的一端与水下接线盒直接相连，灯具的电缆穿进接线盒的输出孔并加以密封，并保证电缆护套管充满率不超过45%。为避免线路破损漏电。必须经常检查。各灯具要易于清洁，水池应常清扫换水，也可添加除藻剂。操作时要严格遵守先通水浸没灯具后开灯及先关灯后断水的操作规程。

◈ 阅读材料

一、现代喷泉类型

随着喷头设计的改进、喷泉机械的创新以及喷泉与电子设备、声光设备等的结合，喷泉的自由化、智能化和声光化都将有更大的发展，将会带来更加美丽、更加奇妙和更加丰富多彩的喷泉水景效果。

(1)音乐喷泉。音乐喷泉是在程序控制喷泉的基础上加入音乐控制系统，计算机通过对音频及MIDI信号的识别，进行译码和编码，最终将信号输出到控制系统，使喷泉及灯光的变化与音乐保持同步，从而达到喷泉水型、灯光及色彩的变化与音乐情绪的完美结合，使喷泉表演更生动，更加富有内涵。

(2)程控喷泉。将各种水型、灯光，按照预先设定的排列组合进行控制程序的设计，通过计算机运行控制程序发出控制信号，使水型、灯光实现多姿多彩的变化。另外，喷泉在实际制作中还可分为水喷泉、旱喷泉及室内盆景喷泉等。

(3)旱泉。喷泉放置在地下，表面饰以光滑美丽的石材，可铺设成各种图案和造型。水花从地下喷涌而出，在彩灯照射下，地面犹如五颜六色的镜面，将空中飞舞的水花映衬得无比娇艳，使人流连忘返。停喷后，不阻碍交通，可照常行人，非常适合于宾馆、饭店、商场、大厦、街景小区等。

(4)跑泉。尤适合于江、河、湖、海及广场等宽阔的地点。计算机控制数百个喷水点，随音乐的旋律超高速跑动，或瞬间形成排山倒海之势，或形成委婉起伏波浪式，或组成其他的水景，衬托景点的壮观与活力。

(5)室内喷泉。各类喷泉都可采用。控制系统多为程控或实时声控。娱乐场所建议采用实时声控，伴随着优美的旋律，水景与舞蹈、歌声同步变化，相互衬托，使现场的水、声、光、色达到完美地结合，极具表现力。

(6)层流喷泉。层流喷泉又称波光喷泉，采用特殊层流喷头，将水柱从一端连续喷向固定的另一端，中途水流不会扩散，不会溅落。白天就像透明的玻璃拱柱悬挂在天空，夜晚在灯光照射下，犹如雨后的彩虹，色彩斑斓。适用于各种场合与其他喷泉相组合。

(7)趣味喷泉。

子弹喷泉：在层流喷泉基础上，将水柱从一端断续地喷向另一端，犹如子弹出膛般迅速准确地射到固定位置，适用于各种场合与其他的喷泉相结合。

鼠跳泉：一段水柱从一个水池跳跃到另一个水池，可随意启动，当水柱在数个水池之间穿梭跳跃时即构成鼠跳喷泉的特殊情趣。

时钟喷泉：用许多水柱组成数码点阵，随时反映日期、小时、分钟及秒的运行变化，构成独特趣味。

游戏喷泉：一般是旱泉形式，地面设置机关控制水的喷涌或音乐控制，游人在其间不小心碰触到，则忽而这里喷出雪松状水花，忽而那里喷出摇摆飞舞的水花，令人防不胜防。可嬉性很强。适合于公园、旅游景点等，具有较强的营业性能。

乐谱喷泉：用计算机对每根水柱进行控制，其不同的动态与时间差反映在整体上即构成形如乐谱般起伏变化的图形，也可把七个音阶做成踩键，控制系统根据游人所踩旋律及节奏控制水型变化，娱乐性强。适用于公园，旅游景点等，具有营业性能。

喊泉：由密集的水柱排列成坡型，当游人通过话筒时，实时声控系统控制水柱的开与停，从而显示所喊内容，趣味性很强。适用于公园、旅游景点等，具有极强的营业性能。

(8)激光喷泉。配合大型音乐喷泉设置一排水幕，用激光成像系统在水幕上打出色彩斑斓的图形、文字或广告，既渲染美化了空间又起到宣传、广告的效果。适用于各种公共场合，具有极佳的营业性能。激光表演系统由激光头、激光电源、控制器及水过滤器等组成。其控制系统由奔腾多媒体电脑、高速控制驱动组件及真彩色多媒体激光动画节目。

(9)水幕电影。水幕电影是通过高压水泵和特制水幕发生器，将水自上而下，高速喷出，雾化后形成扇形“银幕”，由专用放映机将特制的录影带投射在“银幕”上，形成水幕电影。当观众在观摩电影时，扇形水幕与自然夜空融为一体，当人物出入画面时，好似人物腾起飞向天空或自天而降，产生一种虚无缥缈和梦幻的感觉，令人神往。

二、喷泉的日常管理

要确保喷泉运行正常，应加强对喷泉的管理。日常管理中应注意以下几方面：

(1)喷水池清污。一段时间后，水池中常有一些漂浮物、杂斑等影响喷泉景观，应及时处理，采取人工打捞和刷除的方法去污；对沉泥、沉沙要通过清污管排除，并对池底进行全面清扫，扫后再用清水冲洗1～2次，最好用漂白粉消毒一次。经常喷水的喷泉，要求20～30天清洗一次，以保证水池的清洁。在对池底排污时，要注意对各种管口和喷头的保护，应避免污物堵塞管道口。水池泄完水后，一般要保持1～2天干爽时间，这时最好对管道进行一次检查，看连接是否牢固，表面是否脱漆等，并做防锈处理。

(2)喷头检测。喷头的完好性是保证喷水质量的基础，经一段时间喷水后，有时一些喷头出现喷水高度、喷水型等与设计不一致，原因是运行过程中喷嘴受损或喷嘴受堵，必须定期检查。如喷头堵塞，可取下喷头将污物清理后再安装上去；如喷头已磨损，应及时更换。检测中发现不属于喷头的故障，应对供水系统进行检修。

(3)动力系统维护。在泄水清扫水池期间，同时要对水泵、阀门、电路(包括音响线路和照明线路)进行全面检查与维护,重点检查:①线路的接头与连接是否安全;②设备、电缆等有否磨损,水泵转动部件是否涂油润滑了,各种阀门关闭是否正常,喷泉照明灯具是否完好等。如为地下式泵房,应查地漏排水是否畅通。如发现有不正常现象,要及时维修。

(4)冬季管理。冬季温度过低,应及时将管网系统的水排空,避免积水结冰,冻裂水管。

(5)喷泉管理。喷泉管理应有专人负责,非管理人员不得随意开启喷泉。要制定喷泉管理制度和运行操作规程。

(6)原始资料记录。维护和检测过程中的各种原始资料要认真记录,并备案保存,为日后喷泉的管理提供经验材料。

训练与评价

1.目的要求

(1)能够识读喷泉施工图。

(2)熟悉喷泉施工的程序和要求。

(3)掌握喷泉工程常用的各种施工工艺特点。

(4)能够指导施工人员完成喷泉工程施工。

2.施工内容

图 4-68 为某广场喷泉平面图、立面图及施工图,试建造该喷泉。

3.要点提示

定位放线;机械(人工)挖基槽(坑);清理基槽(坑);夯实;垫层;砌体;抹灰;贴面;喷头及管件安装;试水;调整;保护成品。

4.自我评价

序号	评价内容	评价标准	自我评价
1	施工图识读	掌握图纸表达内容(15 分)	
2	回水槽施工	回水槽施工正确(20 分)	
3	喷头选择及安装	喷头选择与安装方法正确(10 分)	
4	水泵选择	根据喷泉设计要求正确选择水泵(10 分)	
5	水形调试	能够达到喷泉设计时的水形要求(15 分)	
6	工程质量	施工规范,工艺正确,能够达到相应工程质量标准(15 分)	
7	景观效果	能够实现规划设计方案的景观效果,实用美观(15 分)	

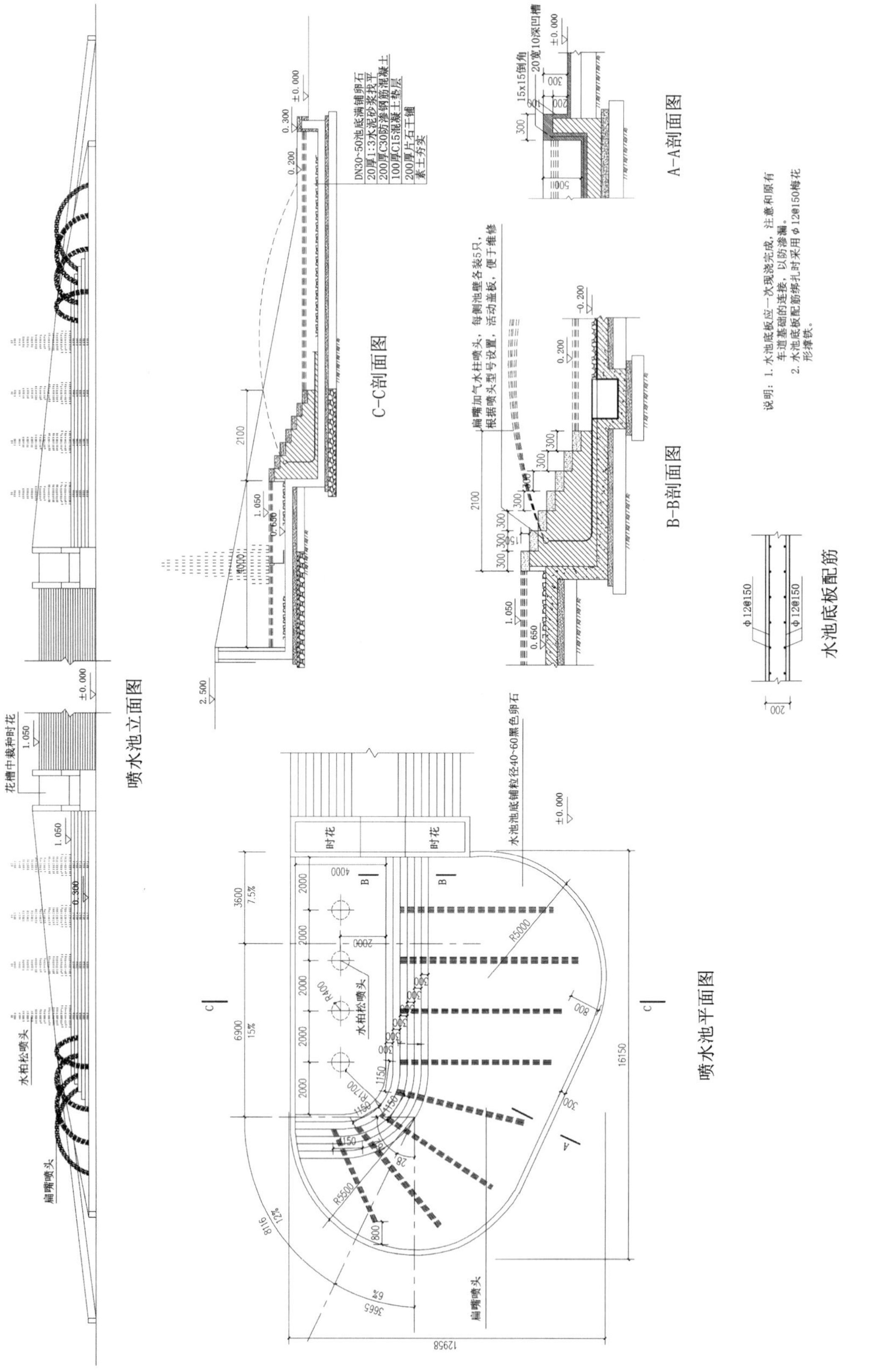
喷水池立面图
水柏松喷头
扁嘴喷头
花槽中栽种时花
1.050
±0.000
0.300
C-C剖面图
DN30~50池底满铺卵石
20厚1:3水泥砂浆找平
200厚C30防渗钢筋混凝土
100厚C15混凝土垫层
200厚片石干铺
素土夯实
±0.000
0.300
0.200
2100
1.050
0.650
2.500
A-A剖面图
15x15倒角
20宽10深凹槽
±0.000
300
B-B剖面图
扁嘴加气水柱喷头，每侧池壁各装5只，
根据喷头型号设置，活动盖板，便于维修
-0.200
0.200
2100
1.050
0.650
说明：1.水池底板应一次现浇完成，注意和原有
车道基础的连接，以防渗漏。
2.水池底板配筋绑扎时采用φ12@150梅花
形撑铁。
水池底板配筋
φ12@150
φ12@150
200
喷水池平面图
水池池底铺粒径40~60黑色卵石
时花
时花
±0.000
水柏松喷头
扁嘴喷头
R5000
R5500
R1700
R400
3600
6900
16150
12958
8116
3665
7.5%
15%
12%
6%

图4-68 喷泉施工图

典型案例

1.项目概述

(1)项目主题。西安欧亚学院二号教学楼喷泉改造方案。

(2)实施对象(目标人群)。西安欧亚学院全体师生。

(3)实施区域。西安欧亚学院二号教学楼喷泉。

(4)存在问题。作为北门标志性建筑,其喷泉应该极具设计感,但现实却大相径庭,存在相当大的问题。根据我们前期实践调查发现:喷泉瓷砖脱落;电线裸露在外,有漏电现象;池内污水恶臭,水循环系统差,部分下水口无滤网盖等。所以本次改造首先主要针对的是喷泉外观设计,其次是解决不合理的地方。

(5)预计成果。使改建后的喷泉更加美观,更具设计感。

2.现状分析

(1)项目背景。欧亚喷泉建于 1995 年,具 17 年历史。喷泉占地面积 12.6 m×9.8 m=123.4 m^2。喷泉边长 36.4 m。

(2)实际调查情况分析。

①缺少设计感,见图 4-69。

图 4-69　欧亚喷泉原外观

②管道常年老化生锈——管道裸露在外,见图 70。

图 4-70　喷泉管道老化生锈

③池内污水，发出恶臭水——循环系统差，见图 4-71。

图 4-71 喷泉水质不良

④池内电线老化，漏电——在外裸露，见图 4-72。

图 4-72 池内电线老化、漏电

⑤瓷砖脱落，见图 4-73。

图 4-73 瓷砖脱落

⑥池内垃圾无人处理——喷泉池外围三圈，阻碍清理，见图 4-74。

图 4-74　池内垃圾不便清扫

⑦瓷砖棱角处太尖利，易造成意外伤害，见图 4-75。

图 4-75　瓷砖棱角尖利

⑧四周植被少，缺少盆栽装饰，见图 4-76。

图 4-76　喷泉四周缺少植被

⑨下水管道口,无过滤网——常年无人维修,见图 4-77。

图 4-77　下水管道口无过滤网

3. 项目目标

将旧喷泉进行改造,使改建后的喷泉更加美观,具有设计感,并改善其不足之处。

(1)预计效果图,见图 4-78。

图 4-78　改造后效果图

(2)项目优势。

①极具简约的设计感,时代感,更加美观节省空间。

②管道、电线、灯光隐藏在地面以下,避免了下雨天电线被酸雨腐蚀,电线胶皮被太阳直晒老化。

③喷泉四周无阻碍便于清理打扫,及时处理管道口垃圾,增强了水循环。

④地面式喷泉设计,有效地避免了池内污水滞留,防止夏季发出恶臭。

⑤节省水资源,不用再贴瓷砖,也避免了瓷砖脱落现象的发生及尖利棱角造成的意外伤害。

4. 具体实施方案

实施部门：西安欧亚学院后勤集团

实施时间：2012 年 7 月暑假

实施步骤：

(1)拆除旧喷泉。

(2)购买防水电线灯泡及其地下水滤口等配件。

(3)购进水循环系统。

(4)专业工人安装(先安装水循环系统；其次安装管道、电线；最后安装效果灯)。

工作任务：2 个月完工，达到预期效果。

完成时间：2012 年 9 月。

5. 经费预算

主办方：欧亚学院后勤集团

协办方：西安欧亚学院艺术设计学院

名称	单价/元	数量	长度/m	总计/元
防水电线	10/m		200	2 000
防水灯	25	100		2 500
高压喷头	128	30		3 840
高压管道	50/m		150	7 500
地漏排水口	9/个	200		1 800
工人费	80/人	20		1 600×60(天)=9 600
设计费	15%			4 386
不可预知费				2 000
总费用				33 626

复习思考题

1. 简述人工湖的施工要点。
2. 简述溪涧的施工要点。
3. 瀑布的形式有哪些？瀑布由哪几部分组成？
4. 瀑布出水口如何处理？
5. 破坏驳岸的主要因素有哪些？
6. 水池设计包括哪些内容？
7. 喷泉管道按功能由哪些管道组成？

单元五

园路工程

项目一　园路的线形设计

项目二　园路的铺装设计

项目三　园路的结构设计

知识目标

- 掌握园路的基本知识。
- 掌握园路的线形设计、结构设计及铺装设计的内容和方法。
- 掌握园路施工的步骤和方法。

技能目标

- 能进行园路的线形设计、结构设计及铺装设计。
- 能进行园路施工。

道路的修建在我国有着悠久的历史。根据《诗经·小雅·大东》记载:"周道如砥,其直如矢",说明古代道路笔直、平整。《周礼·考工记》中又载:"匠人营国,方九里,旁三门。国中九经九纬,经涂九轨,环涂七轨,野涂五轨……"这说明都城道路有较好的规划设计,并分等级。从考古和出土文物来看,我国铺地的结构及图案均十分精美。如战国时期的米字纹砖,秦咸阳宫出土的太阳纹铺地砖,西汉遗址中的卵石路面,东汉的席纹铺地,唐代以莲纹为主的各种"宝相纹"铺地,西夏的火焰宝珠纹铺地,明清时的雕砖卵石嵌花路及江南庭园的各种花街铺地等。在古代园林中铺地多以砖、瓦、卵石、碎石片等组成各种图案,具有雅致、朴素、多变的风格,为我国园林艺术的成就之一。近年来,随着旅游事业的发展,我国各地已建造了一些用新材料、新工艺、反映新风貌的路面,如彩色水泥混凝土路面,彩色沥青混凝土路面,透水透气性路面等,为我国园林增添了新的光彩。

项目一

园路的线形设计

任务一　园路的平面线形设计

任务描述

园路的平面线形有曲线的方式，也有规则直线的方式，形成两种不同的园林风格。采用一种方式的同时，也可以用另一种方式补充。平曲线设计包括确定道路的宽度、平曲线半径和曲线加宽等。

任务实施

1. 园路的宽度

路宽依公园游客容量、流量、功能及活动内容等因素而定。因此，园路可分为主要园路、次要园路、游步道和小径四级。

(1)主要园路是联系园内各个景区、主要风景点和活动设施的路，是园林大量游人所要行进的路线，必要时可通行少量管理用车，应考虑能通行卡车、大型客车，宽度为 4～6 m，一般最宽不超过 6 m。

(2)次要道路是主要园路的辅助道路，设在各个景区内，是各景区内部的骨架，联系着各个景点。考虑到园务交通的需要，应能通过小型服务用车及消防车等，路面宽度为 2～4 m。

(3)游息小路主要供散步休息、引导游人深入到达各个角落，如山上、水边、林中、花丛等。多曲折自由布置，考虑两人行走，其宽度一般为 1.2～2.5 m。

(4)小径在园林中是园路系统的末梢，是联系园景的捷径，也是最能体现艺术性的部分。它以优美婉转的曲线构图成景，与周围的景物相互渗透、吻合，极尽自然变化之妙。小径不超过 1 m，仅供一个人通过。游人及各种车辆的最小运动宽度见表 5-1。

表 5-1 游人及各种车辆的最小运动宽度 m

交通种类	最小宽度	交通种类	最小宽度
单人	≥0.75	小轿车	2.00
自行车	0.6	消防车	2.06
三轮车	1.24	卡车	2.50

2.线形种类

(1)直线。在规则式园林绿地中,多采用直线形园路。因其线形平直、规则,方便交通。

(2)圆弧曲线。道路转弯或交汇时,考虑行驶机动车的要求,弯道部分应取圆弧曲线连接,并具有相应的转弯半径。

(3)自由曲线。指曲率不等且随意变化的自然曲线。在以自然式布局为主的园林游步道中多采用此种线形,可随地形、景物的变化而自然弯曲,柔顺流畅和协调。

3.平曲线半径的选择

当道路由一段直线转到另一段直线上去时,其转角的连接部分均采用圆弧形曲线,这种圆弧的半径称为平曲线半径,如图 5-1 所示。自然式园路曲折迂回,在平曲线变化时主要由下列因素决定:

(1)园林造景的需要。

(2)当地地形、地物条件的要求。

(3)在通行机动车的地段上,要注意行车安全。在条件困难的个别地段上,在园内可以不考虑行车速度,只要满足汽车本身的最小转弯半径就行。因此,其转弯半径不得小于 6 m。

4.曲线加宽

汽车在弯道上行驶,由于前后轮的轮迹不同,前轮的转弯半径大,后轮的转弯半径小。因此,弯道内侧的路面要适当加宽,如图 5-2 所示。

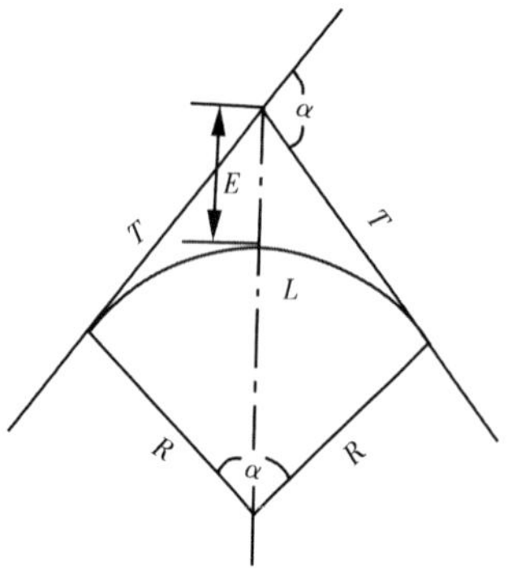

图 5-1 平面线图

L,曲线长,m;R,曲线半径,m;
T,切线长,m;E,曲线外距,m

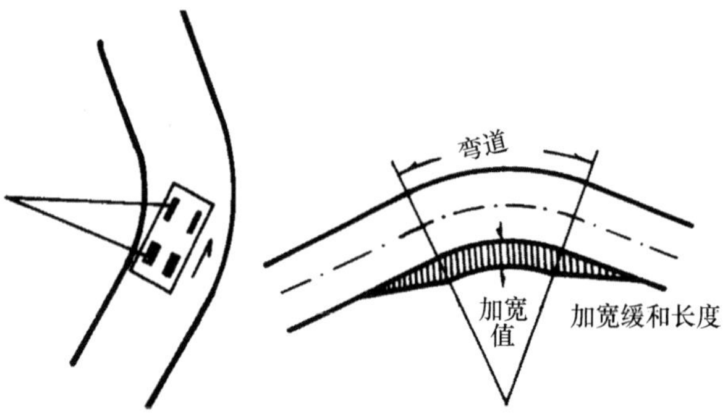

图 5-2 曲线加宽

◈ 阅读材料

园路的基本知识

一、园路的作用

园路像人体的脉络一样，是贯穿全园的交通网络，是联系各个景区和景点的纽带和风景线，是组成园林风景的造景要素。园路的定向对园林的通风、光照、环境保护有一定的影响。因此无论从实用功能上，还是从美观方面，均对园路的设计有一定的要求。其具体作用如下所述：

(1)组织空间、引导游览。在公园中常常是利用地形、建筑、植物或道路把全园分隔成各种不同功能的景区，同时又通过道路，把各个景区联系成一个整体。这其中游览程序的安排，对中国园林来讲，是十分重要的。它能将设计者的造景序列传达给游客。中国园林不仅是“形”的创作，更是由“形”到“神”的一个转化过程。园林不是设计一个个静止的“境界”，而是创作一系列运动中的“境界”。游人所获得的是连续印象所带来的综合效果，是由印象的积累，而在思想情感上所带来的感染力。这正是中国园林的魅力所在。园路正是能担负起这个组织园林的观赏程序，向游客展示园林风景画面的作用。它能通过自己的布局和路面铺砌的图案，引导游客按照设计者的意图、路线和角度来游赏景物。从这个意义上来讲，园路是游客的导游者。

(2)组织交通。园路完成对游客的集散、疏导，承担建筑维修、养护、管理等工作的运输工作和安全、防火、职工生活、公共餐厅、小商店配送等园务工作的运输任务。对于小公园，这些任务可综合考虑，对于大型公园，由于园务工作交通量大，有时可以设置专门的路线和入口。

(3)构成园景。园路优美的曲线，丰富多彩的路面铺装，可与周围的山、水、建筑、花草、树木、石景等景物紧密结合，不仅是“因景设路”，而且是“因路得景”。所以园路可行、可游，行游统一。

二、园路的基本类型

园路一般有三种类型：路堑型、路堤型、特殊型(图 5-3)，包括步石、汀步、蹬道、攀梯等。

三、园路的分类

路面根据划分方法的不同，可以有许多不同的分类。按使用材料的不同，将路面分为：

(1)整体路面。包括水泥混凝土路面和沥青混凝土路面。

(2)块料路面。包括各种天然块石或各种预制块料铺装。

(3)碎料路面。用各种碎石、瓦片、卵石等组成的路面。

(4)简易路面。由煤屑、三合土等组成的路面，多用于临时性或过渡性园路。

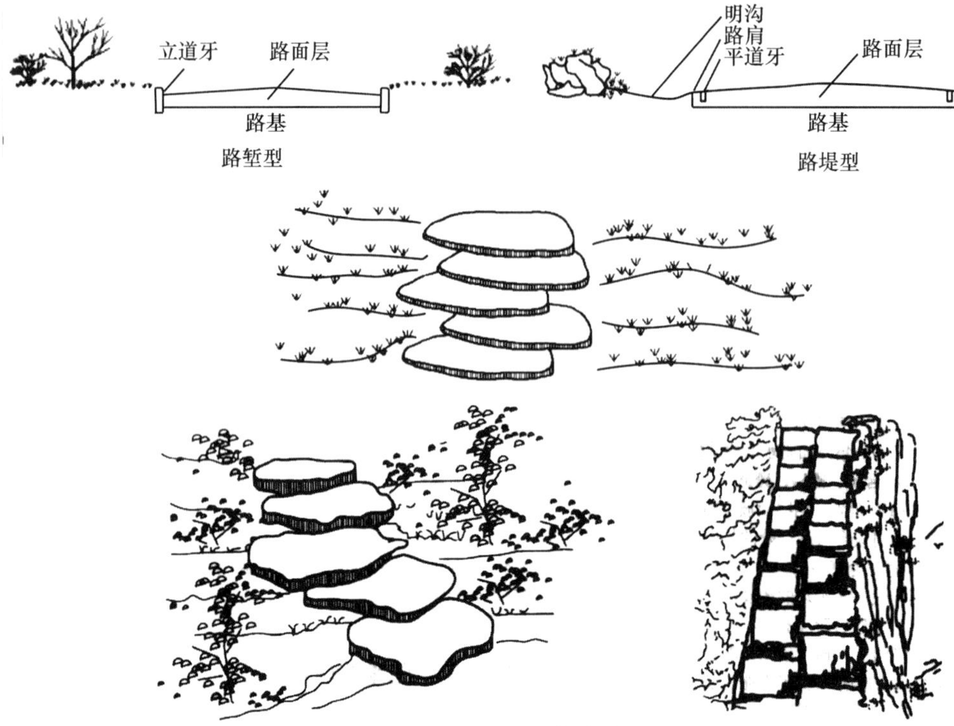

图 5-3　园路类型

四、园路设计的准备工作

熟悉设计场地及周围的情况，对园路的客观环境进行全面的认识。勘查时应注意以下几点：

（1）了解基地现场的地形地貌情况，并核对图纸。

（2）了解基地的土壤、地质情况，地下水位，地表积水情况、原因及范围。

（3）了解基地内原有建筑物、道路、河池及植物种植的情况，要特别注意保护大树和名贵树木。

（4）了解地下管线（包括煤气、供电缆、通信网线、给排水等）的分布情况。

（5）了解园外道路的宽度及公园出入口处园外道路的标高。

任务二　园路的纵断面线形设计

任务描述

园路的纵断面线形设计即其竖向设计，包括道路的纵横坡度、弯道、超高等。园路既有交通功能，又有导游性质，也是园林景观构成的一部分，所以园路设计其交通功能应从属于游览要求。园路的设计要根据地形要求及景点的分布等因素，如经过山丘、水体等园路要因地制宜地来布置，如较陡的山路需要盘旋而上，以减缓坡度。

任务实施

1. 园路纵断面设计的要求

(1)园路一般根据造景的需要，随地形的变化而起伏变化。

(2)在满足造园艺术要求的情况下，尽量利用原地形，保证路基的稳定，并减少土方量。

(3)园路与相连的城市道路在高程上应有合理的衔接。

(4)园路应配合组织园内地面水的排除，并与各种地下管线密切配合，共同达到经济合理的要求。

2. 园路的纵横坡度

一般路面应有8%以下的纵坡和1%～4%的横坡，以保证路面水的排除。不同材料路面的排水能力不同，因此，各类型路面对纵横坡度的要求也不同，见表5-2。

当车行路的纵坡在1%以下时，方可用最大横坡。

表5-2　园路的纵横坡度　　%

路石类型	纵坡				横坡	
	最小	最大		特殊	最小	最大
		游览大道	园路			
水泥混凝土路面	3	60	70	100	1.5	2.5
沥青混凝土路面	3	50	60	100	1.5	2.5
块石、炼砖路面	4	60	80	110	2	3
卵石路面	5	70	80	70	3	4
粒料路面	5	60	80	80	2.5	3.5
改善土路面	5	60	60	80	2.5	4
游步小道	3		80		1.5	3
自行车道	3	30			1.5	2
广场、停车场	3	60	70	100	1.5	2.5
特别停车场	3	60	70	100	0.5	1

在游步道上，道路的起伏可以更大一些，一般在12°以下为舒适的坡度。超过12°时行走较费力，北海公园琼岛陟山桥附近园路纵坡度为11.5°，为了保证主环路通车的要求，又能使步行者舒适，他们把主路中间部分做成坡道，两侧做成台阶，使用效果较好。颐和园某处纵坡度为17°，在雨雪天下坡行走十分危险，一般超过15°应设台阶。北京香山公园从香山寺到洪光寺一线，因通汽车需要，局部纵坡度在20°以上，这在一般情况下是不允许的。因为，在上坡时

汽车能以低挡爬行上去。但在下坡时，汽车刹车次数增多，易使制动器发热，造成事故，因此一般是不允许的。

3. 竖曲线设计

一条道路总是上下起伏的。在起伏转折的地方，由一条圆弧连接。这种圆弧是竖向的，工程上把这样的弧线叫竖曲线(图 5-4)，竖曲线应考虑会车安全。

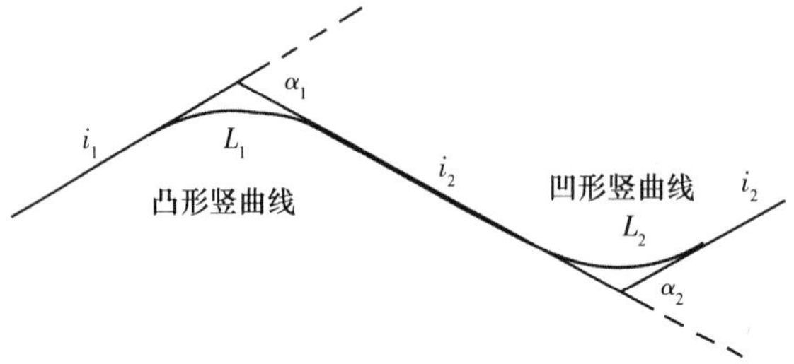

图 5-4　竖曲线

4. 弯道超高设计

当汽车在弯道上行驶时，产生横向推力叫离心力。这种离心力的大小，与车行速度的平方成正比，与平曲线半径成反比。为了防止车辆向外侧滑移，抵消离心力的作用，就要把路的外侧抬高。在设计游览性公路时，还要考虑路面视距与会车视距(图 5-5)。

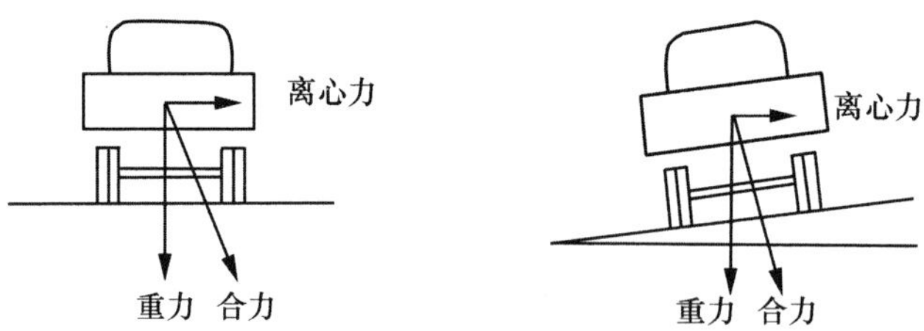

图 5-5　弯道超高

5. 供残疾人使用园路的设计要求

(1)面宽度不宜小于 1.2 m，回车路段路面宽度不宜小于 2.5 m。

(2)道路纵坡一般不宜超过 4%，且坡长不宜过长，在适当距离应设水平路段，而不应有阶梯。

(3)应尽可能减小横坡。

(4)坡道坡度为 1/20～1/15 时。其坡长一般不宜超过 9 m；每逢转弯处，应设不小于 1.8 m 的休息平台。

(5)园路一侧为陡坡时，为防止轮椅从边侧滑落，应设 10 cm 高以上的挡石，并设扶手栏杆。

(6)排水沟箅子等，不得突出路面，并注意不得卡住轮椅的车轮和盲人的拐杖。

训练与评价

1. 目的要求

(1)平曲线线形设计时，道路平曲线的形状应既满足使用要求，又满足功能要求；道路转角的连接部分均采用圆弧形曲线，既要考虑造景的需要，又要考虑当地地形、地物条件的要求。

(2)园路设计结合实际地形确定合适的横断面形式，综合考虑雨水排除要求、路与管线及其他附属设施之间的关系等。园路宽度根据交通种类确定，同时应充分考虑所承载的内容。人行道采取砖石、板材铺砌的路面结构形式。设计时尽量避免出现多填少挖的不利现象，以减少土方和护坡工程量。

(3)园路纵断面设计要使园林道路有起伏，路景生动，视线俯仰变化。根据造景的需要，应随形就势，随地形的变化而起伏变化，并保证竖曲线线形平滑。在满足造景艺术要求的情况下，尽量利用原地形，以保证路基稳定，减少土方量。行车路段应避免过大的纵坡和过多的折点，使线形平顺。园路与相连的城市道路及广场、建筑入口等处在高程上应有合理的衔接。园路应配合组织园内地面水的排除，使平、竖曲线尽量错开，注意与地下管线的关系，达到经济、合理的要求。

2. 设计内容

如图 5-6 所示为某住宅小区地形图，请根据地形图，设计各入户的连接道路。进行区域道路平面曲线设计、横断面设计、纵断面设计等。

3. 要点提示

(1)园路平面线形设计要符合游人行走习惯，线条要流畅自如。

(2)园路设计既要突出景观功能又要突出实用功能。

(3)园路平面设计、纵断面设计要与地形地物紧密结合，充分考虑因地制宜的要求。

(4)园路横断面设计要综合考虑土方工程及工程附属设施要求等。

4. 自我评价

序号	评价内容	评价标准	自我评定
1	园路的平面线形设计	1. 能满足游人平缓自如转弯的习惯(10 分) 2. 弯道曲线要流畅(10 分) 3. 园路造景功能与当地地形、地物条件的要求联系密，设计合理(10 分)	
2	园路的横断面设计	1. 园路宽度和横断面形式的选择与地形结合紧密(10 分) 2. 园路宽度和横断面形式的选择与现场情况联系紧密(10 分) 3. 道路的横断面设计满足功能要求(5 分) 4. 综合考虑路灯的地下线路、给水管、排水管等附属设施(10 分) 5. 土方工程量考虑仔细，做到因地制宜(5 分)	
3	园路的纵断面设计	1. 纵断面设计随形就势，随地形的变化而变化(10 分) 2. 竖曲线线形平滑(5 分) 3. 在满足造景艺术要求的情况下，尽量利用原地形、以保证路基稳定，减少土方量(10 分) 4. 园路与相连的城市道路及广场、建筑入口等处在高程上衔接合理(5 分)	

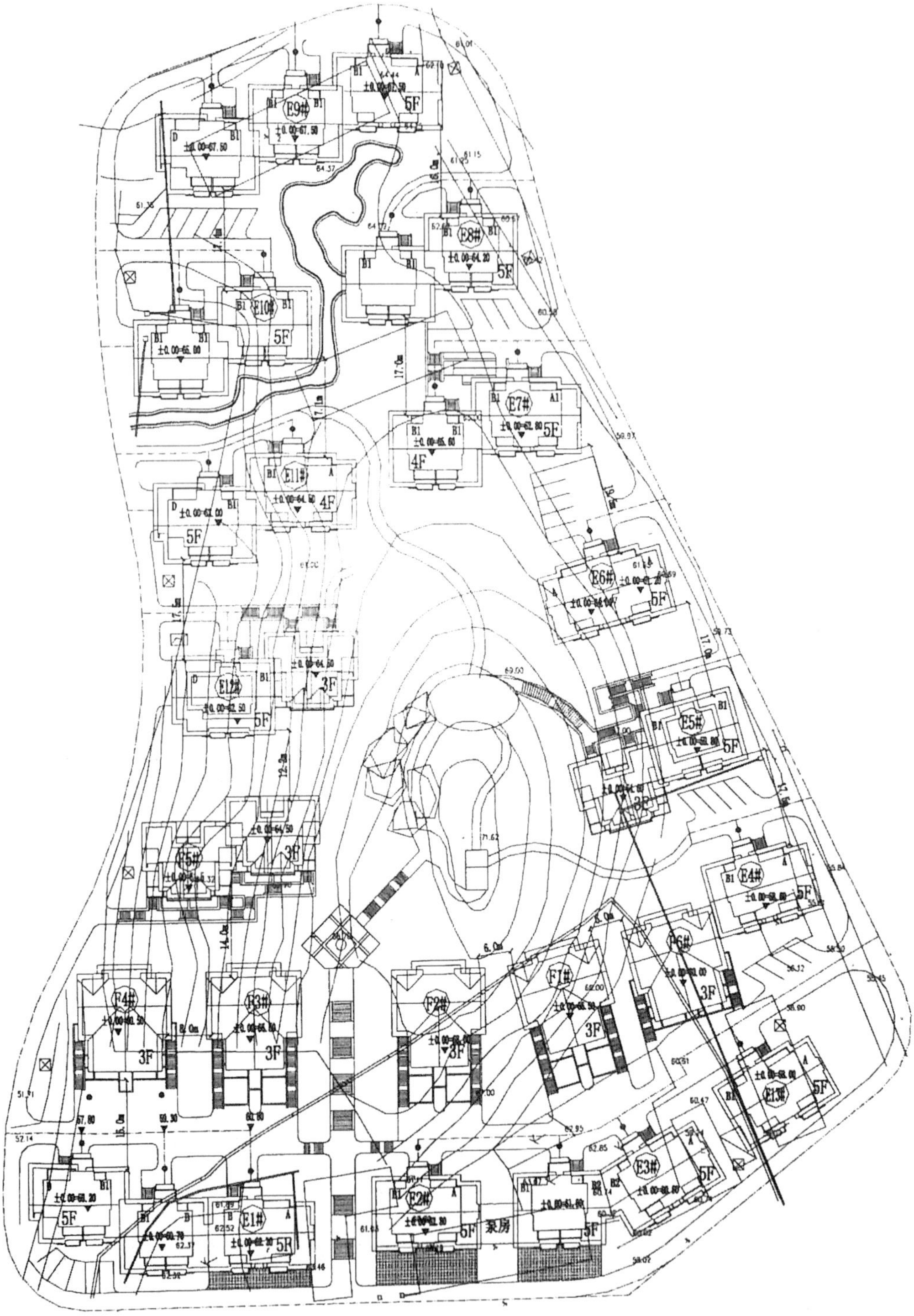

图 5-6　某住宅小区地形图

项目二

园路的铺装设计

任　务　园路的铺装设计

任务描述

园路铺装可根据景观要求选择不同材料来提高路面的艺术效果，将园路作为园景的一部分来创作，用纹样来衬托环境意境。园路铺装在园林工程中非常重要，园路装饰设计也是体现园路特色很重要的一个部分。园林道路的铺装，首先要满足功能要求，要坚固、平稳、耐磨、防滑和易于清扫；其次要满足园林在丰富景色、引导游览和便于识别等方面的要求；最后还应服从整个园林的造景艺术，力求做到功能与艺术的统一。

任务实施

1.图案的设计

地面图案是一种能影响人的心理和行为的要素，它可以对行人产生流动和停息的暗示。地面图案分有向性、无向性和向心性三种。有向性多用于交叉口或行进方向转折的地段，对人的活动产生指示作用；无向性稳定而安宁，适用范围广；圆形、曲线形和放射形图案具有向心性和趣味性，常用于群体聚集、停息、活动场所或建筑的入口等重要位置。园路以多种多样的形态、花纹来衬托景色，美化环境。在进行路面图案设计时，应与景区的意境相结合，要根据园路所在的环境，选择路面的材料、质感、形状、尺度，研究路面图案的寓意、趣味，使园路更好地成为园景的组成部分。

2.色彩的设计

园路路面应有柔和的光线和色彩，减少反光、刺眼的感觉。为消除光照不足形成的沉闷感和阴郁感可采用浅色、明快色和暖色的铺地；阳光照射较强的区域则应避免运用浅色材料，以免因材料反射过强使步行者产生视觉不适。如广州园林中采用各种条纹水泥混凝土砖，按不同的方向排列，产生很好的光彩效果，使路面朴素又丰富，减少了路面的反光强度。色彩的选择应能为大多数人所共同接受，稳重而不沉闷，鲜明而不俗气。一般地讲，中间色-茶色系较为理想。如成都人民公园，在一条林间的小路上，周围色彩比较单一，采用了普通机制青砖与红砖拼成图案，丰富了林间的色彩。北京故宫御花园入口，在红色宫墙下，以蓝绿色为主的卵石组成连续的图案装饰地面。杭州三潭印月一处路面，以棕色卵石为底，用黄黑二色卵石嵌边，中间用紫色、黄色、黑色三色卵石组成花纹，给人以古朴、典雅之感。

3. 纹理和质感的设计

粗糙的地面尺度感大，具有自然、质朴的气息，细腻的地面显得精致、高贵，尺度感较小。如游憩小路用卵石拼成图案具有坚固、雅致的特点；坡道、亭畔、堤岸台前多用片石铺成冰裂纹。利用同一材料进行统一，如北京北海公园琼岛西面的一处墙面和地面均采用同一石材的冰裂纹铺砌，清爽、淡雅，十分和谐。杭州植物园山外山饭店庭院内的铺地，用拉条纹的混凝土与碎大理石、鹅卵石等组成大块整齐的地纹，由于质感纹样的相似统一，而形成调和的美感。选用质感对比的方法铺地，也是提高质感美的有效方法。例如，在草坪中点缀步石，利用石的坚硬、强壮的质感和草坪柔软、光泽的质感相对比，从不同素材中看到了美。

4. 不同路面的铺装设计

(1)花街铺地。用规整的砖和不规则的石板、卵石以及碎砖、碎瓦、碎瓷片、碎缸片等废料相结合，组成图案精美、色彩丰富的各种地纹。“花环窄路偏宜石，堂回空庭须用砖”(图 5-7)。

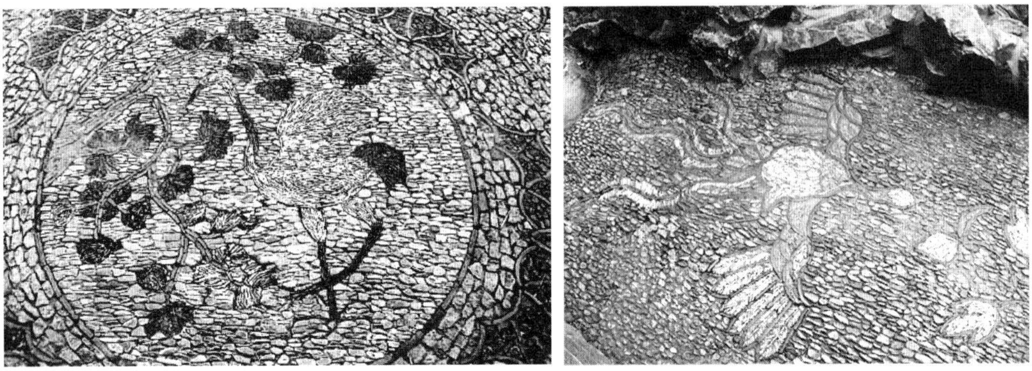

图 5-7　花街铺地

(2)卵石路面。采用卵石铺成各种图案，这种路面耐磨性好，防滑(图 5-8)。

(3)雕砖卵石路面。选用精雕的砖、细磨的瓦和经过严格挑选的各色卵石拼凑成的路面，图案内容丰富。有以寓言为题材的图案，有传统的民间图案，有历史故事，有四季盆景。为了保持传统风格，增加路面的强度，革新工艺，降低造价，北海公园设计制作了预制混凝土卵石嵌花路装饰，效果较好(图 5-9)。

(4)嵌草路面。把天然石块或各种形状的预制水泥混凝土块，铺成冰裂纹或其他花纹，铺筑时在块料间留 3～5 cm 的缝隙，填入培养土，然后种草(图 5-10)。

图 5-8　卵石路面

图 5-9　雕砖卵石路面

图 5-10　嵌草路面

(5)块料路面。以大方砖、块石和制成各种花纹图案的预制水泥混凝土砖等筑成的路面。这种路面具有简朴、大方的特点;利用条纹方向的变化产生的光影效果,加强了花纹的效果,不仅具有很好的装饰性,而且可以防滑和减少反光强度,具有美观舒适的特点(图 5-11)。

图 5-11　块料路面

(6)整体路面。平整度好,路面耐压、耐磨,养护简单,便于清扫,缺点是色彩较暗淡(图 5-12)。

图 5-12　整体路面

(7)步石。在自然式草地或建筑附近的小块绿地上，可以用一到数块天然石块或预制成圆形、树桩形、木纹板形等铺装，自由组合于草地之中。一般步石的数量不宜过多，块体不宜太小，两块相邻块体的中心距离应考虑人的跨越能力和不等距变化。步石宜与自然环境协调，宜取得轻松活泼的效果。

(8)汀步石。在水中设置步石，使游人可以平水而过，汀步石适用于窄而浅的水面。为了游人的安全，石墩不宜过小，距离不宜过大，一般数量也不宜过多(图 5-13)。

(9)蹬道。利用天然山石、露岩等凿出的或用水泥混凝土仿树桩、假石等塑成的上山的蹬道。

图 5-13　汀步石

(10)仿古砖。是近年来瓷砖中兴起的一个新品种。不同于抛光砖和瓷片，它“天生”一副“自来旧”的面孔，因此人们称它为“仿古砖”。除“仿古砖”的称呼外，还有复古砖、古典砖、泛古砖、瓷质釉面砖等叫法。将仿古砖外观特点与抛光砖、瓷片相对照，仿古砖确实给人一种古色古香的感觉，或者说它更接近“自然”的状态——像岩石片、像鹅卵石、像老木头、像旧皮革、像旧铁板……

①仿自然界中天然形成的物质形态。自然界中天然形成的物质，如岩石、树木、植物等有着自然的色泽、肌理、纹理、质感，是最天然、最自然的物质形态，是“自然”的典型代表，它们没有一点人工雕琢的痕迹，是大自然“鬼斧神工”的杰作，因此是仿古砖首仿的对象和设计内容。

②仿天然材料制作的产品。诸如纸张、皮革、编织（草编、柳编、竹编、藤编）、木地板等，都是采用天然材料制作的产品。由于材料具有的天然属性（色泽、肌理、纹理、质感），又有人工设计制作的造型形态，也是仿古砖仿制的对象和内容。

③仿人工化但较自然的物态。我们在生活中常见的有历史、有岁月的物态，如斑驳的老墙、磨光的石阶、古旧的门板、生锈的铁板等，这些虽然是人工化的物质形态，但在长期使用中，开始时的人工化痕迹逐渐消失，“自然”成分越来越多，给人们一种亲切的和怀旧的心理感受，是仿古砖仿制的对象和内容。

④仿人工制作但历史悠久的、岁月遗留下的器物，如石刻、木雕、砖雕、壁画、书法、瓷器、青铜器等，这些人工制作的但具有历史悠久和岁月痕迹的器物。它们从内容到外在形式都是古老的、陈旧的，是现在中式装饰、古典装饰必不可少的装饰素材，因此也是仿古砖设计时仿制的对象和内容。

⑤制造随机出现的抽象的自然状态。前几种“自然”状态都是形象的，是某一具体物态和具体产品。制造随机出现的抽象的自然状态是指无具体形象、具体产品作为参照对象，完全是随意、随机的，偶然形成的、无规律的、抽象的自然状态。它既不模拟具体的对象，也不表现具体的内容，只是形成一种“自然”的形态。这种仿古砖表现的就是瓷砖自身的语言和形式。

阅读材料

块料路面的铺设方法

根据园林铺地及园路面层铺装材料的不同，可以分为混凝土园路、花岗石园路、碎拼花岗石园路、水泥面砖园路、小青砖园路、鹅卵石园路等。有些园路由各种不同的材料混合铺装，组成了五光十色的图案，这种园路的铺装技术要求高，施工难度也较大。下面介绍几种常用的块料面层的铺装方法。

一、花岗石园路

园路铺装前，应按施工图纸的要求选用花岗石的外形尺寸，少量的不规则的花岗石应在现场进行切割加工。先将有缺边掉角、裂纹和局部污染变色的花岗石挑选出来，完好的进行套方检查，规格尺寸如有偏差，应磨边修正。有些园路的面层要铺装成花纹图案的，挑选出的花岗石应按不同颜色、不同大小、不同长扁形状分类堆放，铺装拼花时才能方便使用。对于呈曲线、弧形等形状的园路，其花岗石按平面弧度加工，花岗石按不同尺寸堆放整齐。对不同色彩和不同形状的花岗石进行编号，便于施工时不乱套。在花岗石块石铺装前，应先进行弹线，弹线后应先铺若干条干线作为基线，起标筋作用，然后向两边铺贴开来，花岗石铺贴之前还应泼水润湿，阴干后备用。铺筑时，在找平层上均匀铺一层水泥砂浆，随刷随铺，用 20 mm 厚 1∶3 干硬性水泥砂浆作黏结层，花岗石安放后，用橡胶锤敲击，既要达到铺设高度，又要使砂浆黏结层平整密实。对于花岗石进行试拼，查看颜色、编号、拼花是否符合要求，图案是否美观。对于要求较高的项目应先做一段样板，邀请建设单位和监理工程师进行验收，符合要求后再进行大面积的施工。同一块地面的平面有高差，比如台阶、水景、树池等交汇处，在铺装前，花岗石应进行切削加工，圆弧曲线应磨光，确保花纹图案标准、精细、美观。花岗石铺设后采用彩色水泥砂浆在硬化过程中所需的水分，保证花岗石与砂浆黏结牢固。养护期 3 天之内禁止踩踏。花岗石面层的表面应洁净、平整、斧凿面纹路清晰、整齐、色泽一致，铺贴后表面平整，斧凿面纹路交叉、整齐美观，接缝均匀、周边顺直、镶嵌正确，板块无裂纹、掉角等缺陷。

二、水泥面砖园路

水泥面砖是以优质彩色水泥、砂，经过机械拌合成型，充分养护而成，其强度高、耐磨、色泽鲜艳、品种多。水泥面砖路面还可以做成凸纹和圆凸纹等多种形状。水泥面砖园路的铺装与花岗石园路的铺装方法大致相同。水泥面砖是机制砖，色彩品种要比花岗石多，因此在铺装前应按照颜色和花纹分类，有裂缝、掉角、表面有缺陷的面砖，应剔除。具体操作步骤如下：

(1)基层清理。在清理好的地面上，找到规矩和泛水，扫好水泥浆，再按地面标高留出水泥面砖厚度做灰饼，用 1∶3 干硬砂浆冲筋、刮平，厚度约为 20 mm，刮平时砂浆要拍实、刮毛并浇水养护。

(2)弹线预铺。在找平层上弹出定位十字中线，按设计图案预铺设花砖，砖缝顶预留 2 mm，按预铺设的位置用墨线弹出水泥面砖四边边线，再在边线上画出每行砖的分界点。

(3)浸水湿润。铺贴前，应先将面砖浸水 2～3 h，再取出阴干后使用。

(4)水泥面砖的铺贴工作，应在砂浆凝结前完成。铺贴时，要求面砖平整、镶嵌正确。施工间歇后继续铺贴前，应将已铺贴的花砖挤出的水泥混合砂浆予以清除。

(5)铺砖石。地面黏结层的水泥混合砂浆，拍实搓平。水泥面砖背面要清扫干净，先刷出一层水泥石灰浆，随刷随铺，就位后用小木槌凿实。注意控制黏结层砂浆厚度，尽量减少敲击。在铺贴施工过程中，如出现非整砖时用石材切割机切割。

(6)水泥面砖在铺贴 1～2 天后，用 1∶1 稀水泥砂浆填缝。面层上溢出的水泥砂浆在凝结前予以清除，待缝隙内的水泥砂浆凝结后，再将面层清洗干净。完成 24 h 后浇水养护，完工 3～4 天内不得上人踩踏。

三、小青砖园路

小青砖园路铺装前，应按设计图纸的要求选好小青砖的尺寸、规格。先将有缺边、掉角、裂纹和局部污染变色的小青砖挑选出来，完好的进行套方检查，规格尺寸有偏差，应磨边修正。在小青砖铺设前，应先进行弹线，然后按设计图纸的要求先铺装样板段，特别是铺装成席纹、人字纹、斜柳叶、十字绣、八卦锦、龟背锦等各种面层形式的园路，更应预先铺设一段，看一看面层形式是否符合要求，然后再大面积地进行铺装。操作步骤如下：

(1)基层、垫层。基层做法一般为素土夯实→碎石垫层→素混凝土垫层→砂浆结合层。在垫层施工中，应做好标高控制工作，碎石和素混凝土垫层的厚度应按施工图纸的要求去做，砂石垫层一般较薄。

(2)弹线预铺。在素混凝土垫层上弹出定位十字中线，按施工图标注的面层形式预铺一段，符合要求后，再大面积铺装。

(3)先做园路两边的“子牙砖”,相当于现代道路的侧石,因此要先进行铺筑,用水泥砂浆作为垫石,并加固。

(4)小青砖与小青砖之间应挤压密实,铺装完成后,用细灰扫缝。

四、鹅卵石园路

鹅卵石是指10～40 mm形状圆滑的河川冲刷石。用鹅卵石铺装的园路看起来稳重而又实用,且具有江南园林风格。这种园路也常作为人们的健身径。完全使用鹅卵石铺成的园路往往会稍显单调,若于鹅卵石间加几块自然扁平的切石,或少量的色彩鹅卵石,就会出色许多。铺装鹅卵石路时,要注意卵石的形状、大小、色彩是否调和。特别在与切石板配置时,相互交错形成的图案要自然,切石与卵石的石质及颜色最好避免完全相同,才能显出路面变化的美感。施工时,因卵石的大小、高低完全不同,为使铺出的路面平坦,必须在路基上下功夫。先将未干的砂浆填入,再把卵石及切石一一填下,鹅卵石呈蛋形,应选择光滑圆润的一面向上,在作为庭院或园路使用时一般横向埋入砂浆中,在作为健身径使用时一般竖向埋入砂浆中,埋入量约为卵石的2/3,这样比较牢固。较大的埋入砂浆的部分多些,使路面整齐,高度一致。切忌将卵石最薄的一面平放在砂浆中,这样极易脱落。摆完卵石后,再在卵石之间填入稀砂浆,填充实后就算完成了。卵石排列间隙的线条要呈不规则的形状,千万不要弄成十字形或直线形。此外,卵石的疏密也应保持均衡,不可部分拥挤、部分疏松。如果要做成花纹,则要先进行排版放样,再进行铺设。

鹅卵石地面铺设完毕应立即用湿抹布轻轻擦拭其表面的灰泥,使鹅卵石保持干净,并注意施工现场的成品保护。鹅卵石园路的路基做法一般也是素土夯实→碎石垫层→素混凝土垫层→砂浆结合层→卵石面层。这种基层的做法与一般园路基层做法相同,但是因为其表面是鹅卵石,黏结性和整体性较差,所以如果基层不够稳定,则卵石面层很可能松动剥落或开裂,所以整个鹅卵石园路施工中基层施工也是非常关键的一步。

五、彩色混凝土压模园路

彩色混凝土压模园路是面层为混凝土地面,采用水泥耐磨材料铺装而成的,它是以硅酸盐水泥或普通硅酸盐水泥、耐磨骨料为基料,加入适量添加剂组成的干混材料。具体工艺流程如下:

地面处理→铺设混凝土→振动压实抹平混凝土表面→覆盖第一层彩色强化粉→压实抹平彩色表面→洒脱模粉→压模成型→养护→水洗施工面→干燥养护→上密封剂→交付使用

基层做法同一般园路基层的做法,关键是彩色混凝土压模园路的面层做法,它的好坏直接影响到园路的最终质量。初期彩色混凝土一般采用现场搅拌、现场浇捣的方法,平板式振捣机进行振捣,直接找平打光。在混凝土即将终凝前,用专用模具压出花纹。目前亦可使用商品混凝土地面用水泥基耐磨材料。彩色混凝土应一次配料、一次浇捣,避免多次配料而产生色差。色彩混凝土压模园路的花纹是根据模具而成型的,因此应按施工图的要求定制模具,或向有关专业单位采购适合的模具。

六、木铺地园路

木铺地园路石材采用木材铺装的园路。在园林工程中,木铺地园路是室外的人行道,面层木材一般是采用耐磨、耐腐、纹理清晰、强度高、不易开裂、不易变形的优质木材。一般木铺地园路做法是:素土夯实→碎石垫层→素混凝土垫层→砖墩→木格栅→面层木板。从这个顺序可以看出，木铺地园路与一般块石园路的基层做法基本相同，所不同的是增加了砖墩及木格栅。木板和木格栅的木材的含水率应小于12%。木材在铺装前还应做防火、防腐、防蛀等的处理。

(1)砖墩。一般采用标准砖、水泥砂浆砌筑，砌筑高度应根据木铺地架空高度及使用条件而确定。砖墩与砖墩之间的距离一般不宜大于2 m，否则会造成木格栅的端面尺寸加大。砖墩的布置一般与木格栅的布置一致，如木格栅间距为50 cm，那么砖墩的间距也应为50 cm，砖墩的标高应符合设计要求，必要时可以在其顶面抹水泥砂浆或细石混凝土找平。

(2)木格栅。木格栅的作用主要是固定与承托面层。如果从受力状态分析，它可以说是一根小梁。木格栅断面的选择，应根据砖墩的间距大小而有所区别。间距大，木格栅的跨度大，断面尺寸相应的也要大些。木格栅铺筑时，要进行找平。木格栅安装要牢固，并保持平直在木格栅之间，要设置剪刀撑，设置剪刀撑主要是增加木格栅的侧向稳定性，将一根根单独的格栅连成一体，增加了木铺地园路的刚度。另外，设置剪刀撑，对于木格栅本事的翘曲变形也起到了一定的约束作用。所以，在架空木基层中，格栅与格栅之间设置剪刀撑，是保证质量的构造措施。剪刀撑布置于木格栅两侧面，用铁钉固定于木格栅上，间距应按设计要求布置。

(3)面层木板的铺设。面层木板的铺装主要采用铁钉固定，即用铁钉将面层板条固定在木格栅上。板条的拼缝一般采用平口、错口。木板条的铺设方向一般垂直于人们行走的方向，也可以顺着人们行走的方向，应按照施工图纸的要求进行铺设。铁钉钉入木板前，也可以顺着人们行走的方向，应按照施工图纸要求进行铺设。铁钉钉入木板前，应先将钉帽砸扁，然后再钉入木板内。用工具把铁钉钉帽捅入木板内3～5 mm。木铺地园路的木板铺装好后，应用手提刨将表面刨光，然后由漆工师傅进行砂、嵌、批、涂刷等油漆的涂装工作。

七、植草砖铺地

植草砖铺地是在砖的孔洞或砖的缝隙间种植青草的一种铺地。如果青草茂盛的话，这种铺地看上去是一片青草地，且平整、地面坚硬。有些是作为停车场的地坪。植草砖铺地的基层做法是素土夯实→碎石垫层→素混凝土垫层→细砂层→砖块及种植土、草籽。也有些植草砖铺地的基层做法是素土夯实→碎石垫层→细砂层→砖块及种植土、草籽。从以上种植草砖铺地的基层做法中也可以看出，素土夯实、碎石垫层、混凝土垫层，与一般的花岗石道路的基层做法相同，不同的是在种植草砖铺地中，有细砂层，还有就是面层材料不同。因此，植草砖铺地做法的关键也是在于面层植草砖的铺装。应按设计图纸的要求选用植草砖，目前常用的植草砖有水泥制品的二孔砖，也有无孔的水泥小方砖。植草砖铺筑时，砖与砖之间留有间距，一般为50 mm左右，此间距中，撒入种植土，再播入草籽，目前也有一种植草砖格栅，是一种有一定强度的塑料制成的格栅，成品是50 cm×50 cm的一块格栅，将它直接铺设在地面上，在撒上种植土，种植青草后，就成了植草砖铺地。

八、透水砖铺地

随着园林绿化事业的发展，有许多新的材料应用在园林绿地和公园建筑中，透水砖就是一种新颖的砖块。透水砖的功能和特点：

(1)所有原料为各种废陶瓷、石英砂等。广场砖的废次品用来做透水砖的面料，底料多是陶瓷废次品。

(2)透水砖的透水性、保水性非常强，透水速率可以达到 5 mm/s 以上，其保水性达到 12 L/m^2 以上。由于其良好的透水性、保水性，下雨时雨水会自动渗透到砖底下直到地表，部分水保留在砖里面。雨水不会像在水泥路面上一样四处横流，最后通过地下水道完全流入江河。天晴时，渗入砖底下或保留在砖里面的水会蒸发到大气中可以调节空气湿度、降低大气温度、清除城市“热岛”作用。其优异的透水性及保水性来源于该产品20%左右的气孔率。该产品强度可以满足形式载重为10 t 以上的汽车。在国外，如日本等地，城市人行道、步行街、公寓停车场等地施工时可以像花岗石一样进行铺筑。透水砖的基层做法是素土夯实→碎石垫层→砾石砂垫层→反渗土工布→1∶3 干拌黄沙→透水砖面层。从透水砖的基层做法中可以看出基层中增加了一道反渗土工布，使透水砖的透水、保水性能能够充分发挥显示出来。土工布的铺设方法可以参照产品说明书的要求进行操作。透水砖的铺筑方法，同花岗石块的铺筑方法，由于其底下是干拌黄沙，比花岗石铺筑更方便些。

训练与评价

1.目的要求

(1)结合原有的园路平面形状，选择适当的铺装材料，通过园林铺地设计明确各区域的功能要求。在实际操作中着重应该把握的是与实际地形相结合，必要时在细部进行微调。

(2)亲水平台广场铺装要明确园林铺地的实用功能，设计形式要突出其特色。

(3)在充分理解园林铺地的主要功能基础上，确定该区域的功能要求，要求选择不少于 3 种铺装材料和铺装形式。

(4)在外部空间中，铺装地面能影响空间的比例，每一块铺料的大小以及铺砌形状的大小和间距等，都能影响铺面的视觉比例。要求能结合设计区域的环境特点创造一种私密的景观空间。

(5)设计区域高程相差 2 m 以上，要求各铺装设计区域之间相互衔接，通过铺装的统一协调设计的作用，将设计区域的建筑、地形、植物等连接成一个整体。

(6)要求采取多种铺装手法，增强地面铺装的装饰性。

(7)园林铺地竖向设计要有利于排水，保证铺地地面不积水。为此，任何铺地在设计中都要有不小于 0.3%的排水坡度，而且在坡面下端要设置雨水口、排水管或排水沟，使地面有组织地排水，组成完整的地上地下排水系统。

2.设计内容

图 5-14 所示为某滨水区亲水平台广场，请根据图中功能的划分完成各铺装设计，包括：铺装材料的选择、结构设计、使用功能和景观功能的表现。

3.要点提示

(1)明确设计区域平面形式，选择适当的铺装材料，突出功能要求。

(2)通过铺装的统一协调设计的作用，将各铺装设计区域之间相互衔接，使设计区域的建筑、地形、植物等连接成一整体。

(3)采取多种铺装手法，增强地面铺装的景观功能。

(4)园林铺装满足工程技术要求。

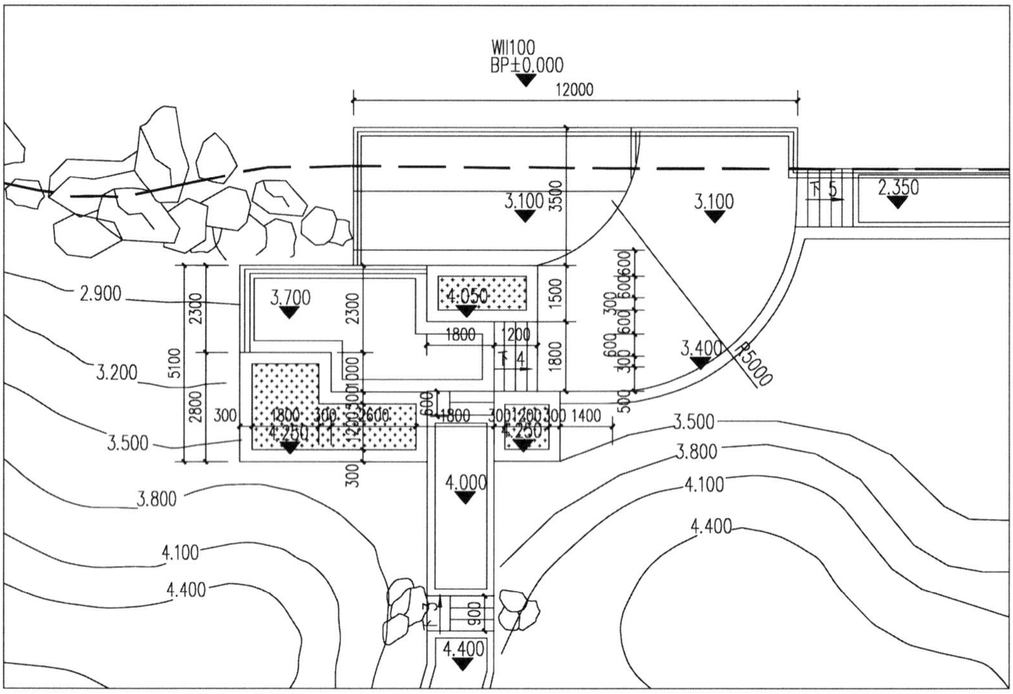

图 5-14　某滨水区亲水平台广场

4. 自我评价

序号	评价内容	评价标准	自我评定
1	设计区域功能及景观的分析	1. 能结合现场环境进行设计区域功能分析(10 分) 2. 选择铺装材料符合设计要求，三种以上材料具有一定的统一性(15 分) 3. 材料选择与周围原有景观协调统一，与当地地形、地物条件的实际联系紧密(10 分)	
2	铺装结构设计	1. 铺装结构设计合理，可操作性强(10 分) 2. 亲水平台广场铺装材料特色鲜明，能起到空间暗示作用(10 分) 3. 园路铺装满足工程技术要求(15 分)	
3	铺装设计的整体性	1. 各铺装设计区域之间相互衔接，使设计区域的建筑、地形、植物等连接成一体(10 分) 2. 采取多种铺装手法，地面铺装景观特色明显(10 分) 3. 整体感明显，过渡自然，施工可操作性强(10 分)	

项目三

园路的结构设计

任务一　园路的结构设计

任务描述

园路一般由面层、结合层、基层路基和附属工程组成(图 5-15)。园路的结构设计直接影响着园路的坚固程度和使用寿命。

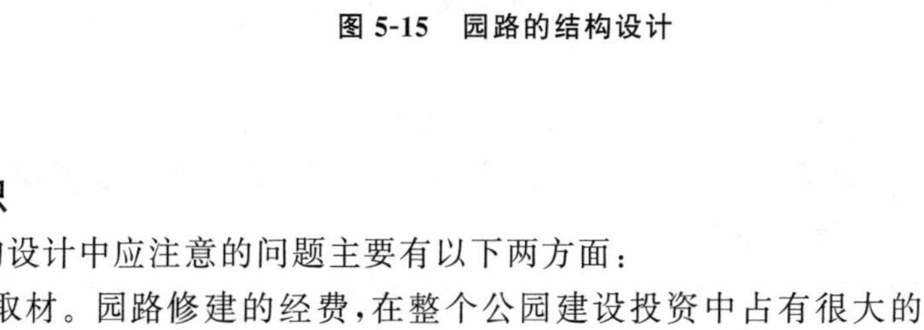

图 5-15　园路的结构设计

相关知识

园路结构设计中应注意的问题主要有以下两方面:

(1)就地取材。园路修建的经费,在整个公园建设投资中占有很大的比例。为了节省资金,在园路修建设计时应尽量使用当地材料、建筑废料、工业废渣等。

(2)薄面、强基、稳基土。在设计园路时,往往有对路基的强度重视不够的现象,在公园里我们常看到一条装饰性很好的路面,没有使用多久就变得坎坷不平、破破烂烂了。其主要原因:一是园林地形多经过整理,其基土不够坚实,修路时又没有充分夯实。二是园路的基层强度不够,在车辆通过时路面被压碎。

为了节省水泥石板等建筑材料,降低造价,提高路面质量,应尽量采用薄面、强基、稳基土。

使园路结构经济、合理和美观。

任务实施

1. 材料选择

(1)结合层的材料选择。

①白灰干砂。施工时操作简单,遇水后会自动凝结。由于白灰体积膨胀,密实性好。

②净干砂。施工简便,造价低。经常由于流水会使砂子流失,造成结合层不平整。

③混合砂浆。由水泥、白灰、砂组成,整体性好。强度高,黏结力强。适用于铺筑块料路面。造价较高。

(2)基层的材料选择。应视路基土壤的情况、气候特点及路面荷载的大小而定,并应尽量利用当地材料。

①在冰冻不严重,基土坚实,排水良好的地区,在铺筑游步道时,只要把路基稍为平整,就可以铺砖修路。

②灰土基层。它由一定比例的白灰和土拌合后压实而成。使用较广,具有一定的强度和稳定性,不易透水,强度近刚性物质,在一般情况下使用一步灰土(压实后为 15 cm),在交通量较大或地下水位较高的地区,可采用压实后为 20～25 cm 的二步灰土。

③几种隔温材料比较。在季节性冰冻地区,地下水位较高时,为了防止发生道路翻浆,基层应选用隔温性较好的材料。据研究认为,砂石的含水量少,导温率高,故该结构的冰冻深度大,如用砂石做基层,需要做得较厚,不经济;石灰土的冰冻深度与土壤相同,石灰土结构的冻胀量仅次于亚黏土,说明密度不足的石灰土(压实密度小于 85%)不能防止冻胀,压实密度较大时可以防冻;煤渣石灰土或矿渣石灰土作基层,用 7∶1∶2 的煤渣、石灰、土混合料,隔温性较好,冰冻深度最小,在地下水位较高时,能有效地防冻。

2. 各部分结构的设计要求

(1)路面各层的作用和设计要求。

①面层。面层是路面最上面的一层,它直接承受人流、车辆和大气因素,如烈日、严冬、风、雨、雪等的破坏。如面层选择不好。就会给游人带来“无风三尺土,雨天一脚泥”或反光刺眼等不利影响。因此,从工程上来讲,面层设计时要坚固平稳,耐磨耗,具有一定的粗糙度,少尘埃,便于清扫。

②基层。一般在土基之上,起承重作用。一方面支承由面层传下来的荷载;另一方面把此荷载传给土基。基层不直接接受车辆和气候因素的作用,对材料的要求比面层低。一般用碎(砾)石、灰土或各种工业废渣等筑成。

③结合层。在采用块料铺筑面层时,在面层和基层之间为了结合和找平而设置的一层。一般用 3～5 cm 的粗砂、水泥砂浆或白灰砂浆即可。

④垫层。在路基排水不良或有冻胀、翻浆的路线上,为了排水、隔温、防冻的需要,用煤渣土、石灰土等筑成。在园林中可以用加强基层的办法,而不另设此层。

(2)路基。路基是路面的基础,它不仅为路面提供一个平整的基面,承受路面传下来的荷载,也是保证路面强度和稳定性的重要条件之一,因此对保证路面的使用寿命具有重大意义。

经验认为，一般黏土或砂性土开挖后用蛙式夯夯实 3 遍，如无特殊要求，就可直接作为路基。对于未压实的下层填土，经过雨季被水浸润后能使其自身沉陷稳定。其容重为 180 g/cm³ 可以用于路基。在严寒地区，严重的过湿冻胀土或湿软呈橡皮状土，宜采用 1∶9 或 2∶8 灰土加固路基，其厚度一般为 15 cm。

(3)园路附属工程。

①道牙。道牙一般分为立道牙和平道牙两种形式(图 5-16)。它们安置在路面两侧，给路面与路肩在高程上起衔接作用，并能保护路面，便于排水。道牙一般用砖、混凝土或花岗岩制成。在园林中也可以用瓦、大卵石等做成。

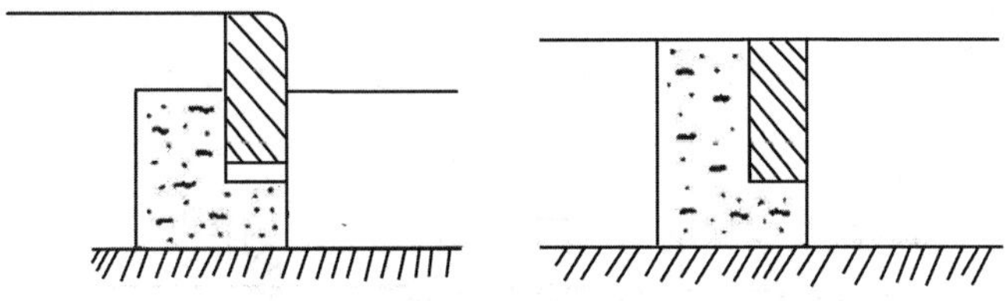

图 5-16　道牙

②明沟和雨水井。明沟和雨水井是为收集路面雨水而建的构筑物，在园林中常用砖块砌成。

③台阶、礓礤、蹬道。

a. 台阶。当路面坡度超过 12°时，为了便于行走，在不通行车辆的路段上，可设台阶。台阶的宽度与路面相同，每级台阶的高度为 12～17 cm，宽度为 30～38 cm。一般台阶不宜连续使用，如地形许可，每 10～18 级后应设一段平坦的地段，使游人有恢复体力的机会。为了防止台阶积水、结冰，每级台阶应有 1%～2%的向下的坡度，以利排水。在园林中根据造景的需要，台阶可以用天然山石、预制混凝土作成本纹板、树桩等各种形式，装饰园景。为了夸张山势，造成高耸的感觉，台阶的高度也可增至 15 cm 以上，以增加趣味。

b. 礓礤。在坡度较大的地段上，一般纵坡超过 15%时，本应设台阶，但为了能通行车辆，将斜面做成锯齿形坡道，称为“礓礤”。其形式和尺寸如图 5-17 所示。

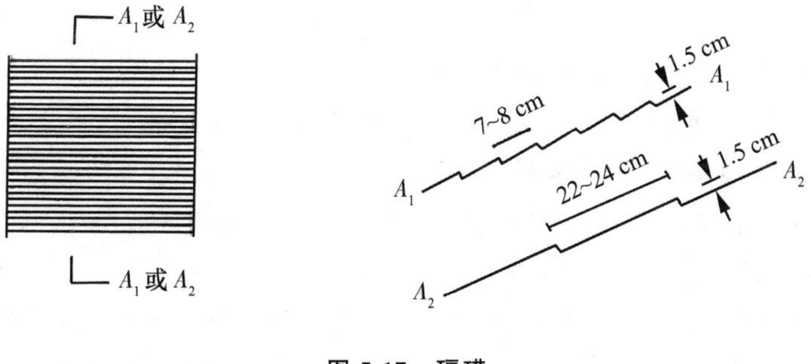

图 5-17　礓礤

c. 蹬道。在地形陡峭的地段。可结合地形或利用露岩设置蹬道。当其纵坡大于 60%时，应做防滑处理，并设扶手栏杆等。

d. 种植池。在路边或广场上栽种植物，一般应留种植池在栽种高大乔木的种植池上应设保护栅。

阅读材料

园路常见病害介绍

一般常见的病害有裂缝、凹陷、啃边、翻浆。

裂缝 基土过于湿软或基层厚度不够，强度不足，在路面荷载超过土基的承载力时造成。

啃边 路肩和道牙直接支撑路面，使之横向保持稳定。因此，路肩要与基土紧密结实，并有一定的坡度，否则由于雨水的侵蚀和车辆行驶时对路面边缘的啃蚀作用使之损坏，从边缘向中心发展（图 5-18）。

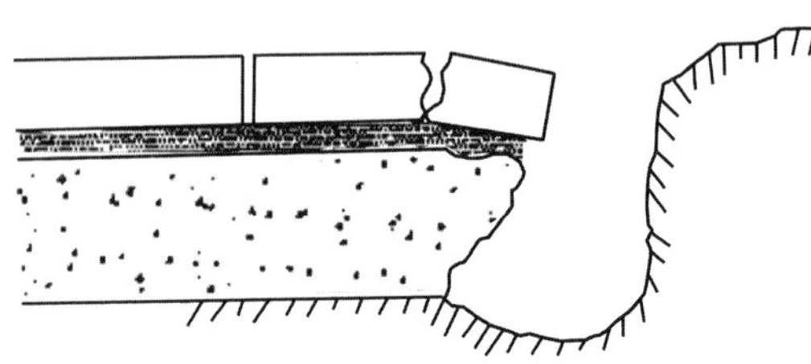

图 5-18 啃边

翻浆 由于冬季气温的变化，水分在路面形成冰粒，使体积增大，当春季上层冻土融化时，而下层还未融化，土基呈湿软的橡皮状，路面承载力下降，如果有车辆通过时，将泥土从裂缝中挤出来（图 5-19）。

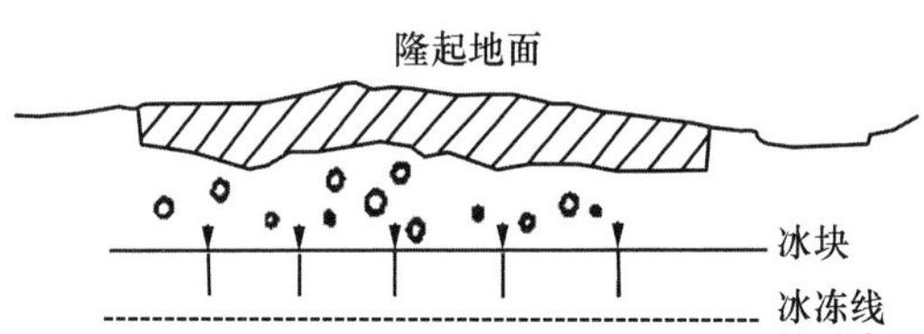

图 5-19 翻浆

小区的道路分为三类：主要供车辆使用的车行道，供人们直接到达目的地的人行道，居民休闲散步用的景观步道、健康步道。其中车行道的损坏是最常见的，道路大面积的损坏多属过载使用及施工质量问题，但一些边缘和局部的破损常关系到构造技术。

［问题 1］ 小区出入口至城市干道之间路段，路面容易出现碎裂和塌陷；与干道相接处出现拱起和碎裂，损坏严重。

原因：道路设计标准不当。小区道路一般是根据区内车辆特点设计的，车流量和轴载较城市干道小，而在出入口外常有不进入小区的车辆停靠，使车流量较内部高，同时干道上错车或掉头等原因，也会使其受到重车的碾压，造成道路超负荷运行；道路间的接缝未做处理。常见交接处整浇相连，由于两条道路的走向不同，在变形的影响下接缝处发生破坏。

改进措施:设计中将这段小区道路按实际车流情况或按相连干道的标准设计和施工;在与干道的交接处设变形缝。沥青混凝土路面可加铺平石与干道的路缘石相连,两石间留适当的缝隙;现浇混凝土路面可在接头处用钢板留缝。缝内下部填缝板(如木纤维板、沥青橡胶嵌缝条),上部填沥青橡胶等。

[**问题2**] 车行道在与人行道或健康步道交叉口处路面出现纵向和斜向裂缝,进而下陷。

原因:人行道和健康步道一般路基较薄,路面常用渗水好的材料,在交接部位雨水容易渗入车行道路基,使路基承载力降低,造成道路下沉开裂。当较高的人行道向车行道找坡时,在接口处雨水径流较多,破坏情况更易发生。

改进措施:将道路交接处的路缘石深埋,减少渗水对路基的影响;将车行道基层向人行道加宽,在交接处铺不透水的平石或地砖。

[**问题3**] 车行道路面在靠近立缘石处开裂,并随着车辆的碾压出现翻浆和下陷。

原因:立缘石构造处理不当造成。在小区内一些构造较薄的道路中发现,立缘石安装既无基础又没铺在道路基层上,而是直接放在土基上,下面仅垫干砂,外侧回填杂土,造成立缘石固定不牢易向外倾斜,水从立缘石与路面间的缝隙及立缘外侧进入路基土层,使土层软化,路面开裂,进而从裂缝进入路基造成翻浆下沉。

改进措施:严格按道路工程的要求施工,立缘石做灰土基础或铺在道路的基层上,并用石灰砂浆黏结,外侧用足够厚度的灰土固定,立缘石间用水泥砂浆黏结,立缘石与路面的接缝用沥青填塞。道路较薄时可将立缘石处的基层局部加厚。

[**问题4**] 变形缝两侧路面断裂翻浆及出现错台;在变形缝与路缘共同影响下的角隅最易破坏。

原因:在整浇式混凝土路面中,缺少变形缝的构造设计和正确施工。施工时只是在路面浇完后,用切割机切开一条缝作为变形缝,这种做法带来两方面问题。一方面缝宽小,不能满足变形要求,膨胀会将路面挤碎;另一方面缝的深度不易保证恰当,浅缝割不透面层,起不到变形缝的作用;过深的缝会破坏垫层,使水渗入土基,降低路基强度造成路面破坏。

改进措施:变形缝构造应根据道路实际情况进行设计,在路面施工时留出,避免切割缝,并及时做好缝的填塞。

[**问题5**] 雨后广场地面积水时间过长;局部地面和排水口周边塌陷,影响居民活动的舒适度和安全性。

原因:广场地面不平整及没做适当的排水坡,造成排水不通畅;地面垫层不均匀密实,排水井壁没做防渗处理造成塌陷;地面材料选择不当造成积水时间长。

改进措施:做好场地的找坡。较小场地应向周边找坡,较大场地分区找坡;组织好排水。较大场地内部需设排水明沟或暗沟,排水沟除了位置选择要合理外,明沟与地面的交接要圆滑,暗沟排水口的位置要恰当;做好排水口井壁和井底的防渗处理,防止外部土壤流失造成地面塌陷。可用混凝土浇筑;砖砌井壁应用水泥砂浆砌筑,内外两侧抹防水砂浆,外侧范围回填灰土夯实。合理选用地面材料,除有剧烈体育活动的场地选用硬质地面外,休闲活动场地宜用透水或半透水地面,避免积水。在休闲和游戏场地上的涉水池、沙坑等常有池壁和隔墙,其构造不容忽视。

[问题 6] 池壁、隔墙等构件断面形式、连接方式存在锐角尖刺等危险隐患，构件的尺寸或色彩不当，易引起忽视和错觉而发生危险。

原因：构造设计欠细化和深入，施工操作欠妥。

改进措施：对常与人特别是儿童接触的构件，表面应选光滑或有弹性材料（如面砖和橡胶），棱角处做成倒棱或圆角。

训练与评价

1. 目的要求

道路系统明确，主次分明；符合条带式园路系统布局要求。园路结构规范合理具有可操作性。

2. 设计内容

结合校园内的某块绿地，进行园路景观设计，设计中要突出主园路、次园路与游步道的关系，明确园路的功能，作出园路的详细结构图，并说明该园路布局形式及其设计要求。

3. 要点提示

(1)明确条带式园路布局的基本特点。

(2)园路结构设计合理，保证路面具有足够强度和稳定性。

(3)根据园路的类型及功能要求，设计适合的园路构造。

(4)园路路基和附属工程满足功能要求，并具有一定的景观作用。

(5)园路材料选用因地制宜。

(6)园路路面铺装设计应符合耐磨、平整、防滑、适用、美观等要求。

4. 自我评价

序号	评价内容	评价标准	自我评价
1	园路的布局形式	1. 能结合现场环境进行园路布局形式的选择(10 分) 2. 条带式园路布局形式明显(10 分) 3. 园路布局造景与当地地形、地物条件的实际联系紧密，设计合理(10 分)	
2	园路结构设计	1. 园路结构合理，能结合现场条件进行设计，保证路面的强度与稳定性(15 分) 2. 园路路基稳定，附属设施设计合理，满足功能要求(10 分) 3. 因地取材，所用材料与实际环境相一致，景观协调统一(15 分)	
3	园路路面铺装设计	1. 园路铺装材料选择符合耐磨、平整、防滑要求(10 分) 2. 铺装材料与园路功能要求相结合，经济适用(10 分) 3. 园路铺装自然美观，具有一定的造景功能(10 分)	

任务二　园路的施工

任务描述

园路的施工是园林总平面施工的一个重要组成部分，园路工程的重点在于控制好施工面的高程，并注意与园林其他设施的有关高程相协调。施工中，园路路基和路面基层的处理只要达到设计要求的牢固性和稳定性即可，而路面面层的铺地，则要更加精细，更加强调质量方面的要求。

任务实施

1.放线

按路面设计的中线在地面上每 20～50 m 放一中心桩，在弯道的曲线上应在曲头、曲中和曲尾各放一中心桩，并在各中心桩上写明桩号，再以中心桩为准，根据路面宽度定边桩，最后放出路面的平曲线。一般采用的工具是麻绳和白散灰。

2.准备路槽

按设计路面的宽度，每侧放出 20 cm 挖槽，路槽的深度应等于路面的厚度，槽底应有2%～3%的横坡度。路槽做好后。在槽底上洒水，使它潮湿，然后用蛙式跳夯夯 2～3 遍，路槽平整度允许误差不大于 2 cm。

3.铺筑基层

(1)灰土基层。根据设计要求准备铺筑的材料，在铺筑时应注意对于灰土基层，一般实厚为 15 cm，虚铺厚度由于土壤情况不同为 21～24 cm。对于炉灰土，虚铺厚度为压实厚度的160%。即压实为 15 cm，虚铺厚度为 24 cm。

(2)混凝土基层。根据园路所需的承载铺筑混凝土的厚度有所不同，一般为 5～15 cm。

4.结合层的铺筑

一般用 25 号水泥、白灰、砂混合砂浆或 1∶3 白灰砂浆。砂浆摊铺宽度应大于铺装面 5～10 cm，已拌好的砂浆应当日用完。也可以用 3～5 cm 厚的粗砂均匀摊铺而成。

5.面层的铺筑

面层铺筑时铺砖应轻轻放平，用橡胶锤敲打稳定，不得损伤砖的边角；如发现结合层不平时应拿起铺砖重新用砂浆找齐，严禁向砖底填塞砂浆或支垫碎砖块等。采用橡胶带做伸缩缝时，应将橡胶带放置平正，直顺，紧靠方砖。铺好砖后应沿线检查平整度，发现方砖有移动现象时，应立即修整，最后用干砂掺入 1∶10 的水泥，拌和均匀将砖缝灌注饱满。并在砖面泼水，使砂灰混合料下沉填实。

铺卵石路一般分预制和现浇两种，现场浇筑方法是先垫 75 号水泥砂浆厚 3 cm，再铺水泥素浆 2 cm，待素浆稍凝，即用备好的卵石一个个插入素浆内，用抹子压实。卵石要扁、圆、长、尖，大小搭配。根据设计要求，将各卵石插出各种花卉、鸟兽图案，然后用清水将表面的水泥刷洗干净,第二天可再以水重的30%掺入草酸液体。洗刷表面,则石子颜色鲜明。

铺砖的养生期不得少于3天。在此期间内应严禁行人、车辆等走动和碰撞。

6.道牙

道牙基础宜与路床同时填挖碾压。以保证有整体的均匀密实度。结合层用1∶3白灰砂浆2 cm。安道牙要平稳牢固,后用100号水泥砂浆勾缝,道牙背后应用白灰土夯实,其宽度50 cm,厚度15 cm,密实度在90%以上即可。

训练与评价

1.目的要求

能够熟读块料路面施工图并指导块料路面工程施工。

2.施工内容

如图5-20所示某校园办公区,试进行其中块料路面园路的铺筑,并确定块料路面园路的纵横坡度及结构。

图5-20 某校园块料路面园路

3.要点提示

其施工步骤为:

材料的选用→定点放线→基槽开挖→路基到面层的施工。

4. 自我评价

序号	评价内容	评价标准	自我评价
1	施工放线	放线方法正确，精度符合要求（15 分）	
2	修筑路槽	路槽素土夯实，达到混凝土作基础厚度的要求（15 分）	
3	基层施工	使用设计标准材料，按照不同材料进行铺筑，厚度、方法正确（20 分）	
4	面层施工	块料路面符合设计要求（20 分）	
5	道牙安装	符合设计要求（15 分）	
6	道路外观	路面外观达到设计要求，并能投入使用，符合设计要求（15 分）	

复习思考题

1. 园路在园林中的作用是什么？
2. 园路有哪些类型？
3. 园路在转弯处对线形设计有哪些要求？
4. 画图说明园路的结构设计及其要求。
5. 园路的铺装类型有哪些？
6. 园路的施工要点是什么？
7. 园路常见的病害及其形成原因是什么？

单元六

假山工程

项目一　假山与置石的设计

项目二　假山的结构

项目三　假山施工

知识目标

- 掌握假山的基本知识；
- 掌握假山和置石的设计方法；
- 掌握假山的结构设计和施工步骤；
- 掌握塑山技术。

技能目标

- 能进行假山和置石的设计；
- 能进行假山的施工；
- 会进行塑山的设计。

叠山造园在我国历史悠久，并形成了风格独特的园林体系；假山是具有中国园林特色的人造景观，它作为中国自然山水园的基本骨架，对园林景观组成、功能空间划分起到十分重要的作用。假山工程是园林的专业工程，因而也是本课程的重点内容之一。因此，研究假山的功能作用、规划布局与设计、造型和结构，掌握假山工程的施工技法，是园林工程的一项重要任务。

项目一

假山与置石的设计

任务一　假山的设计

任务描述

假山一般体量大，用料多，山体形态变化丰富，布局严谨，手法多变，是艺术与技术高度结合的园林艺术。假山设计的最根本法则就是"有真为假，做假成真"。这是中国园林所遵循的"虽由人作，宛自天开"的总则在掇山方面的具体化。

相关知识

假山的概念

一、假山的概念

假山是指用人工的方法堆叠起来的山，是仿自然山水经艺术加工而制作的，通常分为假山和置石两个部分。

假山是以造景、游览为主要目的，充分结合其他多方面的功能作用，以土、石等为材料，以自然山水为蓝本并加以艺术地提炼和夸张，用人工再造的山水景物的统称。

特点：大而集中，可观可游，使人有置身于自然山林之感。

二、假山的功能

1. 作为自然山水园的主景和地形骨架（图 6-1）

以山为主景，或以山石为驳岸的水池作主景。整个园子的地形骨架、起伏、曲折皆以此为基础来变化。诸如金代在太液池中用土石相间的手法堆叠的琼华岛（今北京北海之塔山）、明代南京徐达王府之西园（今南京之瞻园）、明代所建今上海豫园、清代扬州之个园和苏州的环秀山庄等。总体布局都是以山为主，以水为辅，其中建筑并不一定占主要的地位。这类园林实际上是假山园。在江南园林中也常用孤置山石作为庭院空间环境的主景，如苏州留园的冠云峰、上海豫园的玉玲珑所在的庭院空间。

图 6-1 假山作为地形骨架

2. 作为园林划分空间和组织空间的手段(图 6-2)

中国园林善于运用“各景”的手法,根据用地功能和造景特色将园子化整为零,形成丰富多彩的景区。这就需要划分和组织空间。划分空间的手法很多,但利用假山划分空间是从地形骨架的角度来划分,具有自然和灵活的特点。特别是用山水相映成趣地结合来组织空间,使空间更富于性格的变化。建于清代的圆明园(集锦式布局)和苏州的拙政园、网师园某些局部就是运用假山来组织和划分空间的很好例证。假山在组织空间时可以结合障景、对景、背景、框景、夹景等手法灵活运用;可以通过假山来转换建筑空间轴线,也可在两个不同类型的景观、空间之间运用假山实现自然过渡,如在颐和园仁寿殿和昆明湖之间的地带,是宫殿区和居住区、游览区的交界。这里用土山带石的做法堆了一座假山。该假山在分隔空间的同时结合障景处理。在宏伟的仁寿殿后面,把园路收缩得很窄,并采用“之”字线形穿山而形成谷道。一出谷口,辽阔、明朗的昆明湖突然展开在面前。这种“欲放先收”的造景手法取得了很好的实际效果。

图 6-2 假山作为划分空间和组织空间的手段

3. 运用山石小品作为点缀园林空间和陪衬建筑、植物的手段(图 6-3、图 6-4)

山石的这种作用在我国大江南北均有所见,尤以江南私家园林运用最为广泛。如苏州留园东部庭院的空间基本上是用山石和植物装点的,有的以山石作花台,或以石峰凌空,或藉粉墙前散置,或以竹、石结合作为廊间转折的小空间和窗外的对景。在“石林小院”,游人环游其中,一个石景往往可以兼作几条视线的对景。石景又以漏窗为框景,增添了画面层次和明暗的变化。仅仅四五处山石小品布置,却由于游览视线的变化而得到几十幅不同的画面效果,利用山石小品点缀园景具有"因简易从,尤特致意"的特点。运用山石陪衬植物在园林中得到广泛运用,扬州的个园因山石与植物相映成趣,而形成春、夏、秋、冬四景。

图 6-3　山石小品陪衬建筑

图 6-4　山石小品陪衬植物

4. 用山石做驳岸、挡土墙、护坡和花台等(图 6-5、图 6-6)

规整的驳岸、挡土墙、护坡和花台人工痕迹太浓,不容易与自然山水环境相协调。自然山石挡土墙的功能和整形挡土墙的基本功能相同,而外观上曲折、起伏、凸凹有致,极显自然情态。在人工挖湖堆山时,在坡度较陡的土山坡地常散置山石以护坡。这些山石可以阻挡和分散地面径流。降低地面径流的流速从而减少水土流失。在坡度更陡的山上往往开辟成自然式的台地,在山的内侧所形成的垂直土面多采用山石做挡土墙。如颐和园的"圆朗斋""写秋轩",北海的"酣古堂""亩鉴室",周围都是自然山石挡土墙的佳品。在用地面积有限的情况下要堆起较高的土山,常利用山石作山脚的藩篱。这样,由于土易崩而石可壁立,就可以缩小土山所占的底盘面积而又具有相当的高度和体量,如颐和园仁寿殿西面土山、无锡寄畅园西岸的土山都是采用这种做法。

江南私家园林中还广泛地利用山石作花台,种植牡丹、芍药和其他观赏植物,并用花台来组织庭院中的游览路线,或与壁山结合,与驳岸结合,在规定的建筑范围中创造自然、疏密的变化。这和我国传统的篆刻艺术有不少相通的手法,有异曲同工的艺术效果。

假山和置石的这些功能与作用都是和造景密切结合的,它们可以因高就低随行赋形,并与园林中其他造景要素如建筑、道路、植物等组成各式各样的园景,使人工建筑物和构造物自然化,减少建筑物某些平板、生硬的线条的缺陷,增加自然、生动的气氛。

图 6-5 山石护坡

图 6-6 山石驳岸

三、假山的分类

假山根据所用材料、大小可分为土包山、石包山、掇山小品三类：

1. 土包山

以土为主，以石为辅的堆山手法。常将挖池的土掇山，并以石材作点缀，达到土、石、植物浑然一色，富有生机。清代李渔在《闲情偶寄》中写道："树根盘固，与石比坚，且树大叶繁，浑然一色，不辨其为谁石谁土。"山石做到自然之势，崩落自然，深坦浅露掩埋在泥土中。

2. 石包山

以石为主，外石内土的小型假山，常构成小型园林中的主景。"小山亦不可无土，但以石作为主，而土附之。土之不可胜石者，以石可壁立，而土则易崩，必仗石为藩篱故也。外石内土，此从来不易之法。"(清·李渔)

3. 掇山小品

根据位置，功能不同常分为：

(1)厅山。厅前堆山，以小巧玲珑的石块堆山，单面观，其背粉墙相衬，花木掩映。

(2)壁山。以墙堆山，在墙壁内嵌以山石，并以藤蔓垂挂，形似峭壁山。"峭壁山者，靠壁理也，藉以粉壁为纸，以石为绘也。"(明·计成)

(3)池石。池中堆山，则池石，园林第一胜景也。若大若小，更有妙境，就水点其步石，从巅架以飞梁，洞穴潜藏，穿石经水，峰峦缥缈，漏月招云。

四、假山的平面布局

布置假山时，要坚持因地制宜的设计原则，处理好假山与环境的关系，假山的观赏关系、假山与游人活动的关系和假山本身造型形象方面的关系等。

1. 山景布局与环境处理

假山的风景效果应当具有丰富的多样性，不但要有山峰、山谷、山脚景观，而且还要有悬崖、峭壁、幽洞、怪石、瀑布等多种景观，通过配植一定园林植物进一步烘托假山景观。利用对比手法、按比例缩小景物、增加山景层次、逼真地造型、小型植物衬托等方法，在有限的空间中创造无限大的山岳景观，形成小中见大的景观效果。在山路安排中，增加路线的弯曲、转折、起伏变化和路旁景物的布置，造成“步移景异”的强烈风景变幻感，也能够使山景效果丰富多彩。在布局中，要调整好假山的方向，让假山最好的一面向着视线最集中的方向。例如，在湖边的假山，其正面就应当朝着湖的对岸；在风景林边缘的假山，应以其正面向着林外，而以背面朝向林内。确定假山朝向时，还应该考虑山形轮廓，要以轮廓最好的一面向着视线集中的方向。假山的观赏视距确定，要根据设计的风景效果来考虑。需要突出假山的高耸和雄伟，则将视距确定在山高 1～2 倍距离上，使山顶成为仰视风景；需要突出假山优美的立面形象时，就应采取山高的 3 倍以上距离作为观赏视距，使人们能够看到假山的全景。在假山内部，一般不刻意安排最佳观赏视距，顺其自然。

2. 造景并兼顾其他功能

假山一方面是为园林增添重要的山地景观；另一方面在山上合理布置一些台、亭、廊、轩等设施，为景观提供良好的条件，使假山造景和观景两相兼顾。此外，在布局上，还要充分利用假山的组织空间作用、创造良好的生态环境和实用小品的作用，满足多方面的造园要求。

五、假山的立面造型

假山的立面设计，主要是解决假山的基本造型问题。假山立面造型主要应解决假山山形轮廓、立面形态和山体各局部之间的比例、尺度等关系。假山造型应遵循以下规律：

1. 变与顺，多样与统一

假山造型中的变化性，是假山获得自然效果的首要条件。不敢变者，山石拼叠规则整齐，如同砌墙，毫无自然趣味。敢变而不会变者，山石造型如叠罗汉、砌碳渣，杂乱无章，令人生厌，也无自然景致。所以，设计和堆叠假山，最重要的就是既要求变，还要会变和善变。要于平中求变，于变中趋平，用石要有大有小，有宽有窄，有轻有重，并且随机应变地应用多种多样拼叠技法，使假山造型既有自然之态，又有艺术之神。在假山造型中追求形象变化要有根据，不能没有根据地乱变，变有变的规律，变中还要有顺，还要有不变，假山造型中的“顺”就是其外观形式上的统一和协调。堆砌成假山的山石形状可以千变万化，但其表面的纹理、线条要平顺统一，石材的种类、颜色、质地要保持一致，假山所反映的地质现象或地貌特征也要一致。如果在石形、山形变化的同时，不保持纹理、石种和形象特征的平顺协调，假山的“变”就是乱变。在处理假山形象时一方面突出其多种变化性；另一方面突出其统一的和谐性，在变化中求统一，在统一中有变化，做到既变化又统一，就能够使假山造型取得很好的艺术效果。

2. 深与浅，层次分明

叠石造山要做到凹深凸浅，有进有退。凹进处要突出其深，凸出点要显示其浅，在凹进和凸出中使景观层层展开，山形显得十分深厚、幽远。特别是在“仿真型”假山造成中，在保证对山体布局进行层次处理的同时，还必须保证游人能够在移步换景中感受到山形的种种层次变化。

3. 高与低，看山看脚

山脚转折弯曲，则山体立面造型就有进有退。形象自然，景观层次性好。而山脚平直呆板，则山体立面变化少，山形臃肿，山景平淡无味。借用一句造山行话说，假山造型要“看山看脚”，这就是说，叠石造山不但要注意山体、山头的造型，而且更要注意山脚的造型。山脚的起结开合、回弯折转布局状态和平板、斜坡、直壁等造型都要仔细推敲，要结合着可能对立面形象产生的影响来综合考虑，力求为假山的立面造型提供最好的条件。

4. 态与势，动静相济

石景假山的造型是否生动自然，是否具有较深的内涵表现，还取决于其形状、姿态、状态等外观视觉形式，与其相应的气势、趋势、情势等内在的视觉感受之间的联系情况。只有态、势关系处理很好的石景和山景，才能真正做到生动自然，也才能让人从其外观形象中感觉到某种情趣、意味、思想和意境等。具有写意特点的山石造景，就能够让人明显地感觉到强烈的运动性和奔趋性，“形断迹连，势断气连”，这就是山石景观中内涵的“势”的表现。山石景物的“势”可大致分为静势与动势两类。山石造型中，使景物保持重心低、形态平正、轮廓与皴纹线条平行等状态，都可以形成静势。造成动势的方法有：将山石的形态姿势处理成有明显方向性和奔趋性的倾斜状，将重心布置在较高处，使山石形体向外悬山等。叠石与造山中，山石的静势和动势要结合起来，突出动势和静势两方面的造景效果。

5. 藏与露，虚实相生

假山造型在藏露结合中尽量扩大假山的景观容量。藏景的做法，并不是要将景物全藏起来，而是藏起景物的一部分，其他部分还得露出来，以露出部分来引导人们去追寻、想象藏起的部分，从而在引人联想中就可以扩大风景内容。假山造景常用藏露方法是：以前山掩藏部分后山，而使后山神秘莫测；以树林掩藏山后而不知道山有多深；以山路的迂回穿插自掩，而不知山路有多长；以灌木丛半掩山洞，以怪石、草丛掩藏山脚，以不规则山石墙分隔、掩藏山内空间等。经过藏景处理的假山，虚虚实实，体现出虚实结合的特点。风景有实有虚，则由实景引人联想，虚景逐步深化，还可能形成意境的表现。

6. 意与境，情景交融

假山意境的形成是综合应用多种艺术手段的结果。这方面有一些规则可循。第一，如果假山造型做得高度逼真，使人进入假山就像进入真实的自然山地一样，就容易形成真山的意境。所谓“真境逼而神境生”，就是这个道理。第二，景物处理简约、含蓄，不表现所有，只表现主要和重要部分，给人留下联想余地，让人在联想中体验到意境。第三，强化山石景物的态势表现，采用藏露结合、虚实相生的造景方法，都有助于意境的创造。第四，注意在山景中融入诗情画意，以情感人，以意造景。例如，将山谷取名为“涵月谷”或“熏风谷”，让人感到一点诗意；使山亭与青松、飞岩相伴 ，构成一幅优美动人的天然图画，都可以深化意境表现。

任务实施

1. 山脚的形式

山脚的形式有：凹进脚、凸出脚、断连脚、承上脚、悬底脚、平板脚(图 6-7)。

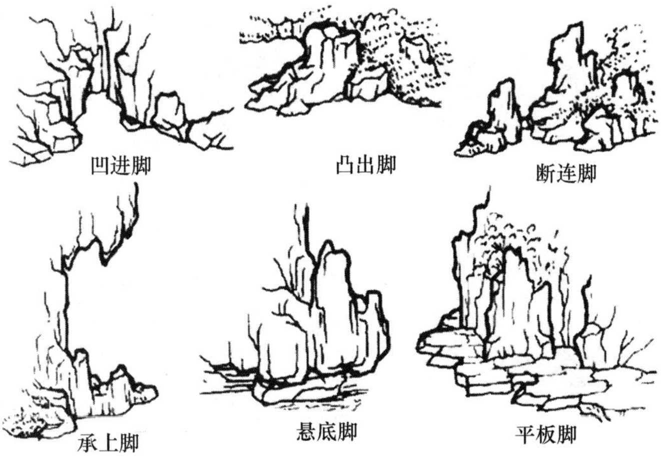

图 6-7　山脚的形式

2.假山平面形状设计

假山的平面形状设计就是对由山脚线所围合成的平面轮廓线的设计,是对山脚线的线形、位置、方向的设计。山脚轮廓线形设计,在造山实践中被叫作“布脚”,在布脚时,应当按照下述的方法和注意点进行:

(1)山脚线应当设计为回转自如的曲线形状,要尽量避免成为直线。曲线向外凸,假山的山脚也随之向外凸出;向外凸出达到比较远的时候,就可形成山的一条余脉。曲线若是向里凹进,就可能形成一个回弯或山坳;如果凹进很深,则一般会形成一条山槽。

(2)山脚曲线凸出或凹进的程度大小,根据山脚的材料而定。土山山脚曲线的凹凸程度应小一些,石山山脚曲线的凹凸程度则可比较大。从曲线的弯曲程度来考虑,土山山脚曲线的半径一般不要小于 2 m,石山山脚曲线的半径则不受限制,可以小到几十厘米。在确定山脚曲线半径时,还要考虑山脚坡度的大小。在陡坡处,山脚曲线半径可适当小一些;而在坡度平缓处,曲线半径则要大一些。

(3)要注意由山脚线所围合成的假山基底平面形状及地面面积大小的变化情况。其形状要随弯就势,宽窄变化,如同自然。充分考虑假山基底面积大小的变化;基底面积越大,则假山工程量就越大,假山的造价也相应会增大。所以,一定要控制好山脚线的位置和走向,使假山只占用有限的地面面积,就能造出很有分量的山体来。

(4)设计石山的平面形状,要注意为山体结构的稳定提供条件。当石山平面形状呈直线式的条状时,山体的稳定性最差,并导致石山成为一道平整的石山墙,石山显得单薄,山的景观特征被削弱。当石山平面是转折的条状或是向前向后伸出山体余脉的形状时,山体能够获得最好的稳定性,而且使山的立面有凸有凹,有深有浅,显得山体深厚,山的意味更加显著。

3.假山平面的变化手法

假山平面设计是假山立面的造型的基础和前提。假山平面必须结合场地的地形变化来变化,以便使假山能够与环境充分地协调。在假山设计中,通过转折、错落、断续、延伸、环抱等变化手法来丰富假山造型(图 6-8)。

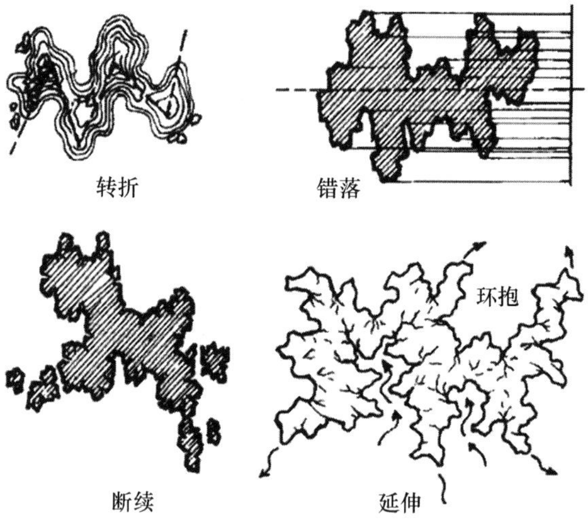

图 6-8 假山平面设计手法

4.假山立面设计

一般地讲，主立面和重要立面确定，背立面和其他立面也就大概确定了，有变化也是局部的，不影响总体造型。设计假山立面的主要方法和步骤如下：

(1)确立意图。在设计开始之前，要确定假山的功能，控制高度、宽度以及大致的工程量，确定假山所用的石材和假山的基本造型方向。

(2)先构轮廓。根据假山设计平面图，在预定的山高和宽度制约下绘出假山的立面轮廓图。轮廓线的形状，要照顾到预定的假山石材轮廓特征。假山轮廓线与石材轮廓线能保持一致，就能方便假山施工，而且造出的假山更能够与图纸上的设计形象吻合。设计中，为了使假山立面形象更加生动自然，要适当地突出山体外轮廓线较大幅度的起伏曲折变化。

(3)反复修改，确定构图。初步构成的立面轮廓要不断推敲并反复修改，才能获得比较令人满意的轮廓图形。在推敲、研究、修改中，要特别研究轮廓的悬挑、下垂部分和山洞洞顶部位在结构上能否做得出，能否保证不发生坍塌现象，要多从力学的角度来考虑，保证有足够的安全系数。对于跨度大的部位，要用比例尺准确量出跨度，然后衡量能否做到结构安全，在悬崖部分，前面的轮廓悬出，那么崖后就应很坚实，不要再悬出。总之，假山立面轮廓的修改，必须照顾到施工方面和现实技术条件所能够提供的可能性。经过反复修改，立面轮廓图就可以确定下来了。

(4)再构皴纹。在立面的各处轮廓都确定之后，要添绘皴纹线表明山石表面的凹凸、皱褶、纹理形状。

(5)增添配景。在假山立面适当部分，添画植物。植物的形象应根据所选树种或草种的固有形状来画，可以采用简画法，表现出基本的形态特征和大小尺寸即可，不必详细画。绘有植物的位点，在假山施工中要预留能够填土的种植槽孔。如果假山上还设计有观景平台、山路、亭廊等配景，只要是立面上可见的，就要按照比例关系添绘到立面图上。

(6)画侧立面。主立面确定之后，应根据主立面各处的对应关系和平面图所示的前后位置关系，并参照上述方法步骤，对假山的一个重要侧立面进行设计，并完成侧立面图绘制。

(7)完成设计。以上步骤完成后，还要将立面图与平面图相互对照，检查其形状上的对应关系。如有不能对应的，要修改假山平面图；但也可根据平面图而修改立面图。平、立面图能够对应后，即可以定稿了。最后，按照修改，添画定稿的图形，进行正式描图，并标注控制尺寸和特征点的高程，假山设计也就完成了(图 6-9)。

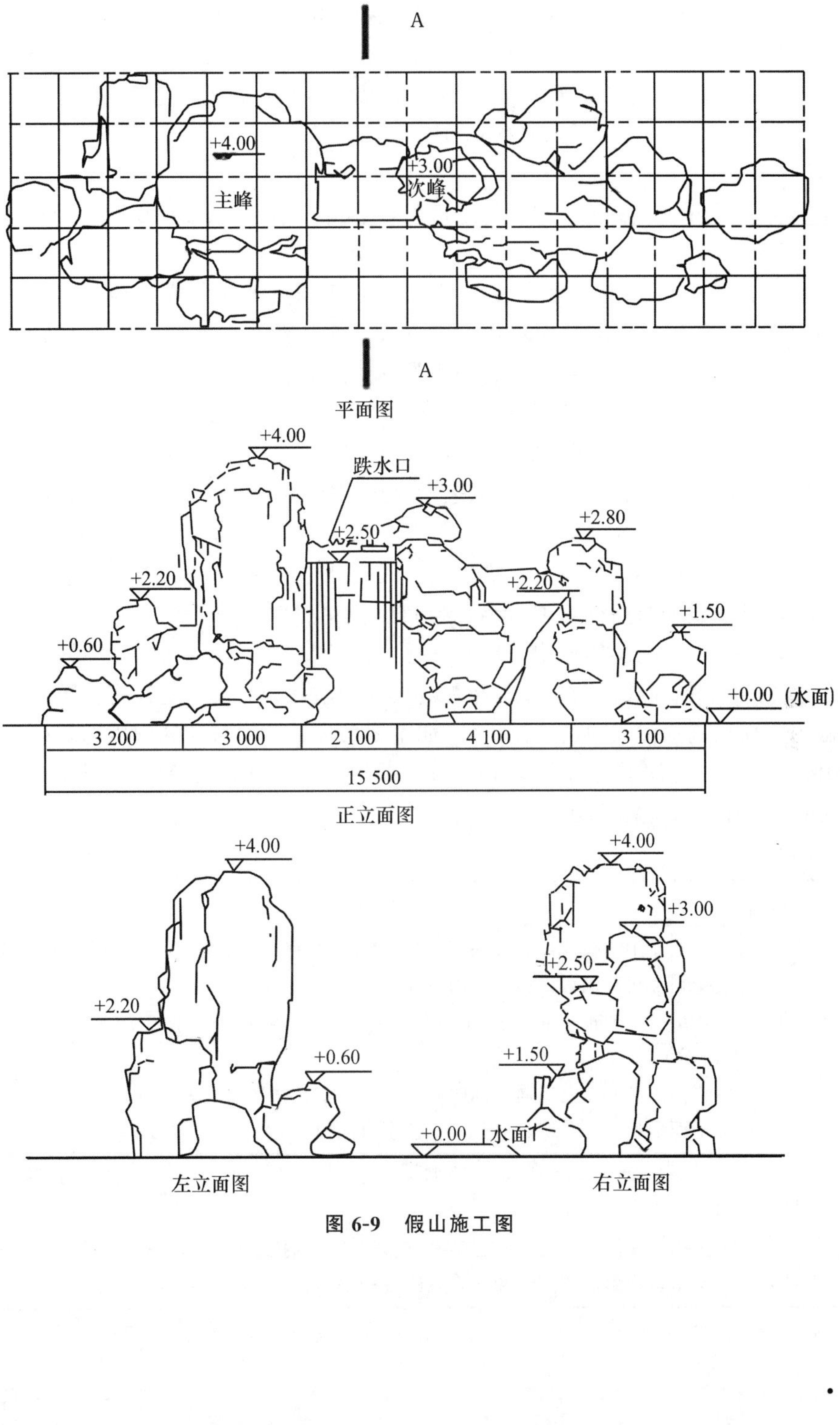

图 6-9　假山施工图

训练与评价

1. 目的要求

(1)假山的平面形状设计,应绘出假山山脚线的基本轮廓,包括等高线、山石陡坎、山路与蹬道、水体等。如区内有保留的建筑、构筑物、树木等地物也要绘出。然后再绘出假山的平面轮廓线,绘出山涧、悬崖、巨石、石峰等的可见轮廓及配植的假山植物。

(2)在假山立面形象设计中,一般把假山主立面和一个重要的侧立面设计出来即可,而背面以及其他立面则在施工中根据设计立面的形状现场确定。假山的造型,主要应解决假山山形轮廓、立面形状态势和山体各局部之间的比例、尺度等关系。

2. 设计内容

给出指定的设计范围,要求根据现状地形条件分析并绘制出假山施工图并制作假山模型。

3. 要点提示

(1)等高线、植物图例、道路、水位线、山石皴纹线等正确使用细实线绘制。假山山体平面轮廓线(即山脚线)正确使用粗实线,或用间断开裂式粗线绘出,悬崖、绝壁的平面投影外轮廓线若超出了山脚线,其超出部分用粗的或中粗的虚线绘制。

(2)假山平面图上标注一些特征点的控制性尺寸,如假山平面的凸出点、凹陷点、转折点的尺寸和假山总宽度、总厚度、主要局部的宽度和厚度等。

(3)土山部分的竖向变化,用等高线来表示;石山部分的竖向高程变化,则可用高程箭头法标出。

(4)绘制假山立面图形一般可用白描画法。假山外轮廓线用粗实线绘制,假山内轮廓线以中粗实线绘制,皴纹线的绘制则用细实线。绘制植物立面也用细实线。为了表达假山石的材料质感或阴影效果,也可在阴影处用点描或线描方法绘制,将假山立面图绘制成素描图,则立体感更强。但采用点描或线描的地方不能影响尺寸标注或施工说明的注写。

(5)假山立面正确标注横向的控制尺寸,如主要山体部分的宽度和假山总宽度等。在竖向方面,则用标高箭头来标注主要山头、峰顶、谷底、洞底、洞顶的相对高程。如果绘制假山立面施工图,则横向的控制尺寸应标注得更详细一点,竖向也要对立面的各种特征点进行尺寸标注。

4. 自我评价

序号	评价内容	评价标准	自我评定
1	假山的平面设计	1. 正确使用细实线绘制等高线、植物图例、道路、水位线、山石皴纹线等;正确使用粗实线绘制假山山体平面轮廓线(15分) 2. 假山平面图上能正确标注一些特征点的控制性尺寸,便于施工人员施工(15分) 3. 在假山平面图上应同时标明假山的竖向变化情况(10分) 4. 平面形状主次分明,布局稳定,造型自然(10分)	
2	假山的立面设计	1. 假山立面山形轮廓、立面形状和山体各局部之间的比例协调、尺度统一(15分) 2. 假山高程标注合理,控制点选择较好,横向的控制尺寸标注较为详细(20分) 3. 假山山体立面轮廓线和山石皴纹线分明(15分)	

任务二 置石的设计

任务描述

园林中常常以较少的石精心点置，形成突出的特置石或山石组景。用于置石的山石，特别是特置石，对其形态、纹理、色彩等方面要求较高，同时要求有意境、有韵味，给人以思索，达到独到的艺术效果。由于石的体态、重量、倾斜度、纹理方向等各不相同，使每块石头具有不同的“力感”——即“势”或“气势”。造“势”，对置石非常重要，使山石体现出各自独特的风格。置石一般有特置、对置、散置、群置、山石器设等。往往要求格局严谨，手法简练，达到以简胜繁的效果。

相关知识

一、置石的概念

置石是以山石为材料作独立性或附属性的造景布置，主要表现山石的个体美，或局部的组合而不具完整的山形。置石主要以观赏为主，结合一些功能方面的作用，体量较小而分散，分为特置、对置、散置等。

二、置石的布置形式

(一)特置

将形状玲珑剔透、古怪奇特而又比较罕见的大块山石珍品，特意设置在一定基座上供观赏，这种置石叫特置。因此，一般应选择轮廓线凹凸变化大、姿态特别、石体空透的高大山石，形态上有瘦、漏、透、皱的特点。如历史遗存下来的绉云峰、玉玲珑、冠云峰、青芝岫等皆为特置石的上品。

特置山石在工程结构方面要求稳定和耐久。关键是掌握山石的重心线，使山石本身保持重心的平衡。我国传统的做法是用石榫头稳定，榫头一般不用很长，大约十几厘米，榫头正好在重心线上。吊装山石之前，只需在石榫眼中浇灌少量黏合材料，待石榫头插入时，黏合材料便自然充满了有空隙的地方(图 6-10)。

(二)对置

两个置石布置在相对的位置上，呈对称或者对立、对应状态，这样置石方式即是对置(图 6-11)。

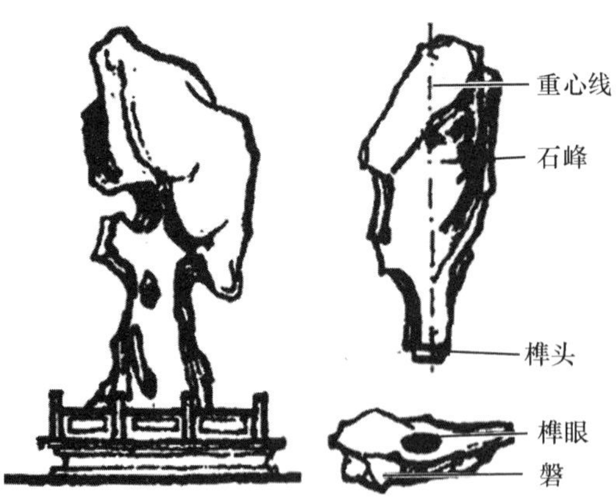

图 6-10　特置

图 6-11　对置

(三)散置

以若干块山石布置“散漫理之”的做法,最大特点是山石的分散,随意布置,最重要的是保证山石的自然分布和石形石态的自然性表现。石块数量最好为单数,要“攒三聚五”,所用的石材应大小有别,形状各异。

(1)子母石的布置。应是主石绝对突出,母石在中间,子石围绕在周围,石块的平面应按不等边三角形法则处理,有聚有散,疏密结合,立面上,高低错落[图 6-12(a)]。

(2)散兵石布置。布置成分散状态,石块的密度不能大,各个山石相互独立,石块与石块之间的关系仍然应按不等边三角形处理[图 6-12(b)]。

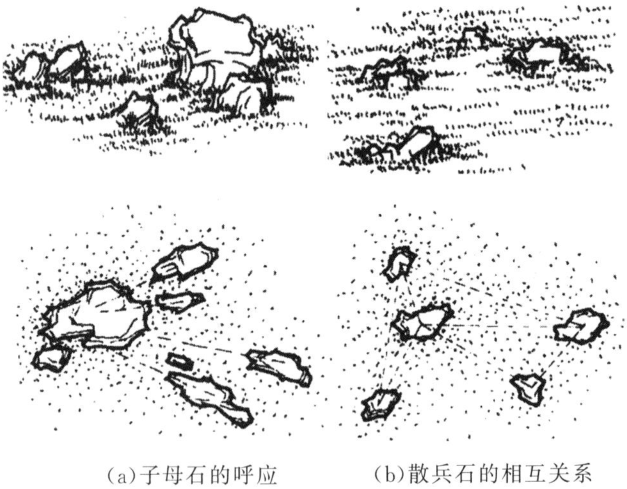

(a)子母石的呼应　　(b)散兵石的相互关系

图 6-12　散置

(四)群置

若干山石以较大的密度有聚有散地布置成一群,石群内各山石相互联系,相互呼应,关系协调,这样的置石方式就是群置。在一群山石中可以包含若干个石丛,每个石丛则分别由三、五、七、九块山石构成(图 6-13、图 6-14)。

图 6-13　群置(一)

图 6-14　群置(二)

(五)山石器设

用自然山石作室外环境中的家具器设，如作为石桌凳、石几、石水钵、石屏风等，既有实用价值，又有一定的造景效果。这种置石布置的方式，即是山石器设(图 6-15、图 6-16)。

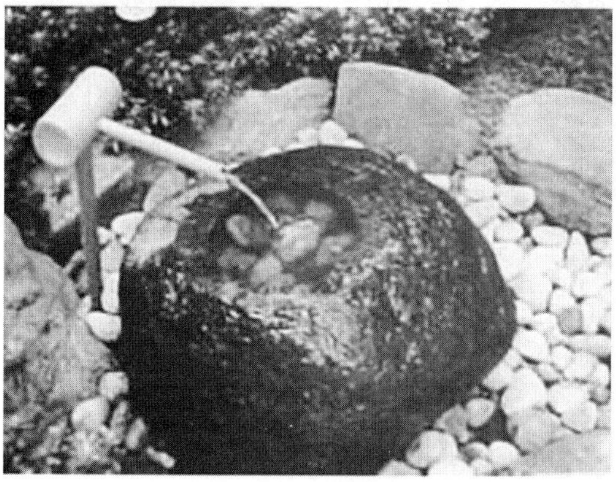

图 6-15　山石器设(一)

图 6-16　山石器设(二)

(六)与园林其他要素的结合

(1)与水体的结合。在规则式水体中，置石(如单峰石)的高度小于水池长度的一半。在自然式水体中，置石可以布置在水边，做成山石驳岸、山石草坡岸或山石汀步(图 6-17 至图 6-19)。

图 6-17　山石驳岸

图 6-18 山石汀步(一)

图 6-19 山石汀步(二)

(2)与场地的结合。在场地中布置置石,其周围空间立面上的景观不可太多,要保持空间的一定单纯性。置石的观赏视距至少要在石高的 2 倍以上,才能获得最佳观赏效果。地面铺装一定不要与置石争夺视觉注意(图 6-20、图 6-21)。

图 6-20 场地置石(一)

图 6-21 场地置石(二)

(3)与植物的结合。竹石小景、苏铁置石、梅石小景、菊石小景等。用绿色来装饰峰石上部,但藤叶要避免遮蔽峰石(图 6-22)。

山石花台(图 6-23):用自然山石堆砌的挡土墙,其内种植花草树木。花台的平面轮廓应有曲折、进出的变化;花台的组合要求大小相间、主次分明、疏密有致、若断若续、层次深厚;花台的立面轮廓要有起伏变化;花台的断面和细部要有伸缩、虚实和藏露的变化。

图 6-22 山石与植物结合

图 6-23 山石花台

(4)与园林建筑结合。有以下几种形式：

①山石踏跺(图6-24)和蹲配(图6-25)。园林建筑常用自然山石做成台阶，即踏跺。石材选择扁平状的，富于自然的外观。每级为10～30 cm。山石每一级都向下有2%的倾斜坡度以便排水。石级断面要上挑下收，术语称为不能有“兜脚”。蹲配是常和如意踏跺配合使用的一种置石方式。所谓“蹲配”以体量大而高者为“蹲”，体量小而低者为“配”。也可“立”、可“卧”，以求组合上的变化。

②抱角和镶隅。对于外墙角，山石成环抱之势紧包基角墙面，称为抱角；对于墙内角则以山石填镶其中，称为“镶隅”。

图6-24　踏跺

图6-25　蹲配

③粉壁置石(图6-26、图6-27)。以墙面作为背景，在面对建筑的墙面或相当于建筑墙面前基础种植的部位做石景或山景布置。以粉壁为纸，以石为绘，也有称“壁山”的。

图6-26　粉壁置石(一)

图6-27　粉壁置石(二)

④廊间山石小品(图6-28)。在曲折回环的廊与墙之间形成一些大小不一、形态各异的大小天井隙地。可以用山石小品“补白”，使建筑空间小中见大，活泼无拘。石景本身处理亦精炼，一块湖石立峰，两侧南天竹作陪衬。

⑤尺幅窗和无心画(图6-29)。清代李渔首创，他把内墙上原来挂山水画的位置开成漏窗，然后在窗外布置竹石小品之类，使景入画，称为无心画，以尺幅窗透取无心画。

⑥云梯。即以山石掇成的室外楼梯。既可节约室内建筑面积，又可成自然山石景。

图 6-28　廊间山石小品

图 6-29　尺幅窗

任务实施

1.布置一组置石

(1)根据周边环境确定置石的布置形式。

(2)根据布置形式进行选石。

(3)安放置石。

2.注意事项

布置一组置石,要考虑诸多因素,如环境、石的形状、体量、颜色等。

①平面组合。在处理两块或三块石头的组合时应注意石组连线,不能平行或垂直于视线方向,三块石以上的石组排列须呈斜三角,不能呈直线排列。

②立面组合。从视觉上看,立面的效果更为直观,不能把石块放置在同一高度,力求多样化,并赋予其自然特性,两块石块的组合应该是一高一低,两块以上的石堆应与石头的顶点构成一个三角形组合。

③三块以上石头的组合常采用奇数的石头成群组合,如三、五、七。

④置石放置,力求平衡稳定,给人以宽松自然的感觉,每一块石头应埋入水中或土壤中。

⑤置石一般安排在景园视线的焦点位置上,起点睛作用,同时会有景深感。

⑥每块石头都会有一个最佳观赏面,确定最佳观赏面以取得理石的最佳观赏效果,石组中个别石头的最佳观赏面应朝向主要的视线方向。

阅读材料

假山石介绍

园林中用于堆山、置石的山石品类极其繁多,而且产石之所也分布极广。古代有关文献及许多"石谱"著作对山石的产地、形态、色泽、质地做了比较详尽的记载。如宋代的《云林石谱》《宣和石谱》《太湖石志》,明代的《素园石谱》以及《园冶》《长物志》等,还有一些文学作品如白居易的《太湖石记》等。在这些文献中对山石多以产地(如太湖石)、色彩(如青石、黄石)或形象(如象皮石)等来命名,并以文学语言来描述它的特点。现将用于堆山、置石的主要山石品类介绍如下:

一、太湖石

太湖石(南太湖石)是一种石灰岩的石块,因主产于太湖而得名(图 6-30)。其中以洞庭湖西山消夏湾一带出产的湖石最著名。好的湖石有大小不同、变化丰富的窝或洞,有时窝洞相套,疏密相通,石面上还形成沟缝坳坎,纹理纵横。湖石在水中和土中皆有所产,尤其是水中所产者,经浪雕水刻,形成玲珑剔透、瘦骨突兀、纤巧秀润的风姿,常被用作特置石峰以体现秀奇险怪之势。“太湖石”一词最早见于唐代。唐代吴融在《太湖石歌》中记载了它的生成和采集:“洞庭山下湖波碧,波中万古生幽石。铁索千寻取得来,奇形怪状谁能识。”白居易在《太湖石记》中有:“石有聚族,太湖为甲。”可见唐代对湖石之美,已有相当的领悟。至宋徽宗时,玩石丧国,把一块高 4 m 的“艮岳”太湖石封为盘固侯。赵佶搜集名花异石,“花石纲运动”的兴起使太湖石身价更高,世人对湖石的赏识与日俱增,玩赏太湖石已成为一种爱好。

二、房山石

房山石(北太湖石)属砾岩,因产于北京房山区而得名(图 6-31)。又因其某些方面像太湖石,因此亦称北太湖石。这种石块的表面多有蜂窝状的大小不等的环洞,质地坚硬、有韧性,多产于土中,色为淡黄或略带粉红色,它虽不像南太湖石那样玲珑剔透,但端庄深厚典雅,别具一番风采。年久的石块,在空气中经风吹日晒,变为深灰色后更有俊逸、清幽之感。

三、黄石与青石

黄石与青石皆墩状,形体顽夯,见棱见角,节理面近乎垂直。色橙黄者称黄石,色青灰者称青石,系砂岩或变质岩等。与湖石相比,黄石堆成的假山浑厚挺括、雄奇壮观,棱角分明,粗犷而富有力感。所叠之山有如黄子久的画,有所谓鬼斧神工之势(图 6-32、图 6-33)。

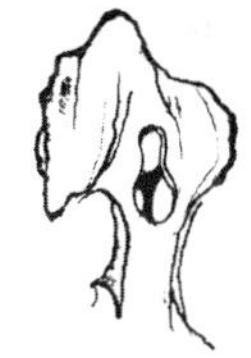

图 6-30　太湖石

图 6-31　房山石

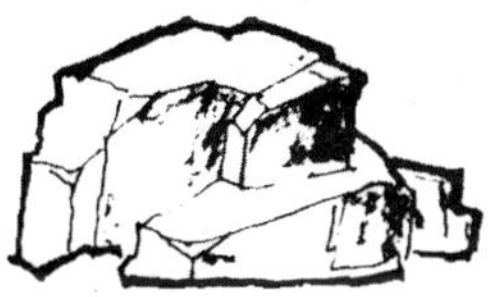

图 6-32　黄石

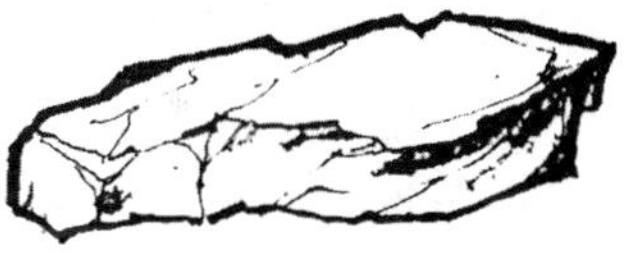

图 6-33　青石

四、青云片

青云片是一种灰色的变质岩,具有片状或极薄的层状构造。在园林假山工程中,横纹使用时叫青云片。多用于表现流云式叠山,变质岩还可以竖纹使用如作剑石,假山工程中有青剑、慧剑等(图 6-34)。

五、象皮石

象皮石属石灰岩,在我国南北广为分布。石块青灰色,常夹杂着白色细纹,表面有细细的粗糙皱纹,很像大象的皮肤,因而得名。一般没有什么透、漏、环窝,但整体有变化。

六、灵壁石

石灰岩,产于安徽灵壁县磬山,石产于土中,被赤泥渍满,用铁刀刮洗方显本色。石中灰色,清润,叩之铿锵有声。石面有坳坎变化。可顿置几案,亦可掇成小景。灵壁石掇成的山石小品,玲珑透空,多有婉转之势(图 6-35)。

图 6-34　剑石

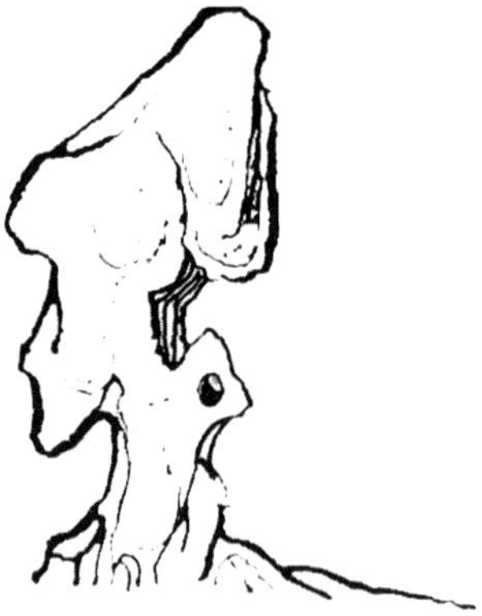

图 6-35　灵璧石

七、英德石

英德石属石灰岩，产于广东英德市含光、真阳两地，因此得名。粤北、桂西南亦有之。英德石一般为青灰色，称灰英。亦有白英、黑英、浅绿英等数种，但均罕见。英德石形状瘦骨铮铮，嶙峋剔透，多皱折的棱角，清奇俏丽。石体多皴皱，少窝洞，质稍润，坚而脆，叩之有声，亦称音石，在园林中多用作山石小景。

八、石笋和剑石

这类山石产地颇广。主要以沉积岩为主，采出后宜直立使用形成山石小景。园林中常见的有：

(1)子母剑或白果笋。这是一种角砾岩。在青色的细砂岩中，沉积了一些白色的角砾石。因此称子母石。在园林中作剑石用称“子母剑”。又因此石沉积的白色角砾岩很像白果(银杏的果实)，因此亦称白果笋。

(2)慧剑。色黑如炭或青灰色，片状形似宝剑，称“慧剑”。

(3)钟乳石笋。将石灰岩经溶融形成的钟乳石用作石笋以点缀园景。北京故宫御花园中有用这种石笋做特置小品的。

九、木化石

地质学上称硅化木。木化石是古代树木的化石，亿万年前被火山灰包埋，因隔绝空气，未及燃烧而整株、整段地保留下来。后由含有硅质、钙质的地下水淋滤、渗透，矿物取代了植物体内的有机物，木头变成了石头。

十、菊花石

地质学上称红柱石，是一种热变质的矿物。因首先在西班牙的名城安达卢西亚发现，因而得名。其晶体属正交(斜方)晶系的岛状结构硅酸盐，化学组成为 Al_2SiO_5。集合体形态多呈放射状，因此俗称菊花石，有很高的观赏性。红柱石加热至 1 300℃ 时变成英来石，是高级耐火材料，亦可作宝石。

以上是古典园林中常用的石品。另外，还有黄蜡石、石蛋、石珊瑚等，也用于园林山石小品。总之，我国山石的资源是极其丰富的。

训练与评价

1.目的要求

(1)根据置石平面布置手法,如特置、对置、散置等进行平面设计。

(2)根据置石立面形状和周边环境关系,确定置石的大小尺寸。

(3)山石能结合建筑、墙体、水体合理进行布置。

2.设计内容

根据一张设计平面图,将置石表示在其中,并绘制出立面图表达和周边的关系。

3.要点提示

(1)一般置石要选出主要的观赏立面,要求变化丰富,特征突出。如果山石有某处缺陷,可用植物或其他办法来弥补。

(2)置石分隔水面空间,既不一览无余,又可丰富水面景观;置石还可障隔视线,组织空间,增加景深和层次。

(3)结合建筑墙体如抱角、镶隅是为了减少墙角线条平板呆滞的感觉而增加自然生动的气氛。

4.自我评价

序号	评价内容	评价标准	自我评定
1	置石的平面布局	1.能根据现状地形合理运用置石在水体、建筑及植物合理进行搭配(15分) 2.散置的三五小石拼在一起,合理起到衬托建筑物或在单调绵长的路旁增添景观的作用(15分)	
2	置石的空间布局	1.在水体、建筑、台阶等位置合理配置置石,起到分隔、穿插、连接、导向及扩张空间的作用(10分) 2.特置石是作为局部的构图中心,位于多个视线的交点上(10分) 3.对置、散置石起到丰富景观空间层次作用(10分)	
3	图纸规范	1.平面构图合理,线形表达正确(15分) 2.置石平面表达符合工程施工要求(15分) 3.置石设计安排得当,立面图表达全面(10分)	

项目二

假山的结构

任　务　假山的结构设计

任务描述

确定了假山要表现的主题，假山的骨架，假山采用的石材及主、次、配等诸峰平面、立面布局后，就要进行假山的结构设计。假山的结构从上至下可分为基础、拉底、中层和收顶。

相关知识

一、假山的结构形式

假山的结构形式是指假山山体内部的结构设计。山体内部的结构形式主要有4种：

1. 环透式结构（图6-36、图6-37）

采用环透结构的假山，其山体孔洞密布，穿眼嵌空，显得玲珑剔透。这种造型与其造山石材和造山手法相关。环透式假山的石材多为太湖石和石灰岩风化形成的怪石，这些山石的天然形状就是千疮百孔的。石面多孔洞与穴窝，孔洞形状多为通透的不规则圆形，穴窝则有锅底状或不规则形状。山石的面皴纹，多环纹和曲线，石形显得婉转柔和。在叠山手法上，为了突出太湖石类的环透特征，一半多采用拱、斗、安、搭、连、飘、扭曲、做眼等手法。这些手法能够很方便地做出假山的孔隙、洞眼、穴窝和环纹、曲线及通透形象来，其具体的施工做法可参见假山施工。透漏型假山一般采用环透式结构来构造山体。

图 6-36　环透式结构(一)

图 6-37　环透式结构(二)

2. 层叠式结构(图 6-38、图 6-39)

假山结构若采用层叠式,则假山立面的形象就具有丰富的层次感,一层层山石叠砌为山体,山形朝横向伸展,或是敦实厚重,或是轻盈飞动,容易获得多种生动的艺术效果。在叠山方式上,层叠式假山又可分为水平层叠、斜面层叠两种。水平层叠要求每一块山石都采用水平状态叠砌,假山立面的主导线条都是水平线,山石向水平方向伸展。斜面层叠要求山石倾斜叠砌成斜卧状、斜升状;石的纵轴与水平线形成一定夹角,角度在 10°～30°,最大不超过 45°。

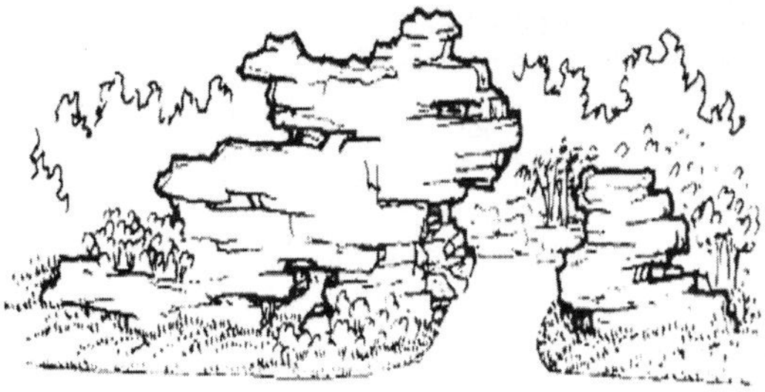
图 6-38　层叠式结构(一)

图 6-39　层叠式结构(二)

3. 竖立式结构(图 6-40、图 6-41)

这种结构形式可以造就假山挺拔、雄伟、高大的艺术形象。山石全都采用立式砌叠,山体内外的沟槽及山体表面的主导皴纹线,都是从下至上竖立着的,因此整个山势呈向上伸展的状态,根据山体结构的不同竖立状态,这种结构形式又分直立结构与斜立结构两种。

4. 填充式结构

一般的土山、带土石山和个别的石山,或者在假山的某一局部山体中,都可以采用这种结构形式。这种假山的山体内部是由泥土、废砖石或混凝土材料所填充起来的,因此其结构上的最大特点就是填充的做法。

图 6-40　竖立式假山(一)

图 6-41　竖立式假山(二)

二、山石结构的基本形式

山石结构的基本形式——“十字诀”:安、连、接、斗、挎、拼、悬、剑、卡、垂、挑、飘。

(1)安。“安”指安放和布局,既要玲珑巧妙,又要安稳求实。安石要照顾向背,有利于下一步石头的放置。放置一块山石叫作“安”一块山石,特别强调这块山石放下去要稳。其中又分单安、双安和三安(图 6-42)。

图 6-42　安

(2)连。山石之间水平向衔接称为“连”。“连”要求从假山的空间形象和组合单元来安排,要“知上连下”,有宾有主,摆布高低,既可一组,也可延伸出去,从而产生前后左右参差错落的变化,同时又要符合皴纹分布的规律。犹如拔地数仞,又有连绵不断的气韵(图 6-43)。

(3)接。山石之间竖向衔接称为“接”。“接”既要善于利用天然山石的茬口,又要善于补救茬口不够吻合的所在(图 6-44)。

(4)斗。“斗”指发券成拱,创造腾空通透之势。置石成向上拱状,两端架于二石之间,腾空而起。拱状叠置,腾空而立,如洞谷又不是洞谷,形体环透,构筑别致。若自然岩石之环洞或下层崩落形成的孔洞(图 6-45)。

图 6-43 连

图 6-44 接

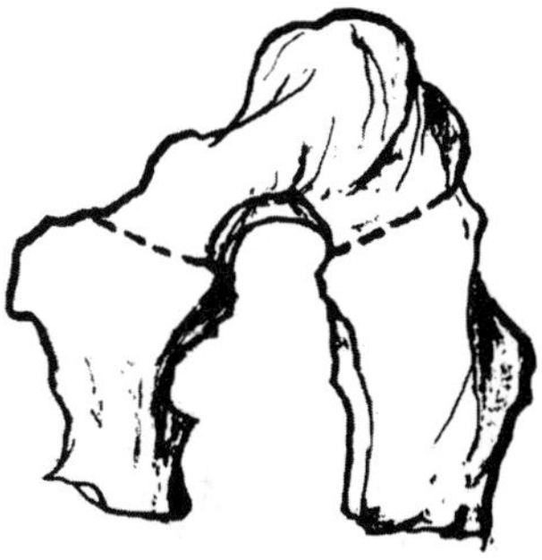

图 6-45 斗

(5)挎。“挎”指顶石弯倒斜出,悬垂挂石,如山石某一侧面过于平滞,可以旁挎一石以全其美,称为“挎”(图 6-46)。

(6)拼。“拼”指聚零为整,欲拼石得体,必须熟知风化、解理、断裂、溶蚀、岩类、质色等不同特点,只有相应合皴,才可拼石对路,纹理自然。例如,在缺少完整石材的地方需要特置峰石,也可以采用拼峰的办法。例如,南京莫愁湖庭院中有两处拼峰特置,上大下小,有飞舞势,俨然一块完整的峰石,但实际上是数十块零碎的山石拼缀成的。实际上这个“拼”字也包括了其他类型的结体,但可以总称为“拼”(图 6-47)。

(7)悬。在下层山石内倾环拱形成的竖向洞口下,插进一块上大下小的长条形的山石。由于上端被洞口扣住,下端便可倒悬当空。多用于湖石类的山石模仿自然钟乳石的景观。黄石和青石也有“悬”的做法,但在选材和做法上区别于湖石(图 6-48)。

(8)剑。以竖长形象取胜的山石直立如剑的做法。峭拔挺立,有刺破青天之势。多用于各种石笋或其他竖长的山石(图 6-49)。

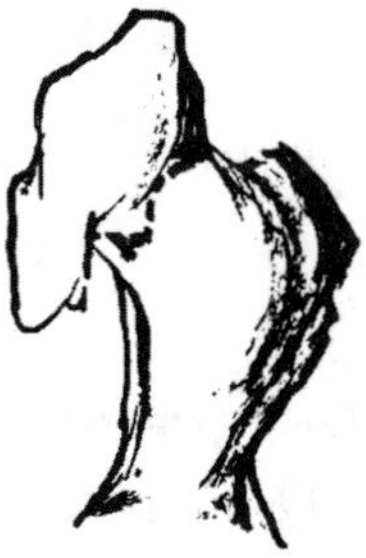

图 6-46 挎

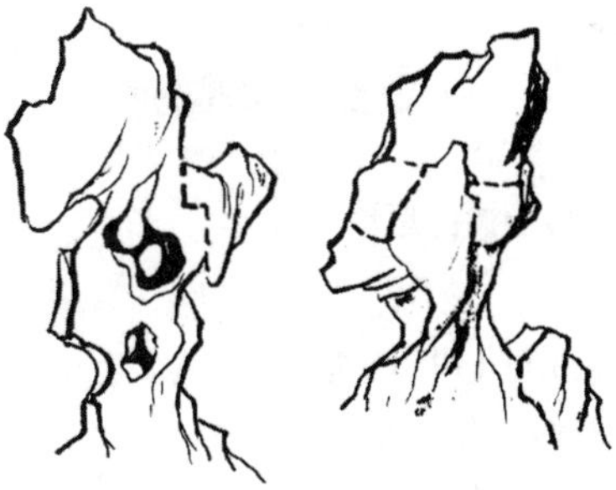

图 6-47 拼

图 6-48 悬

图 6-49 剑

(9)卡。下层由两块山石对峙形成上大下小的楔口,再于楔口中插入上大下小的山石,这样便正好卡于楔口中而自稳。承德避暑山庄烟雨楼侧的峭壁山,以“卡”做成峭壁山顶。结构稳定,外观自然。“卡”有两义:一指用小石卡住大石之间隙以求稳固;一指特选大块落石卡在峡壁石缝之中,呈千钧一发、垂石欲堕之势,兼有加固与造型之功(图 6-50)。

(10)垂。从一块山石顶面偏侧部位的企口处,用另一山石倒垂下来的做法称“垂”。“悬”和“垂”很容易混淆,但它们在结构上受力的关系是不同的。“垂”主要指峰叠石,有侧垂、悬垂等做法(图 6-51)。

(11)挑与飘。又称“出挑”,即上石挑伸于下石之外侧。飘与挑差异之处是挑石的挑头又叠一石,挑头点置一石更增加挑的变化,如静中有动的飘云,有着极美好的姿势。飘分为单飘、双飘、压飘、过梁飘(图 6-52)。

图 6-50　卡

图 6-51　垂

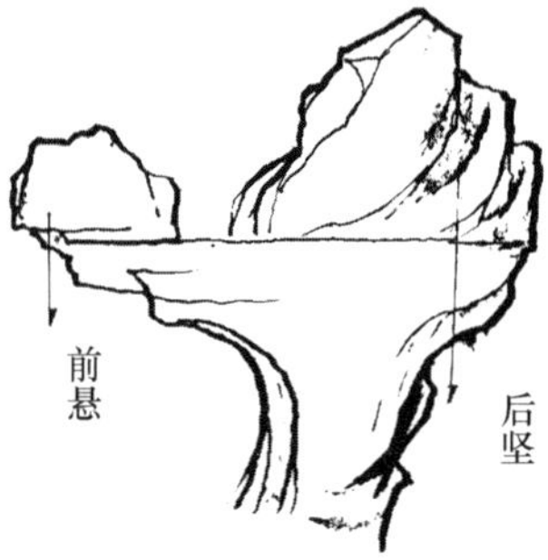

图 6-52　挑

三、假山洞的结构

假山洞的结构有梁柱式、挑梁式、券拱式(图 6-53)。

图 6-53　假山洞的结构

掇洞古称理洞。理洞要起脚如立柱,巧掇仿门户,明暗留风孔,梁卷成洞顶,撑石稳洞壁,垂石仿钟乳,涉溪做汀步。洞口有隐有现,洞体弥合隙缝,以防渗水松动。清代掇山名师戈裕良用勾带联络法将山石环斗成洞,顶壁一气,可历数百年之久。

(1)梁柱式。为假山洞的一般结构。整个假山洞壁实际上由柱和墙两部分组成。柱为受力架,墙承受的荷载不大,可用作开辟采光和通风的自然窗门。从平面上看,柱是点,同侧柱点的自然连线即洞壁，壁线之间的通道即是洞。

（2）挑梁式。或称“叠涩式”，即石柱渐起渐向山洞内侧挑伸，至洞顶用巨石压合，这是吸取桥梁中“悬臂桥”的做法。圆明园武陵春色的桃花洞，巧妙地于假山洞上结石为山，既保证结构上“镇压”挑梁的需要，又形成假山跨溪，溪穿石洞的奇观。

（3）券拱式。发展到清代，出现了戈裕良创造的券拱式的假山洞结构。承重是逐渐沿券成环拱挤压传递，不会出现梁柱式石梁压裂、压断的危险，洞顶、洞壁的结构和外观都具有很强整体性和整体感强。

任务实施

1. 基础设计

假山基础的设计要根据假山类型和假山工程规模而定。人造土山和低矮的石山一般不需要基础，山体直接在地面上堆砌。高度 3 m 以上的山石，就要考虑设置适宜的基础了。一般来说，高大、沉重的大型山石，需选用混凝土基础或块石浆砌基础；高度和重量适中的石山，可用灰土基础或桩基础。集中基础的设计要点如下所述：

（1）混凝土基础。混凝土基础从下至上的构造层次及其材料做法是：最底下是素土地基，应夯实；素土夯实层之上，可做一个砂石垫层，厚 30～70 cm；垫层上面即为混凝土基础层。混凝土层的厚度及强度，陆地上选用不低于 C10 的混凝土，水中采用 C15 水泥砂浆浆砌块石，混凝土的厚度陆地上 10～20 cm，水中基础约为 50 cm。水泥、砂和碎石配合的重量比为 1∶2∶(4～6)。如遇高大的假山酌加其厚度或采用钢筋混凝土替代砂浆混凝土。毛石应选未经风化的石料，用 150 号水凝砂浆浆砌，砂浆必须填满空隙，不得出现空洞和缝隙。如果基础为较软弱的土层，要对基土进行特殊处理。

（2）浆砌块石基础设计。假山基础可用 1∶2.5 或 1∶3 水泥砂浆砌一层块石，厚度为 300 mm；水下砌筑所用水泥砂浆的比例则应为 1∶2。块石基础层下可铺 300 mm 厚粗砂作找平层，地基应做夯实处理。

（3）灰土基础。基础的材料主要是用石灰和素土按 3∶7 的比例混合而成。灰土每铺一层厚度为 30 cm，夯实到 15 cm 厚时，则称为一步灰土。设计灰土基础时，要根据假山高度和体量大小来确定采用几步灰土。一般高度在 2 m 以上的假山，其灰土基础可设计为一步素土加两步灰土。2 m 以下的假山，则可按一步素土加一步灰土设计。

（4）桩基。古代多用直径 10～15 cm，长 1～2 m 的杉木桩或柏木桩做桩基，木桩下端为尖头状。现代假山的基础已基本不用木桩桩基，只在地基土质松软时偶尔有采用混凝土桩基的。做混凝土桩基，先要设计并预制混凝土桩，其下端仍应为尖头状。直径可比木桩基大一些，长度可与木桩基相似，打桩方式也可参照木桩基。

2. 拉底设计

在基础上铺砌一层自然山石，术语称为拉底。因为这层山石大部分在地面以下，只有小部分露出地面并不需要形态特别好的山石。但它是受压更大的自然山石层，要求有足够的强度，因此宜选用顽夯的大石拉底。古代匠师把“拉底”看作叠山之本，因为假山空间的变化都立足于这一层。如果底层未打破整形的格局，则中层叠石亦难以变化，底石的材料要求大块、坚实、耐压，不允许用风化过度的山石拉底。

(1)拉底设计应注意的问题：

统筹向背　根据立地的造景条件，特别是游览路线和风景透视线的关系，统筹确定假山的主次关系。

断续相间　主山、次山、配山等形成的山脉及主峰、次峰、配峰等形成的山峰，其走势和皴纹都有一定的规律。从底层山石的平面来看应该是时断时续。

(2)拉底施工时应注意的问题：

石材种类和大小的选择　根据设计好的假山的高度来选择石材，高峰正底下的石头应安装体量大、特别耐压的顽夯之石，禁止运用风化的石头，其外观不作要求。山峰较低时可降低标准。铺底的山石可根据承压情况向外逐渐用较小体量的。有些底石须露出在外，适当注意其外部美观。

咬合茬口　这是指铺底的山石在平面上的要求。为保证铺地层的各块山石成为一个牢不可破的整体，保证上面山体的稳固，需要根据石材凹凸，尽量选择一个凹凸相宜的邻石与之茬口相接。各石块之间尽量做到严丝合缝。当然，自然山石的轮廓多种多样、千变万化，很难使其自然地相接严密，大块山石之间要用小块山石打入，才能相互咬住，共同制约，成为一个统一的整体。底层山石咬合茬口，能使它们在同一个平面上相互牵扯，保证整体假山重心稳定，不发生偏移。

石底垫平　这是铺底山石在竖直方向的要求。避免石材在竖直方向上重心不稳，向下移动。在堆砌假山时，基础大多数要求大而平整的面向上，以便继续向上垒接。为了保持山石上面水平，需要在下面垫一些大小合适的小石，而且在竖直面上接触面积尽可能大，这样山石就稳定，施工时，把一些大石砸破，得到各种楔形的石块，这种作为垫石最好。如果山石底下有空隙，即使水平咬合的山石暂时在一个水平面上，上层的山体重量压下来也会破坏底层平面，导致下陷，影响整个山体的稳定性。

3. 中层结构设计

中层即底石以上，顶层以下的部分，这是占体量最大、触目最多的部分，用材广泛，单元组合和结构变化多端，可以说是假山造型的主要部分，结构设计要求如下：

(1)接石压茬。山石上下的衔接要求严密，上下石相接时除了有意识地大块面闪进以外，避免在下层石上面闪露一些破碎的石面，假山师傅称为“避茬”，认为“闪茬露尾”会失去自然气氛而流露出人工的痕迹。

(2)偏侧错安。力求破除对称的形体，避免成四方形、长方形、正品形或等腰三角形。要因偏得致，错综成美。要掌握各个方向呈不规则的三角形变化，以便为各个方向的延展创造基本的形体条件。

(3)仄立避“闸”。山石可立、可蹲、可卧，但不宜像闸门板一样仄立。仄立的山石很难和一般布置的山石相协调，而且往上接山石时接触面往往不够大，因此也影响稳定。但这也不是绝对的，自然界也有仄立如闸的山石，特别是作为余脉的卧石处理等，但要求用得巧。有时为了节省石材而又能有一定高度，可以在视线不可及处以仄立山石空架上层山石。

(4)等分平衡。拉底石时平衡问题表现不显著，掇到中层以后，平衡的问题就很突出了。《园冶》所谓“等分平衡法”和“悬崖使其后坚”是此法的要领。如作悬崖必一层层地向外挑出，这样重心就前移了。因此，必须用数倍于“前沉”的重力稳压内侧，把前移的重心再拉回到假山的重心线上。

4.收顶结构设计

收顶的结构设计即处理假山最顶层的山石。从结构上讲，收顶的山石要求体量大，以便合凑收压。从外观上看，顶层的体量虽不如中层大，但有画龙点睛的作用，因此，要选用轮廓和体态都富有特征的山石。收顶一般分峰顶式、峦顶式和崖顶式三种类型。

(1)峰顶式：又有分峰式、合峰式、剑立式、斧立式、流云式、斜立式(图 6-54)。

(2)峦顶式：又有圆丘式、梯台式、玲珑式、灌丛式。

(3)崖顶式：又有平坡式、斜坡式、悬垂式、悬挑式。

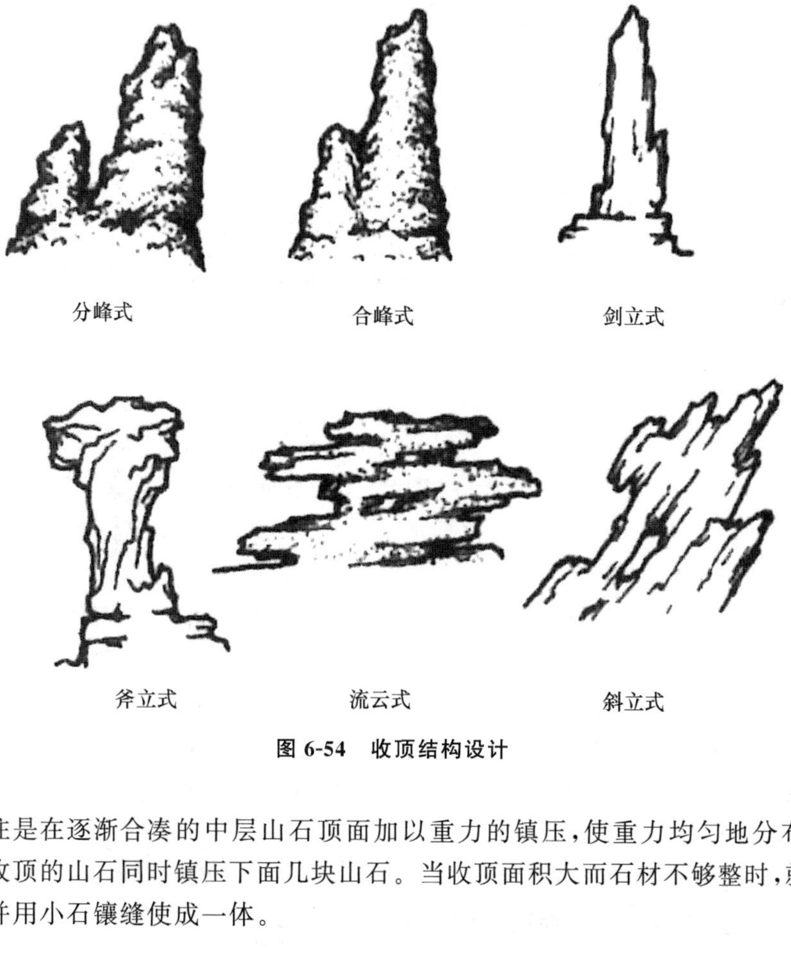

图 6-54　收顶结构设计

收顶往往是在逐渐合凑的中层山石顶面加以重力的镇压，使重力均匀地分布传递下去。往往用一块收顶的山石同时镇压下面几块山石。当收顶面积大而石材不够整时，就要采取“拼凑”的手法，并用小石镶缝使成一体。

项目三

假山施工

任务一　假山的施工

任务描述

假山施工是一个复杂的系统工程，为保证假山工程的质量，应注意以下几点：

施工注意先后顺序，应自后向前，由主及次，自下而上分层作业。每层高度在 0.3～0.8 m，各工作面叠石务必在胶结未凝之前或凝结之后继续施工，万不得在凝固期间强行施工。一旦松动则胶结料失效。

注意按设计要求边施工边预留管线水路孔洞，切忌事后穿凿，松动石体。

对于结构承重受力用石必须小心挑选，保证有足够的强度。

安石争取一次到位，避免在山石上磨动，一般要求山石就位前应按叠石要求原地立好，然后拴绳打扣，无论人抬机吊都有专人指挥，统一指令术语。如一次安置不成功，需移动一下，应将石料重新抬起(吊起)，不可将石体在山体上磨转移动去调整位置，否则会带动下面石料同时移动，造成山体倾斜倒塌。

掇山完毕应重新复检设计(模型)，检查各道工序，进行必要的调整补漏，冲洗石面，清理现场。如山上有种植池，应填土施底肥，种树、植草一气呵成。

任务实施

1. 施工前的准备工作

(1)制订施工计划。施工计划是保证工程质量的前提，它主要包括以下内容：

读图——像其他工程一样要以设计图纸作为施工的依据，熟读图纸是完成施工的前提。但由于假山工程的特殊性，它的设计很难完全到位，一般只能表现山形的大体轮廓或主要剖面，为更好地指导施工，设计者大多同时做出模型。又由于石头的奇形怪状又不易掌握，因此，全面了解设计内容和设计者的意图,是十分重要的。

察地——施工前必须反复详细地勘查现场。其主要内容为:a.看土质、地下水位,了解基土允许承载力,以保证山体的稳定。在假山施工中、确定基土承载力的方法主要是凭经验,即根据大量的实践经验,粗略地概括出各种不同条件下承载力的数值,以确定基础处理的方法。b.看地形、地势、场地大小、交通条件、给排水的情况及植被分布等,以决定采用的施工方法,如施工机具的选择、石料堆放及场地安排等。c.相石,是指对已购来的假山石,用眼睛详细端详,了解它们的种类、形状、色彩、纹理、大小等,以便根据山体不同部位的造型需要,统筹安排,做到心中有数。对于其中形态奇特、巨大、挺拔、玲珑等出色的石块,一定要熟记,以备重点部位使用。相石的过程是对石材使用的总体规划,使石材本身的观赏特性得以充分地发挥。

(2)劳动组织。假山工程是一门造景技艺的工程。我国传统的叠山艺人,多有较高的艺术修养。他们不仅能诗善画,对自然界山水的风貌亦有很深的认识。他们有丰富的施工经验,有的还是叠山世家。一般由他们担任师傅,组成专门的假山工程队,另外还有石工、起重工、泥工、壮工等,人数不多,一般 8~10 人为宜,他们多一专多能,能相互支持、密切配合。

(3)施工材料与工具准备。施工之前应准备好要用的材料与工具。

(4)场地安排。①保证施工工地有足够的作业面,施工地面不得堆放石料及其他物品。②选好石料摆放地,一般在作业面附近,石料依施工用石先后有序地排列放置,并将每块石头最具特色的一面朝上,以便施工时认取。石块间应有必要的通道,以便搬运,尽可能避免小搬运。③交通路线安排。施工期间,山石搬运频繁,必须组织好最佳的运输路线,并保证路面平整。④保证水、电供应。

(5)工期及工程进度安排。作好施工进度安排是顺利施工的必要保障。

2.施工要点

(1)基础。假山像建筑一样,必须有坚固耐久的基础,假山基础是指它的地下或水下部分。通过基础把假山的重量和荷载传递给地基。在假山工程中,根据地基土质的性质、山体的结构、荷载大小等不同分别选用独立基础、条形基础、整体基础、圈式基础等不同形式的基础。基础不好,不仅会引起山体开裂破坏、倒塌,还会危及游客的生命安全,因此必须安全可靠。现将常用基础分别介绍如下:

①灰土基础的施工。放线:清除地面杂物后便可放线。一般根据设计图纸做方格网控制,或目测放线,并用白灰画出轮廓线。刨槽:槽深根据设计,一般深 50~60 cm。拌料:灰土比例为 1∶3,泼灰时注意控制水量。铺料:一般铺料厚度 30 cm,夯实厚 20 cm,基础打平后应距地面 20 cm。通常当假山高 2 m 以上时,做一步灰土,以后山高 1 m,基础增加一步灰土,灰土基础牢固、经数百年也不松动。

②铺石基础。常用的有两种,即打石钉和铺石,其构造如图 6-55 所示,当土质不好,但堆石不高时使用打石钉;当土质不好,堆石较高时使用铺石基础,一般山高 2 m 砌毛石厚 40 cm,山高 4 m 砌毛石厚 50 cm。

③桩基。条件:当上层土壤松软,下层土壤坚实时使用柱基,在我国古典园林中,桩基多用于临水假山或驳岸。

类型:桩基有两种类型,一种是支撑桩,即当软土层不深,将桩直接打到坚土层上的桩,另一种是摩擦桩,当坚土层较深时采用,这时打桩的目的是靠桩与土间的摩擦力起支撑作用。

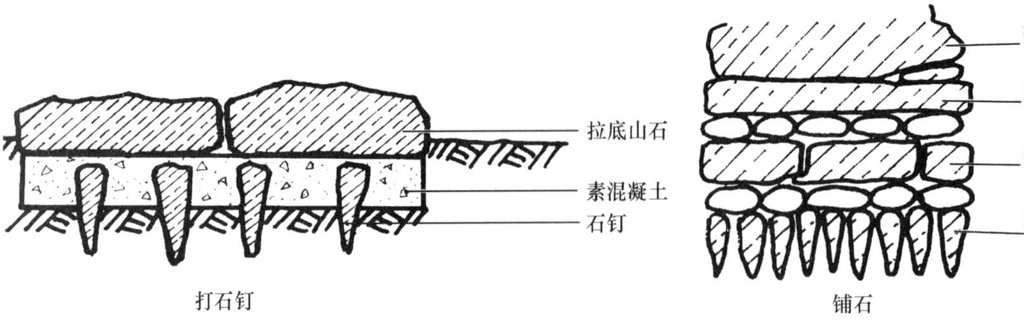

图 6-55　铺石基础

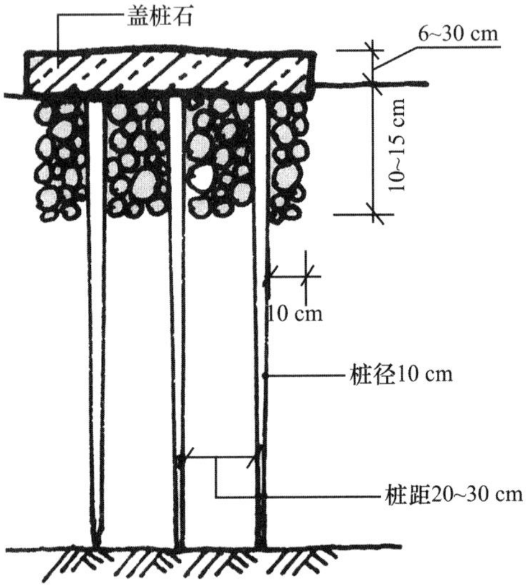

图 6-56　桩基结构

桩材的要求：做桩材的木质必须坚实、挺直，其弯曲度不得超过10%，并只能有一个弯。园林中常用桩材为杉、柏、松、橡、桑、榆等，其中以杉、柏最好。桩径常用10～15 cm，桩长由地下坚土深度决定，多为1～2 m。桩的排列方式有梅花桩(5 个/m^2)、丁字桩和马牙桩，其单根承载重量为15～30 t。其构造如图 6-56 所示。

填充桩（也称石灰桩）：填充桩是指用石灰桩代替木桩。做法是先将钢钎打入地下一定深度后，将其拔出，再将生石灰或生石灰与沙的混合料填入桩孔，捣实而成。石灰桩的作用是当生石灰水解熟化时，体积膨大，使土中孔隙和含水量减少，达到提高土壤承载力、加固地基的作用，这样不仅可以节约木材，还可以避免木柱易腐烂之弊。

④混凝土基础。近代假山多采用混凝土基础。当山体高大，土质不好或在水中，岸边堆叠山石时使用。这类基础强度高，施工快捷，基础深度是依叠石高度而定，一般30～50 cm，常用混凝土标号为C15，配比水泥∶沙∶卵石＝1∶2∶4。基宽一般各边宽出山体底面30～50 cm，对于山体特别高大的工程，还应做钢筋混凝土基础。

假山无论采用哪种基础，其表面均不宜露出地表，最好低于地表20 cm。这样不仅美观又易于在山脚种植花草。在浇筑整体基础时，应留出种树的位置，以便树木生长，这就是俗称的要“留白”。如在水中叠山，其基础应与池底同时做，必要时做沉降缝，防止池底漏水(图 6-57)。

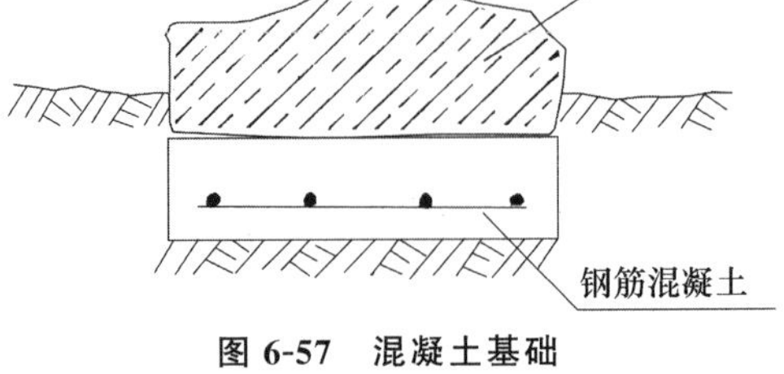

图 6-57　混凝土基础

(2)山石的吊运。分为结绳、抬运、走石、起重运输等环节。

①结绳。山石吊运一般使用长纤维的黄麻绳或棕绳，它们很结实、柔软。绳的直径通常用 20 mm(8 股)、25 mm(12 股)、30 mm (16 股)、40 mm(18 股)，其负荷为 200～1 500 kg。结绳的方法根据石块的大小、形状和抬运的不同需要而定，要求结扣容易，解扣简便。活扣是靠压紧的，因此越压越牢固，并不会滑动。常用的结绳法如图 6-58 所示。

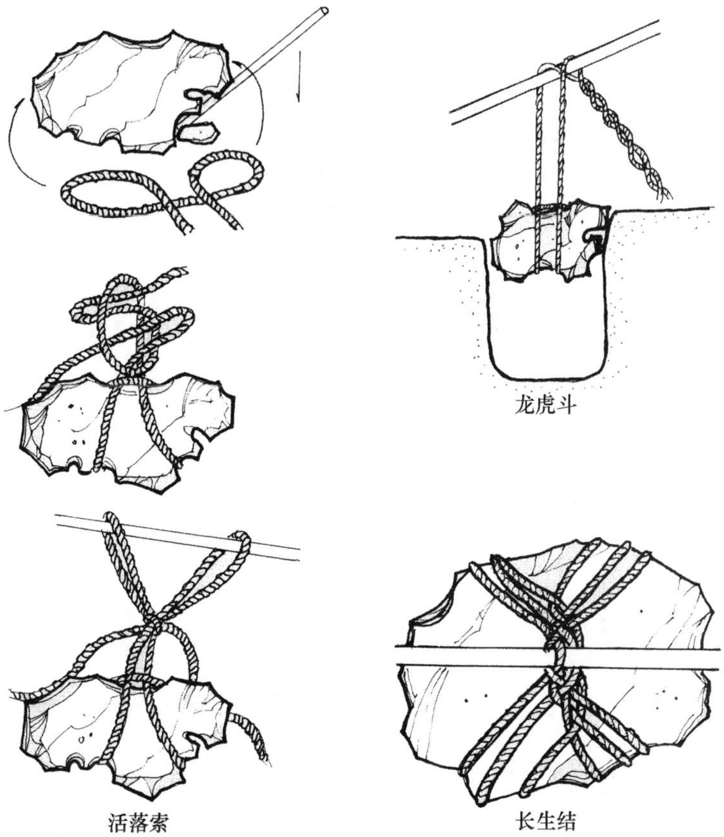

图 6-58　常用的结绳法

②抬运。

直杆式：有两人抬、四人抬、六人抬、加杆抬等。

架杆式：分四人架、八人架、十六人架等。

抬石工应身高相等，听从统一指挥。抬石时应同起同落，否则易压伤一方。石材重 100 kg 以上时，抬工应"对脸"前进，以便动作用力协调。如运距较远，"对脸"起杆后应"倒肩"，即一方转换方向。倒肩必须严守顺序。系石高度以起杆后石底距地面 20 cm 为佳。抬石杆棒南方用新毛竹，北方多用黄檀木。单杆负重约 200 kg。

③走石。走石多用在施工作业面，当巨大的石块需要找平石面或稍加移动，俗称"走石"。走石用钢撬操作完成，一般钢撬用 ϕ20～40 mm 的粗钢打制而成。撬的用法通常有舔撬、叨撬、辗撬等手法，使石块向后、向前或左右移动，如图 6-59 所示。用撬走石有一定的难度，常需

有经验的技工操作。

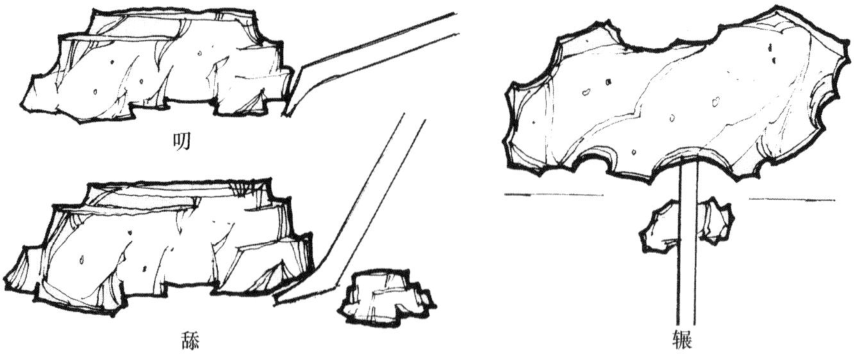

图 6-59　撬走石

④起重。起重可采取人工或机械方式，分为如下几种。

人工起重：山石施工现场大多场地狭窄，因此小石块的起重，多用人工抬起或挑起。

小秤起重：用两根焊径粗约 20 cm 的杉篙做成小秤，其主力臂与重力臂的比为 7∶3 或 8∶2，其式样如图 6-60 所示。

大秤起重：大秤亦用杉篙搭构而成，这种大架秤可放一个或几个秤杆，同时使用、起重量大，其构造如图 6-61 所示。

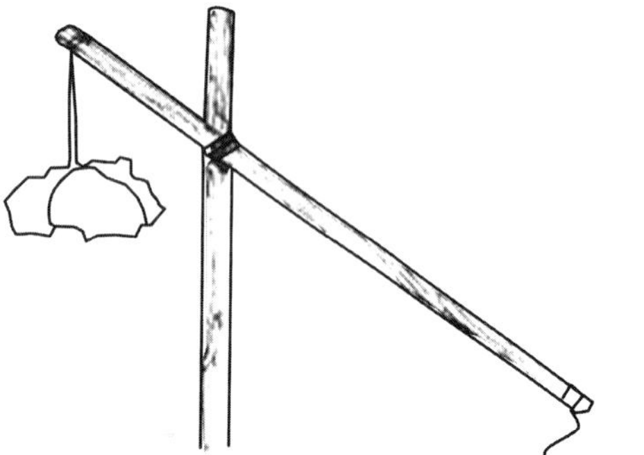

图 6-60　小秤起重

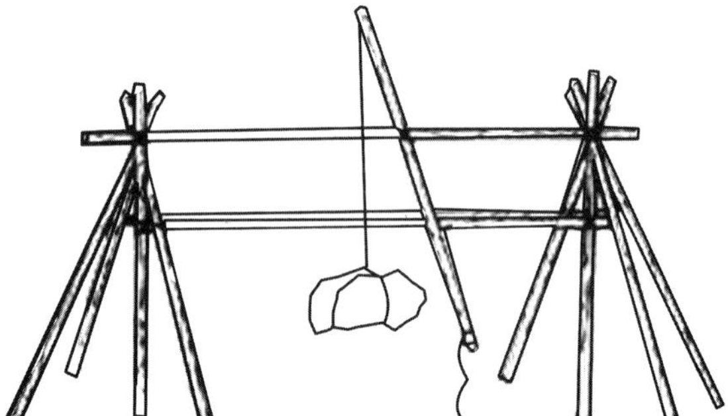

图 6-61　大秤起重

三角架吊链起重：一般用 4～8 m 长，径粗 20 cm 的 3 根杉篙组成，杉篙的头尾各用铅丝箍牢，在上端 50 cm 处用粗 30 mm 的黄麻绳将 3 根杉篙按顺序扎牢、拉起，要求底盘成等边三角形，并与地平面呈不小于 60°夹角，即可系上吊链（俗称神仙葫芦）。并在 3 根杉篙间横向设“拉木”。拉木应首尾相接，使受力均匀。每层拉木高约 1.8 m，如起重需要还可在吃力面加扎“绑杆”或拴好大绳。其做法如图 6-62 所示，吊起的石块一般应在三角架的底盘范围之内。

机械起重：一般选用 0.5～3 t 的汽车吊车较为合适。它可以在直径 30 m 范围内拖运石

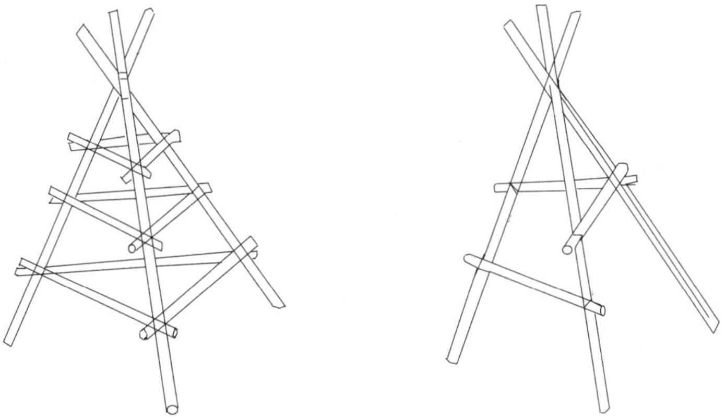

图 6-62　三角架做法

块，在直径 15 m 内起吊石块。

⑤运输。运石最重要的是防止石块破损，特别是对于一块珍贵的石材，则更为重要。据宋代周密《癸辛杂识》载："艮岳之取石也，其大而穿透者，致远必有损折之虞……近闻汴京父老云其法，乃先以胶泥实填众窍，其外复以麻筋杂泥固济之，令圆滑，日晒极坚实，始用大木为车，致于舟中，直俟抵京然后浸之水中，旋去泥土，则省人力而无他虑。此法奇甚，前所未闻也。"常用的运石方法很多，如用水道（船），冰道，走"旱船"（图 6-63）；用"小地龙"（铁轮木板车）（图 6-64）；用人力、马力或绞盘等拉运。现代多用汽车运输，如遇好的峰石，为保护石块，最好车装中垫 20 cm 的沙或土，将峰面朝上置于其上，确保安全。

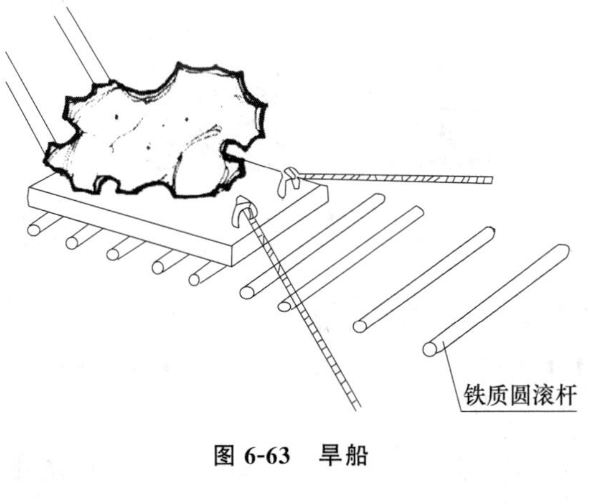

图 6-63　旱船

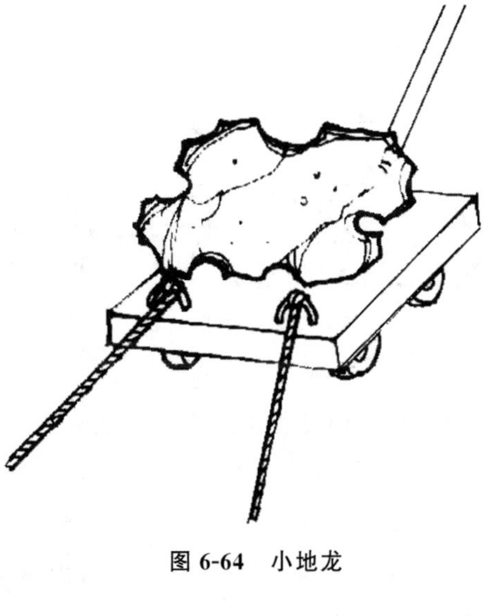

图 6-64　小地龙

(3)山体的堆叠。山体堆叠是假山造型最重要的部分，根据选用石材岩石种类的不同，艺术地再现各自岩石地貌的自然景观。不同地貌有不同的山形体态，如不同的峰、峦、峭壁、峡谷、洞、岫和皴纹等。一般堆山常分为拉底、中层、收顶三部分。

①拉底。石块要大，坚硬、耐压，安石要曲折错落，石块之间要搭接紧密，石块摆放时大而平的面朝上，好看的面要朝外，上面要找平，塞垫要平稳。

②中层。堆叠时要分层进行，用石要掌握重心，挑出的部位要在后面加倍压实，以保万无一失，全山石材要统一，既要相同质地，纹理相通，色泽一致，咬茬合缝，亲靠牢固，浑然一体，又要注意层次、进退，有深远感。

③收顶。假山的顶部，对山体的气势有着重要的影响，因此一般选姿态、纹理好，体量大的石块做收顶石。根据岩石地貌类型的不同，常用的收顶方式有三种：峰顶，又称斧立式，选竖向纹理好的巨石做峰石，以造成一峰突起的气势，统揽全局。峦顶，又称堆秀式，由单块或数块粗犷而略有圆状的石块，组成连绵起伏的山头。流云顶，又称流云式，用于横纹取胜的山体，状头之石犹如天空行云。

(4)山体的加固与做缝。

①加固措施。主要有塞、戗、灌筑、铁活等措施。

塞：当安放的石块不稳固时，通常打入质地坚硬的楔形石片，使其垫牢，称“打塞”(图 6-65)。

戗：为保证立石的稳固，沿石块力的方向的迎面，用石块支撑叫“戗”(图 6-66)。

灌筑：每层山石安放稳定后，在其内部缝隙处，一般按 1∶3∶6 的水泥、沙、石子的配比灌筑、捣固混凝土，使其与山石结为一体。

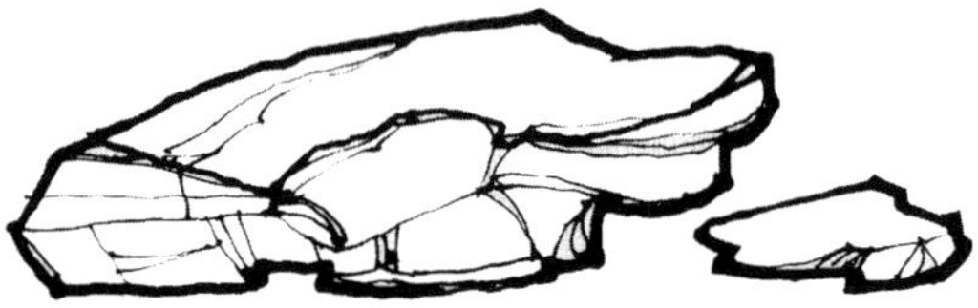

图 6-65　打塞

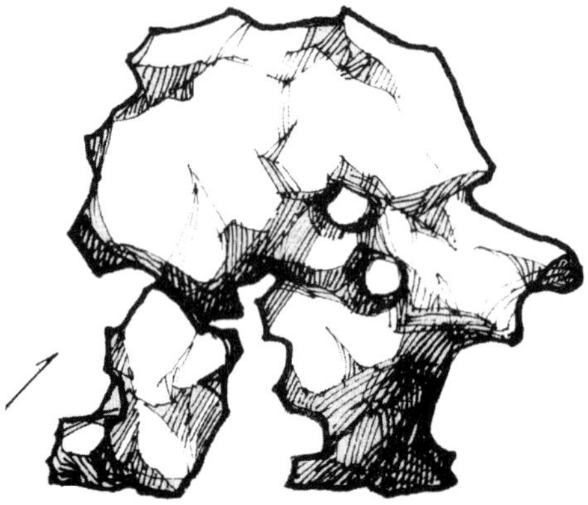

图 6-66　戗

铁活：假山工程中的铁活主要有铁吊链、铁过梁、铁爬钉、铁扁担等，其式样见图 6-67。

铁制品在自然界中亦锈蚀，因此这些铁活都埋于结构内部而不外露，它们均系加固保护措施，而非受力结构。

②做缝。做缝是把已叠好的假山石块间的缝隙，用水泥砂浆填实或修饰。这一工序从某种意义上讲，是对假山的整容。其做法是一般每堆 2～3 层，做缝一次。做缝前先用清水将石缝冲洗干净，如石块间缝隙较大，应先用小石块进行补形，再随形做缝。做缝时要努力表现岩石的自然节理，可增加山体的皴纹和真实感。做缝时砂浆的颜色应尽量与山石本身的颜色相统一。做缝的材料相传过去用糯米汁加石灰或桐油加纸筋加石灰，捶打拌和而成，或者用明矾

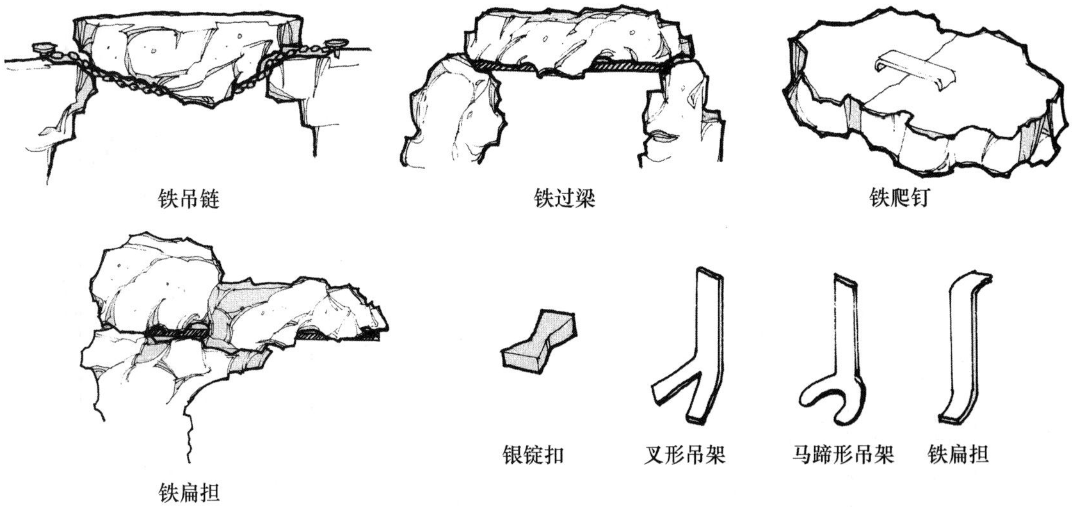

图 6-67　铁活

水与石灰捣成浆。如用于湖石加青煤，用于黄石加铁屑盐卤。现代通常用标号 C40 的水泥加沙，其配比为 3∶7，如堆高在 3 m 以上则用标号 C50 水泥。做缝的形式亦根据需要做成粗缝、光缝、细缝、毛缝等。

堆山时还应预留种植穴，处理好排水和防水土流失。

训练与评价

1. 目的要求

了解掇山带石总体布局和山体的局部理法；能够指导自然山石假山工程施工。

2. 施工内容

某公园自然山石假山工程施工平面图和正立面图如图 6-68 所示，自然山石假山施工东、西立面图和假山基础图如图 6-69 所示。根据假山结构设计要求，正确进行假山施工。

3. 要点提示

施工步骤为：定点放线→挖槽→基础施工→拉底→中层施工→勾缝→收顶与做脚。

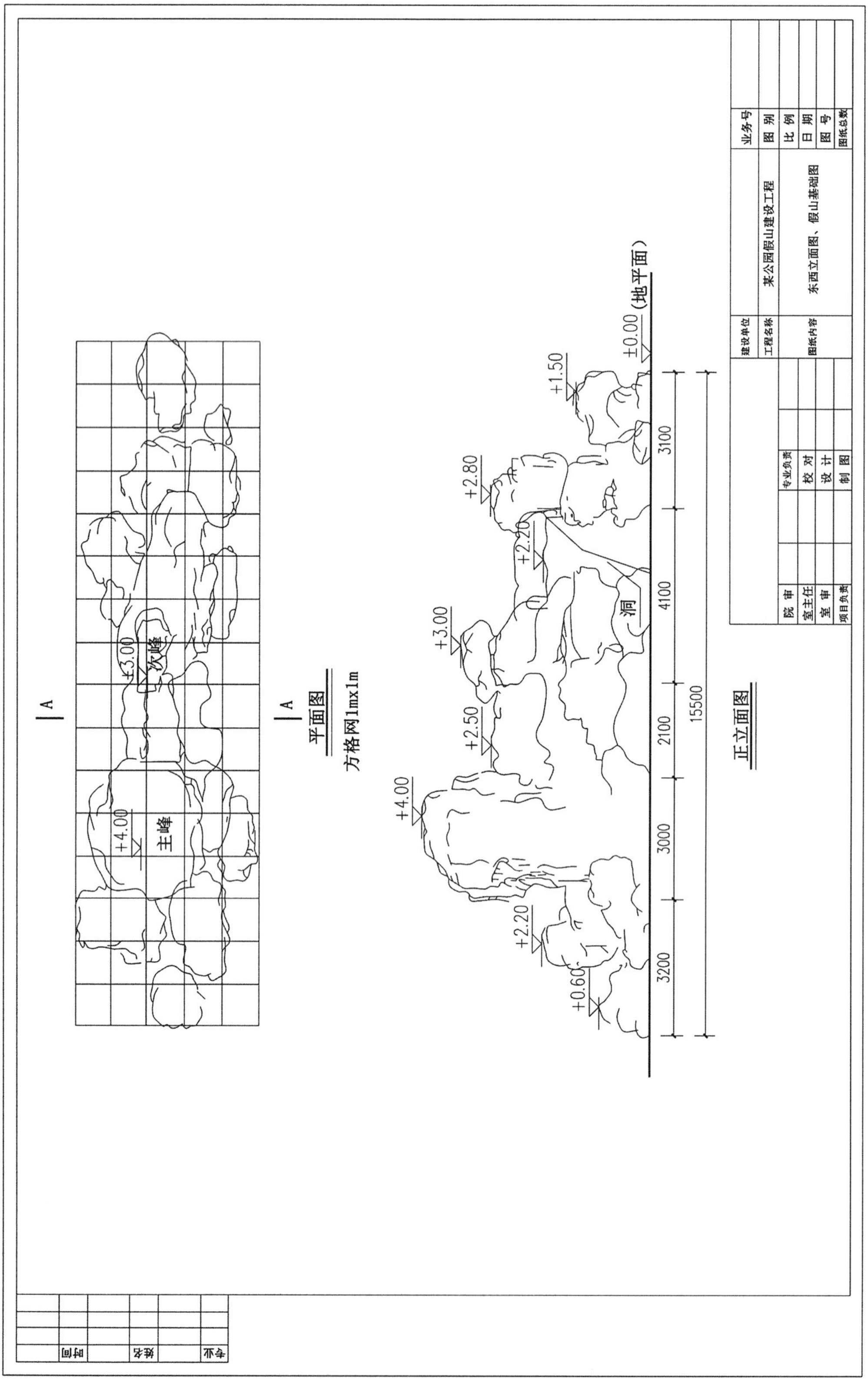

图6-68　假山施工平面图、正立面图

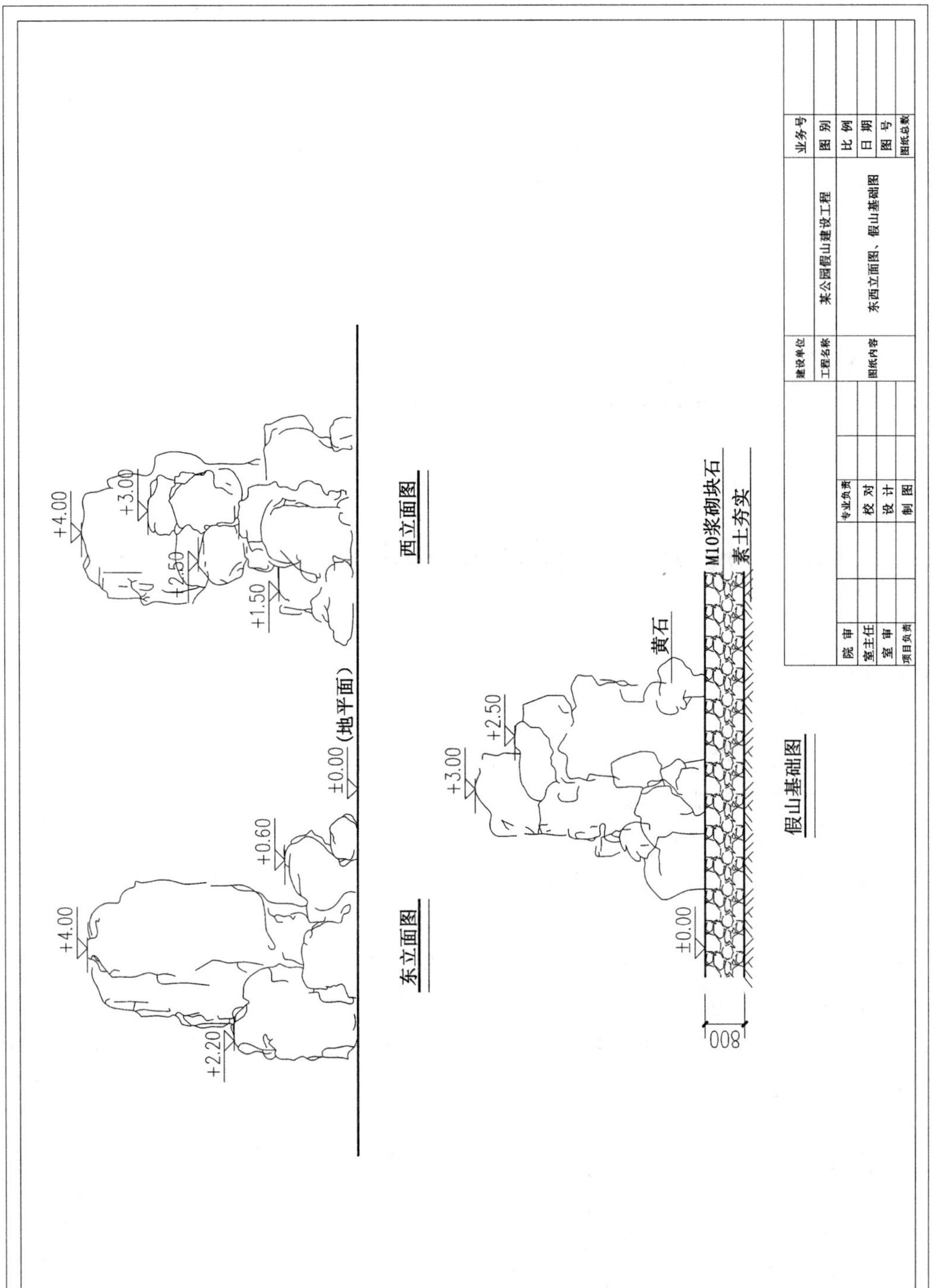

图6-69　假山施工东、西立面图和基础图

4.自我评价

序号	评价内容	评价标准	自我评价
1	定点放线	假山平面位置及边线符合要求(10分)	
2	挖槽	素土夯实符合要求(10分)	
3	基础施工	混凝土配比及基础规格符合要求,浇筑方法正确(15分)	
4	拉底	施工符合工艺流程,方法正确(10分)	
5	中层施工	符合设计要求,方法正确(15分)	
6	勾缝	符合工程规范,勾缝符合要求(10分)	
7	收顶与做脚	符合工程规范,收顶与做脚符合要求(20分)	
8	假山外观	假山外观达到设计要求,具有观赏和使用功能(10分)	

任务二 塑山的设计与施工

任务描述

塑山的特点为:

(1)方便。塑山所用的砖、水泥等材料来源广泛,取用方便,无需采石、运石。

(2)灵活。塑山在造型上不受石材大小和形态限制,可按照设计意图进行山石造型。

(3)省时。塑山的施工期短,见效快。

(4)逼真。好的塑山无论是在色彩还是质感上都能取得逼真的石山效果。

当然,由于塑山所用的材料毕竟不是自然山石,在神韵上还是不及石质假山。混凝土硬化后表面有细小的裂纹,表面皴纹的变化不如自然山石丰富,不如石材使用期长,需要经常维护等。根据结构骨架材料的不同,人工塑山可分为:砖石结构骨架塑山,即以砖作为塑山的结构骨架,适用于小型塑山及塑石;钢筋铁丝网结构骨架塑山,即以钢材、铁丝网作为塑山的结构骨架,适用于大型假山。

任务实施

1.塑山的工艺流程

(1)砖骨架塑山。

放线→挖土方→作基础→浇混凝土垫层→作砖骨架→打底→造型→面层批荡及上色修饰→成型。

(2)钢骨架塑山。

放线→挖土方→作基础→浇混凝土垫层→焊接钢骨架→做分块钢架、铺设铁丝网→双面混凝土打底→造型→面层批荡→上色修饰→成型。

2. 塑山施工的步骤与要点

(1)基架设置。根据山形、体量和其他条件选择基架结构,如砖石基架、钢筋铁丝网基架、混凝土基架或三者结合基架。按照设计的岩石形状和大小,用钢筋编扎山石的模胚形状作为塑石骨架,钢筋的交叉点用细铁丝扎紧,不松动。

(2)铺设铁丝网。铁丝网在钢骨架塑山中主要起成型及挂泥的作用。砖石一般不设铁丝网,但形体宽大者也需铺设,钢骨架必需铺设铁丝网。铁丝网要选择易于挂泥的材料。铺设之前,先做分块钢架附在形体简单的钢骨架上并焊牢。变几何形体为凹凸的自然外形,其上再挂铁丝网。铁丝网根据设计造型用木槌及其他工具成形。在钢骨架内、外表面进行涂刷防锈漆两遍。

(3)打底及造型。塑山骨架完成后,若为砖石骨架,一般以 M7.5 混合砂浆打底,并在其上进行山石皴纹造型;若为钢骨架,则应先抹白水泥麻刀灰二遍,再堆抹 C20 豆石混凝土,然后于其上进行山石皴纹造型。

(4)抹面及上色。水泥抹面。在防锈漆干后,用粗砂配制 1∶2 或 1∶2.5 的水泥砂浆,对山石皴纹找平,从钢筋骨架的内外两面进行抹面,抹 2～3 遍,使塑石的石面壳体总厚度达到 4～6 m。再用石色水泥浆进行面层抹灰,最后修饰成型。

塑山能不能仿真,关键在于石面抹面层的材料、颜色和施工工艺水平。要仿真,就要尽可能采用相同的颜色,并通过精心地抹面和石面皴纹、棱角的塑造,使石面具有逼真的质感,才能达到做假如真的效果。

(5)上色修饰。用氧化铁红 20～40 g 加水泥 500 g,再加适量 107 胶水调制紫砂色水泥浆,用毛刷对塑石表面进行涂抹上色。

石色水泥浆的配制方法主要有下面两种:

①采用彩色水泥直接配制。如塑黄石假山时采用黄色水泥,塑红石假山时采用红色水泥,塑青石假山时采用灰色水泥等。此法简便易行,但色调过于呆板和生硬,且颜色种类有限。

②白色水泥中掺加颜料。此法可配成各种石色,且色调自然逼真,但技术要求高,操作比较烦琐。

训练与评价

1. 目的要求

掌握并能够熟读塑山施工图纸,正确指导塑山工程施工。

2. 施工内容

某公园拟建塑山工程,其施工图分别为:塑山施工平面图(图 6-70)、塑山施工立面图(图 6-71)、塑山施工结构图(图 6-72)。根据塑山结构设计要求,进行施工。

3. 要点提示

施工步骤为:基础放样→基槽开挖→基础施工→骨架设置→钢丝网铺设→打底塑形→塑面→设色。

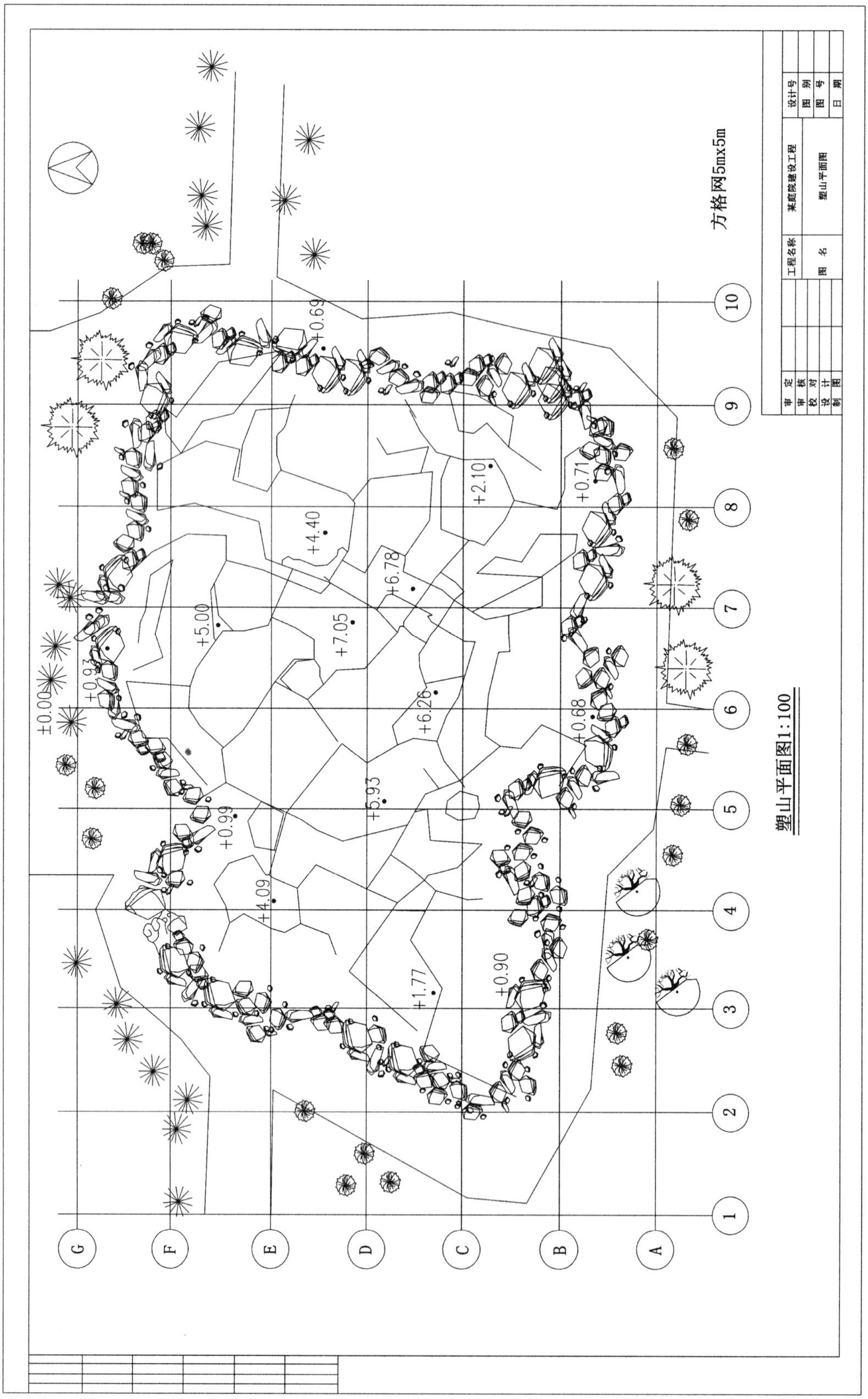

图6-70　塑山施工平面图

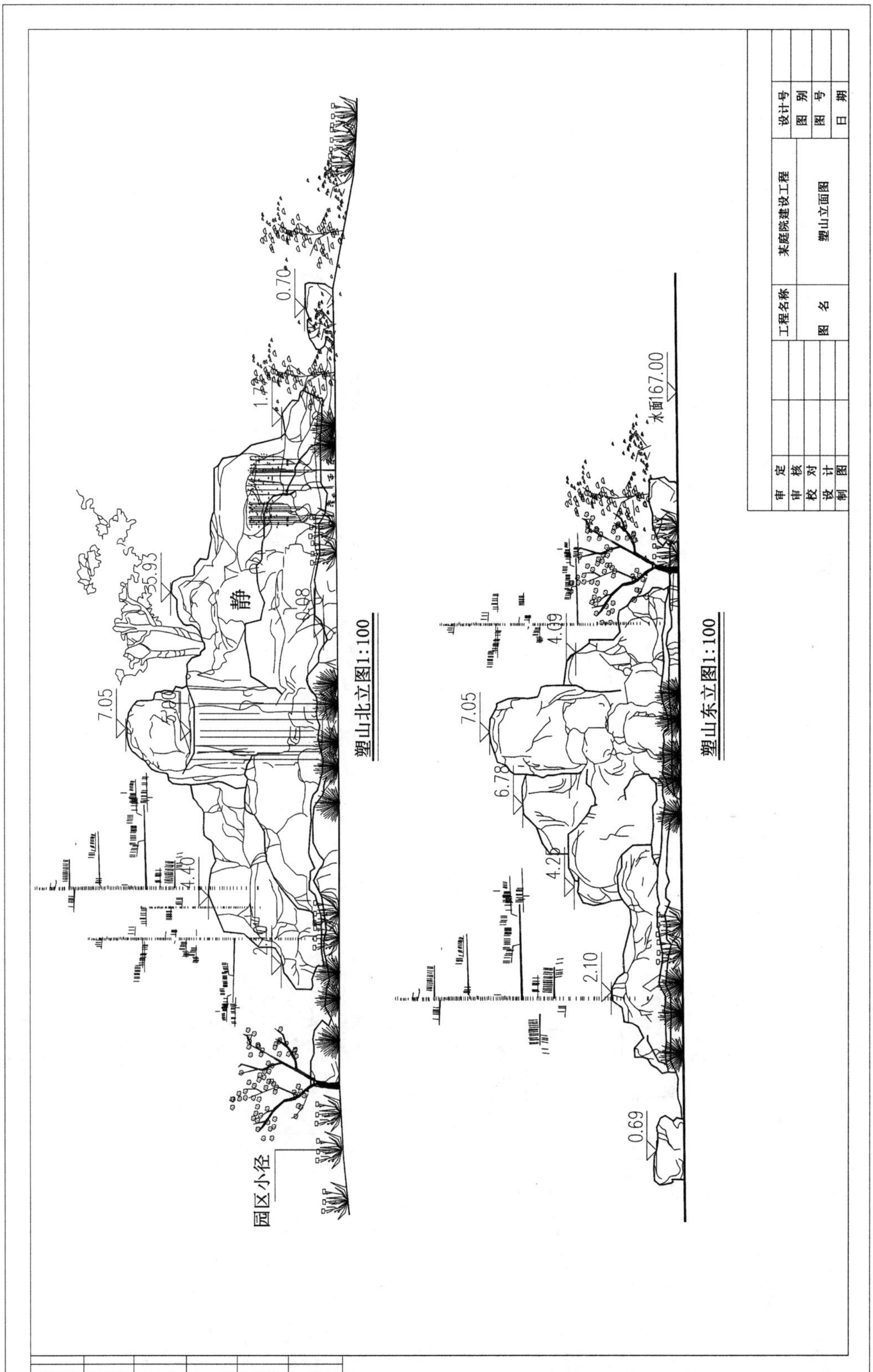

图6-71　塑山施工立面图

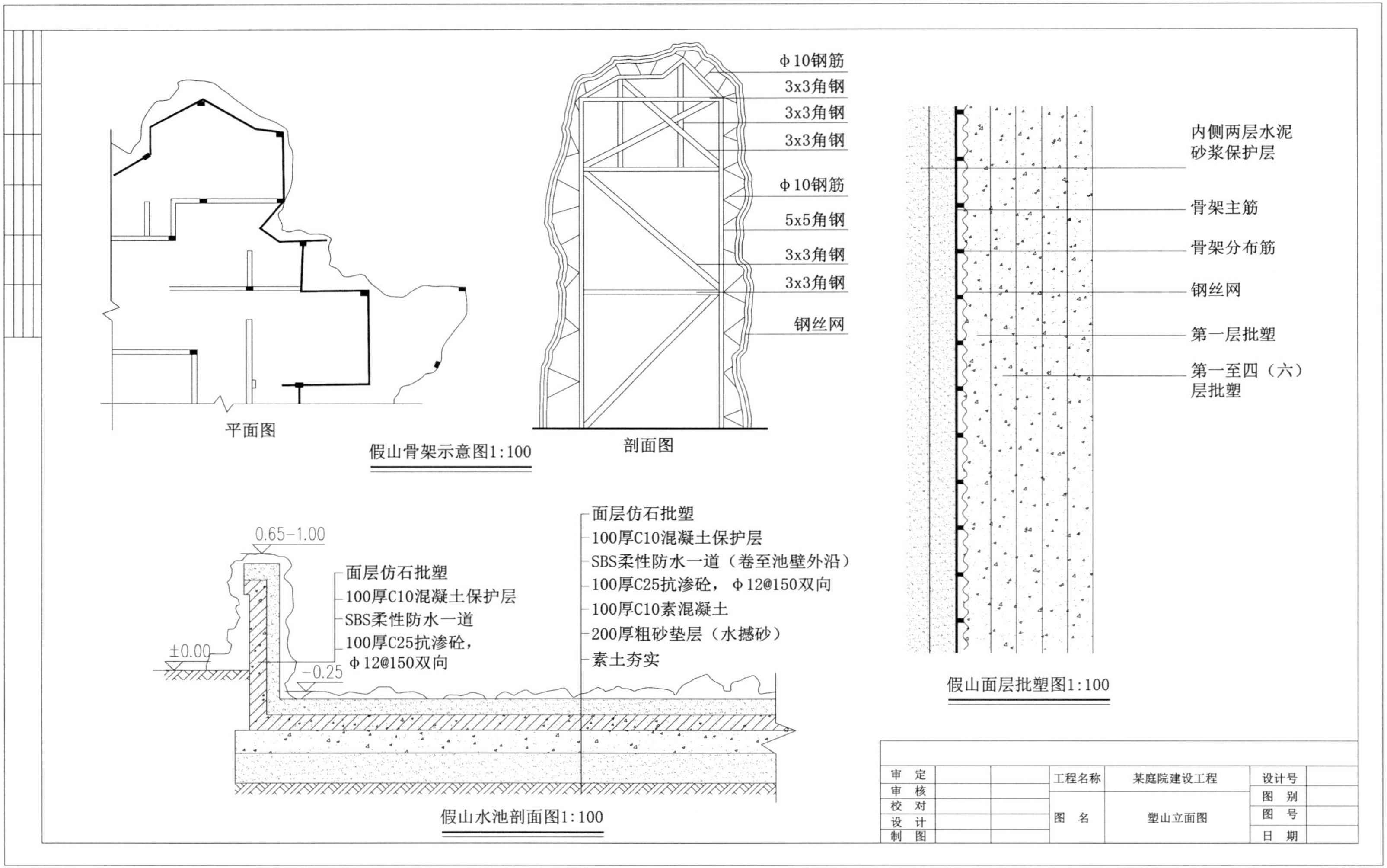

图6-72 塑山施工结构图

4. 自我评价

序号	评价内容	评价标准	自我评价
1	基础放样	假山平面位置及边线符合要求(10 分)	
2	基槽开挖	素土夯实符合要求(10 分)	
3	基础施工	混凝土配比及基础规格符合要求,浇筑方法正确(10 分)	
4	骨架设置	符合工艺流程,方法正确(10 分)	
5	钢丝网铺设	符合设计要求,方法正确(10 分)	
6	打底塑形	符合工程规范,塑形符合要求(10 分)	
7	塑面	符合工程规范,塑面符合要求(20 分)	
8	设色	符合设计要求,方法正确(10 分)	
9	假山外观	假山外观达到设计要求,具有观赏和使用功能(10 分)	

典型案例:假山鱼池案例欣赏

幽雅、宁静,绿树成荫,鸟语花香,使人流连忘返,这是现代庭院假山鱼池的特点。人们可以在庭院假山鱼池旁看书,在纷忙的生活中,感受久违的清幽。凉亭、绿树、卵石路,透出的是优雅与闲适,真想在这美好的环境中喝一杯怡然的下午茶,这是现代人对庭院假山鱼池的真实感受。

在别墅庭院景观设计、私家花园景观设计制作上,我们一直强调庭院景观的强烈归属感与尊贵的理性荣耀,将业主的居住理想与亲近自然、向往自然的深度渴求结合,力求用精练的笔触勾勒无限意境。下面是绿人园林景观施工队制作的一系列庭院假山鱼池,供欣赏和借鉴。

山水鱼池:天然石、迎客松、流动的溪水、杂草丛生相互映衬、相互修饰,乱中有序,这就像一条自然小溪,见图 6-73。

图 6-73 山水鱼池

人造假山鱼池：人造假山造型奇特，变化多端，多有山形、台洞形等自然景观，也有宝塔形、立柱形及人物、动物等形象，既具象又抽象，秀丽静美、淡雅端庄，见图 6-74。

图 6-74　人造假山鱼池

塑石假山鱼池：塑石假山鱼池以造型诡异、不受限制，造价便宜而得到广泛推广，造型姿态或雄伟厚实、或细腻生动、或委婉玲珑，极富欣赏价值，见图 6-75。

图 6-75　塑山假山鱼池

假山流水鱼池：假山鱼池最怕的就是"死水一潭"，让住户掩鼻而过，让物业叫苦连天，因此，在造型的同时，更要对水补充、排泄、循环、净化等一系列问题进行考虑，真正做到"绿色""生态"，才可持续发展。

复习思考题

1. 假山的功能和作用有哪些？
2. 假山的类型有哪些？

3. 假山的常用石材有哪些?

4. 置石的布置方式有哪些?

5. 简述假山的施工过程。

6. 何为塑山及其特点?

7. 简述假山的平面、立面设计过程。

8. 简述塑山的施工工艺。

知识目标

- 了解园林种植工程的概念、种植季节和成活率；
- 掌握在园林绿地中的乔、灌木种植技术；
- 掌握大树移植的关键技术；
- 掌握花坛建植技术；
- 掌握草坪建植技术；
- 掌握水生植物的栽植技术。

技能目标

- 能进行乔、灌木的栽植；
- 能进行大树移植；
- 能进行花坛、草坪的建植；
- 能进行水生植物的栽植；
- 能根据图纸进行绿化工程中植物的种植施工。

园林种植工程是指按照设计施工图纸与施工组织计划，结合园林植物生态学特性，对园林植物进行科学施工与管理的过程。

项目一

乔灌木的栽植

乔灌木的栽植按照施工的先后顺序分为：栽植前的准备工作、定点与放线、挖穴、掘苗、运苗、假植与定植、栽植后的养护管理、验收。

任务一 栽植前的准备工作

任务描述

绿化种植前，要根据规划设计的各项技术参数和环境条件做好准备工作，以保证后期工程的顺利进行。

任务实施

1. 了解工程概况和设计意图

(1)了解工程地点和施工范围。

(2)了解工程量和施工期限。

(3)了解设计意图。

(4)了解工程预算造价。

(5)确定定点、放线的依据。

(6)制订苗木、工具材料、劳动力、机械运输等来源计划。

(7)其他工作。

2. 施工场地踏勘

在了解设计意图和工程概况之后，负责施工的主要人员必须亲自到施工现场进行细致地踏勘与调查，主要内容如下：

(1)了解施工场地周围环境。

(2)查看施工场地的地形、地质情况。

(3)查看交通、水源、电源、电信等状况。

(4)调查施工现场地上与地下情况。

(5)搭建现场办公室、生活设施用房、材料仓库等。

3.施工组织设计

施工组织设计是根据工程规划设计所制订的施工计划，又称施工方案或施工组织计划，主要内容有：

(1)工程概况。a.工程名称与施工地点；b.参加施工的单位或部门；c.工程设计意图；d.工程的特点；e.工程范围、工程内容、工程量、工程造价等。

(2)施工的组织机构。a.参加施工的单位、部门及负责人；b.需设立的职能部门，职责范围及负责人；c.明确施工队伍，确定任务范围，任命班组，规定有关制度和要求；d.确定劳动的来源。

(3)施工进度。施工进度可分为工程总进度和单项任务进度。为了详细及清楚地记录工程进度情况，通常采用园林工程进度计划表，样式如表 7-1 所示。

表 7-1　园林工程进度计划表

工程名称：　　　　　　　　　　　　　　　　　　　　　　　　年　　月　　日

工程地点	工程项目	工程量	单位	定额	用工	工程进度					备注
						×月×日	×日	×日	×日	……	

主管：　　　　　　　审核：　　　　　　　技术员：　　　　　　　制表：

(4)材料工具、劳动力、机械运输供应计划。苗木、工具材料、机械车辆供应计划一般分别采用表 7-2 至表 7-4 进行制订。

表 7-2　园林工程用苗计划表

工程名称：　　　　　　　　　　　　　　　　　　　　　　　　年　　月　　日

苗木品种	规格	数量	出苗地点	供苗日期	备注

主管：　　　　　　　审核：　　　　　　　技术员：　　　　　　　制表：

表 7-3　园林工程工具材料计划表

工程名称：　　　　　　　　　　　　　　　　　　　　　　　　年　　月　　日

工程地点	工程项目	工具材料	单位	规格	需用量	使用日期	备注

主管：　　　　　　　审核：　　　　　　　技术员：　　　　　　　制表：

表 7-4　机械车辆使用计划

工程名称：　　　　　　　　　　　　　　　　　　　　　　　　年　　月　　日

工程地点	工程项目	机械车辆	型号	台班	使用日期	备注

主管：　　　　　　　审核：　　　　　　　技术员：　　　　　　　制表：

(5)施工预算。施工预算是施工单位的内部预算，是以施工图预算为直接依据，结合施工企业自身情况，按照单项工程或单位工程编制施工管理、材料消耗、劳动力消耗和机械台班消耗等费用。

(6)绘制施工现场平面图。平面图上应标明施工现场的交通路线，定点、放线的基准点，苗木到现场后堆放、假植场地，临时工棚、工具房等。

(7)制定技术和质量管理措施。既要遵守国家、地方的园林绿化施工技术操作规范，又要结合各项工程的实际情况，提出相应的要求和规定，确保工程质量目标的完成。

(8)制定安全生产制度。园林绿化施工多在室外作业，必须建立科学的操作规程、健全的安全生产组织，制定完善的安全生产检查和管理办法、场地财物保障制度等。

(9)提出工程竣工验收办法。主要针对各项工程实际情况，制定工程竣工验收的时间、人员组成、资料内容等。

要实现园林绿化工程的规范化建设，应根据不同项目的基本资料，预先制订出一套切实可行的施工组织计划，确保工程在省工、省料、省钱，且质量目标不变的情况下顺利完成。

4.施工现场准备

(1)做好“三通”工作。“三通”工作是指接通电源、水源，修通临时道路。做好“三通”工作是保证工程正常开工的必要条件。

(2)搭建工棚，组建现场办公室。园林绿化施工时间往往安排较紧，如果现场或周边没有能直接利用的房屋，应选择一块合适场地搭建临时工棚，组建一个现场管理办公室、生活配套用房及工具材料仓库等。

(3)清理障碍物。在工程的规划红线范围内，凡设计图中未标明保留的市政设施、农田设施、房屋、树木、坟墓、堆放物等障碍物，一律应进行拆除和迁移。

(4)整理地形，改良土壤或客土。根据设计图的要求对清理好障碍物的场地整理出相应的地形，如果原有地形高度与设计标高相差较大，必须采取客土办法进行弥补。对于较大面积的场地平整或造型，最好使用掘土机及推土机进行处理；而小型区域一般采用人工整理。地形整理过程中，还应注意做好绿地的排水。绿地排水一般依靠地面坡度进行，让雨水从地表自行径流到道路旁的下水道或明沟。

(5)抑制蒸腾剂、生根粉技术介绍。近几年，一项免修剪大树移栽技术在我国南方地区开始应用。该技术是以抗蒸腾剂技术为核心，能最大限度地保留原有的树形美态和提高移栽的成活率。

该技术是应用抗蒸腾剂(如 TCP 植物蒸腾抑制剂)喷洒树冠枝叶，抑制树冠叶片的蒸腾作用，使移栽时的水分代谢处于一个相对平衡的状态。结合科学的配方施肥、容器苗育苗、免修剪移栽技术等先进技术，大大缩短了大规格苗木的成苗时间和成苗质量，实现城市绿化的"快速见效"。

ABT 生根粉是一种广谱、高效、复合型的植物生长调节剂，目前已在全国各地广泛推广，应用植物达千余种。ABT 生根粉能通过强化、调控植物内源激素的含量和重要酶的活性，促进生物大分子的合成，诱导植物不定根或不定芽的形成，调节植物代谢强度，达到提高育苗、造林成活率及作物产量、质量和抗性的目的。

任务二　栽植技术

任务描述

栽植技术是栽植工程的关键，直接影响着栽植的成活率。可分为定点放线、挖穴、掘苗、运苗、假植与定植几个方面。

任务实施

1. 定点放线

定点、放线是指在施工场地依据施工图，用合适的方法测定乔灌木的种植位置，标出小灌木群植(俗称色块、色带)的范围。定点、放线工作之前，首先要选择好定点放线的依据，根据施工图纸确定好基准点或基准线、特征线；同时要了解测定标高的依据。如果需要把某些地物点作为基准点时，应检查这些点在图纸上的位置与实际位置是否相符。如果不相符，应征求设计单位的意见，重新确定一些固定的地上物作为定点放线的依据。测定的基准点应立木桩作为标记。由于园林植物的种植形式多样化，在施工中定点放线的方法也不同，常用的有以下两种：

(1)规则式种植的定点、放线。规则式种植有明显的轴线、株距相等，所以定点、放线相对比较简单。以种植行道树为例，先放好行位，再定好点位。具体操作规程是，以路牙内侧为准，在没有路牙的道路以路面中心线为准，用钢尺或皮尺测定行位，按设计图规定的株距，大约每10 株钉一个行位控制桩，再以行位控制桩为依据，测定出株位中心点，内撒白灰，作为定位标记。

如果是成片规则式种植，可采用网格法进行放线。网格法适用于范围大、地势平坦的园林绿地。按比例在设计图上和现场分别找出距离相等的方格(如 10 m、15 m、20 m 等)，定点时先在设计图上量好树木每行及每列的端点位置，再按比例测出现场相应的点位，钉稳桩(桩要尽量保持垂直)，用尼龙绳绑在桩上并拉直，最后将白灰撒在网格端点和交叉点上。还应特别注意的是，定点、放线不宜在雨前操作。

(2)自然式种植的定点、放线。自然式种植的定点和放线相对复杂些，要根据实际情况而定，通常有四种方法：

仪器法——对于较大面积的自然式绿地，可借用测量仪器(如平板仪、经纬仪等)进行测定树木的点位。

交会法——适用于小面积的绿地，当现场内建筑物或其他标记与设计图相符时，以标记物的两个固定位置为依据，根据设计图上与该两点的距离相交会，定出植树位置。

网格法——适用于范围较大的自然绿地，先根据设计图在场地上定好网格，再在每个方格内用纵横坐标定好树木种植的点位。

目测法——对于小灌木群植等，可先用以上方法测定种植的范围，再根据每平方米种植株数要求结合目测法进行定点，定点时应注意整体的美观效果。

2. 挖穴

挖穴的质量对苗木的生长有很大影响。穴径的大小应根据根系或土球直径的大小、土质情况来决定，一般穴径应大于 0.3～0.5 m。穴深根据根系类型确定。穴口不得挖成圆锥形或锅底形。

(1)人工挖穴。工具：锹、镐。操作方法：以定点木桩为圆心，按确定的穴径垂直挖到一定深度。穴底挖松、拂平(图 7-1)。

图 7-1　人工挖穴

栽植裸根苗木的穴底最好挖松后在中央堆个小土堆，利于根系舒展。挖完后，定点木桩放入穴内，以备散苗时核对。

(2)机械挖掘。大量挖穴时，采用机械挖掘。操作时应注意定位准确，穴形正确，必要时辅以人工挖掘。

(3)注意事项。a. 挖出的表土与底土应分别堆放，待填土时将表土填入下部，底土填入上部和做围堰用。b. 当土质不良时，应加大穴径，并将杂物清走。如遇不利于树木生长的物质，将穴径加大 1～2 倍。c. 挖穴时，如遇地下管线时，应停止操作，及时找有关部门解决，以免发生事故。d. 绿篱等株距较小者，可挖成沟槽。

3. 掘苗

起苗的质量好坏直接影响树木的成活和生长。因此，操作时要认真仔细，按规定标准带足根系，不使其破损。

(1)准备工作

选苗——苗木的质量是影响成活和生长的重要因素。挂牌——在选定的苗木上挂一个牌，注明树木的名称和所要求的穴径，便于施工。灌水——当土壤较干时，为了便于挖掘，保护根系应在起苗前 2～3 天进行灌水湿润。拢冠——为了便于起苗操作，对于侧枝低矮和冠丛庞大的苗木，应先用草绳捆拢树冠，注意不要损伤枝条。断根——地径较大的苗木，起苗前在根系周边挖半圆进行预断根，深度一般为 15～20 cm。

(2)裸根苗挖掘操作步骤

画线——根据掘苗的规格，以树干为中心画线。

挖木与切根——如遇到大根应尽量保留，画线以外的侧根可以切断。

掏底土——尽量保存根部护心土，轻放植株倒地。

(3)带土球苗挖掘操作步骤

画线——以树干为中心，按苗木规格确定土球大小在地面画一个圆圈，一般圈的大小要比挖后的土球稍大一些。

去表层土——因表层土根系密度很低，为了减轻土球重量，可先去掉一层表土。

挖坨与修平——沿地面画线外缘向下垂直挖沟，大苗沟宽一般为 50～80 cm，以便于操作。如果挖掘中遇到大根则需用手锯锯断，随掘随收，一直挖到规定的土球高度，球底暂不挖通。在用锹将土球表面轻轻铲平，上口稍大，下部渐小，修成红星苹果状(图 7-2)。

掏底土——直径小于 50 cm 的土球，可以直接将底土掏空，大于 50 cm 的土球则应将底土中心保留一部分。

草绳打包——常规的打包操作工序如下：a. 打内腰绳。若土质疏松，则应在土球修平时拦腰捆几道草绳，若土质坚硬则可以不打内腰绳。b. 包装。用两个规格合适的蒲包，对角剪开直到蒲包中心，用水浸湿后，一个蒲包兜底，另一个盖顶，中腰用草绳拴好，完全将土球覆盖起来。c. 捆纵向草绳。用浸湿的草绳，先在树干基部横向紧绕几圈并定牢，然后沿土球垂直方向约 30°缠捆纵向草绳，拉绳后用木槌、砖石块敲草绳，使草绳嵌入土中，捆得更加牢固。整个土球的纵向草绳捆完后，仍在树木基部收头。d. 打外腰绳。规格大于 50 cm 的土球，纵向草绳捆好后，还应在土球中腰横向，并排捆 3～10 道草绳，确保土球更加严实。e. 封底。凡在坑内打包的土球，当草绳捆好后将树苗顺势放倒，用蒲包将土球底部堵严，并用草绳捆牢(图 7-3)。

图 7-2　挖坨与修平

图 7-3　封底

出坑与平坑——土球打包好后，应立即抬出坑外，集中待运，并将挖掘出坑的土及时回填。

(4)苗木运输。实践证明，“随起、随运、随栽”是保障成活率的有力措施(傍晚起、夜间运、早上栽)。

裸根苗装车——装乔木时根前梢后，灌木直立；车后厢板应垫软物防止磨损；树梢不能拖地；根部要遮盖、拢好，减少失水。

带土球苗装车——2 m 高以下的立装，以上的斜放或平放；土球直径大于 20 cm 的只装一层，小的可码 2～3 层。

运输——在运输途中要经常检查毡布，防止根部受晒。长途运输时，应淋湿根部，在阴凉处停车。

卸车——卸车时要爱护苗木,轻拿轻放。裸根苗木应顺序拿放,不要乱抽乱堆。带土球苗木应双手抱土球拿放,不准拉树干和树梢,已经散的苗木,应及时包装。

4.假植

苗木运输到现场后,没能及时栽完的,要看离栽植时间长短,进行假植。

(1)裸根苗木的假植

覆盖法:苗木需要短期假植时,可用湿草袋盖严或挖浅沟把苗木根部盖严。

沟槽法:苗木需要较长时间才能假植时,可在空地上挖出宽 1.5～2.0 m,深 0.3～0.5 m,长度视具体而定的沟槽。将苗木树梢顺风斜放于沟中,然后用细土覆盖根部,层层码放。土壤干燥时应浇水,保持苗木根部湿润,但不可太泥泞(图 7-4)。

(2)带土球苗木的假植。带土球苗木在 1～2 天内栽不完时,应集中放好,周围培土,树冠用草绳拢好,假植时间长时,土球间隙应填土。假植时苗木应对叶面喷水。

图 7-4 假植

5.定植

具体操作步骤如下:

(1)修剪。高大乔木要在栽前修剪,小苗灌木要在栽后修好;落叶乔木疏枝时要与树干平齐,不能留残桩,灌木疏剪要与地面平齐。修剪时先将枯枝、病虫枝、树皮劈裂枝剪去,对过长的徒长枝要加以控制。较大的剪锯伤口,要涂抹防腐剂。使用枝剪时要注意上、下剪口垂直用力,切忌左右扭动剪刀,以免损伤剪口,粗大枝条最好用手锯锯断,然后再修平锯口。

(2)散苗。将树苗按设计图要求散放于定植坑边称"散苗",操作如下:a.爱护苗木轻拿轻放,不得损伤树根、树皮和树干。b.散苗速度与栽苗速度相适应,边散边栽,散毕栽完,尽量减少树根暴露时间。c.假植沟内剩余的苗木,要随时用土埋严树根。d.对有特殊要求的苗木,应按规定对号入座,不要乱搞。

(3)栽苗。

栽植时,应先将苗木的土球或根蔸放入种植穴内,使其居中,然后再将树干立起扶正,使其保持垂直。

树木扶直后,分层回填种植土,填土后将树根稍向上提一提,使根群舒展开,每填一层土要用锹把将土压紧实,直至填满穴坑,并使土面能够盖住树木的根颈部位。

检查扶正后,把余下的穴土绕根颈一周进行培土,做成环形的拦水围堰,其围堰的直径应略大于种植穴的直径,堰土要拍压紧实,不能松散。

种植裸根树木时,将原根系埋下 3～5 cm 即可,应将种植穴底填土呈半圆土堆,树木填土至 1/3 时,应轻提树干使根系舒展,并充分接触土壤,随填土分层踏实。

带土球树木必须踏实穴底土层,而后填满种植穴,层层踏实。

绿篱成块或成群种植时,应由中心向外顺序退植;坡式种植时应由上向下种植;大型块植或不同彩色丛植时,宜分区分块。

落叶乔木在非种植季节时,应根据不同情况分别采取以下技术措施:

a.苗木进行强修剪,剪除部分侧枝,保留的侧枝也应该疏剪或短截,并应保留原树冠的

1/3,同时必须加大土球体积。

b. 可摘叶的应摘去部分叶片,但不得伤害幼芽。

c. 夏季可搭棚遮阴,树冠喷雾,树干保湿,保持空气湿润;冬季应防风防寒。

d. 干旱地区和干旱季节,种植裸根树木应采取根部喷布生根激素,增加浇水次数等措施。

e. 栽植较大的乔木时在栽植后应马上加支撑,以防浇水后大风吹倒苗木。

(4)栽植应注意事项。

树身上、下应垂直。如果树干有弯曲,其弯向应朝当地风方向。行列式栽植必须保持横平竖直,左右相差最多不超过树干一半。

栽植深度。裸根乔木苗,应比较原根茎土痕深 5～10 cm;灌木应与原土痕齐;带土球苗木比土球顶部深 2～3 cm。

行列式植树,应事先栽好"标杆树"。方法是:每隔 20 株左右,用皮尺量好位置,先栽好一株,以这些标杆树为瞄准依据,全面开展栽植工作。

灌水堰筑完后,将捆拢树冠的草绳解开取下,使枝条舒展。

任务三　栽植后的管理

任务描述

栽植后的管理主要有浇水、设支柱、除草、施肥、修剪、补苗等几部分。

栽植后的养护

任务实施

1. 支立柱

较大苗木为了防止被风吹倒,栽植后应立刻设支柱支撑,多风地区尤为重要。支柱有单支柱和双支柱两种。

单支柱:用固定的木棍或竹竿,斜立于下风向,深埋入土 30 cm,支撑与树干之间用草绳隔开,并将两者捆紧。

双支柱:用两根木棍在树干两侧,垂直钉入土中,支柱顶部捆一横挡,先用草绳将树干与横挡隔开,以防擦伤树皮,后用铁线将树干与横挡捆紧。

行道树支柱,应注意不影响交通,一般不用斜支,常用双支柱、三角撑等(图 7-5)。

2. 浇水

树木定植后 24 h 之内必须浇上第一遍水,定植后第一次浇水为头水,水要浇透,使泥土充分吸收水分,灌头水主要的目的是通过灌水将土壤空隙填实,保证树根与土壤紧密结合以利于根系发育,故亦称为压水。水灌完后应做一次检查,由于踩不实树身会倒歪,要注意扶正,树盘被冲坏时要修好。之后应连续灌水,尤其是大苗,在气候干旱时,灌水极为重要,千万不可疏忽。常规做法为定植后必须连续灌 3 次水,之后视情况适时灌水。连续 3 次灌水后,要及时封穴,即将灌足水的树盘撒上细面土封住,以免蒸发和土表开裂透风(图 7-6)。

图 7-5　三角撑

图 7-6　浇水

3. 中耕除草

大型野草必须铲除，特别是对树木危害严重的各类藤蔓应除根。中耕除草应选在晴朗或初晴天气，土壤不过分潮湿的时候进行。

4. 施肥

树木休眠期和栽植前，需施基肥，树木生长期施追肥，可以按植物的生长势进行。施肥量，应根据树龄、树种、生长期和肥源以及土壤理化性状等条件而定。施肥宜在晴天，肥料不得触及树叶。

5. 修剪、整形

修剪应遵循"先上后下，先内后外，去弱留强，去老留新"的原则进行。乔、灌木的修剪应以自然树形为主，通过修剪调整树形，均衡树势。乔木类主要修剪徒长枝、病虫枝。交叉枝、下垂枝、扭伤枝及枯枝和烂头。灌木类修剪应使枝叶分布均匀。花灌木修剪，要有利于促进短枝和花芽形成。绿篱类修剪应促其分枝，保持全株枝叶丰满，造型绿篱按原有形态做整形修剪。

6. 防护

对高大乔木应以"预防为主、综合防治"的原则，做好预防工作。

7. 补植树木

树木缺株应尽早补植。补植季节：落叶树，应在春季土壤解冻后树木发芽前补植或在秋季落叶以后土壤冰冻以前补植；常绿树，应在春季土壤解冻后树木发芽前补植或在秋季新梢停止生长后、霜降以前补植。

8. 枯死树木的挖除

主干道及主要景区的枯死树木应连同根部及时挖除，并填平坑槽。非主干道及主要景区的枯死树可结合补植工作进行。

训练与评价

1. 目的要求

(1)正确分析影响苗木栽植成活的因素，做好栽植前的准备工作。

(2)根据树木栽植方法，学会并指导乔木和灌木的栽植施工。

2. 施工任务

图 7-7 至图 7-9 为某公园建设工程的施工图，根据绿化设计要求完成乔灌木的栽植施工。

图7-7 乔灌木栽植施工图

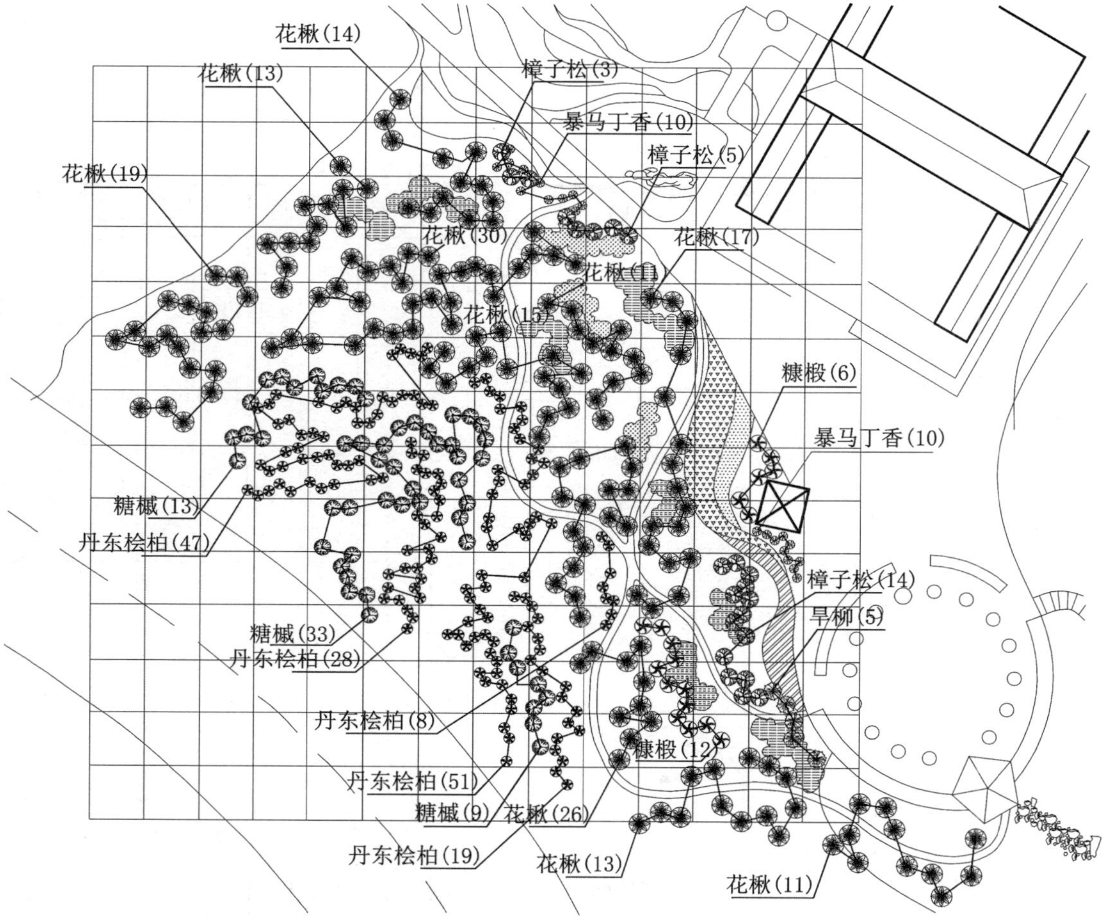

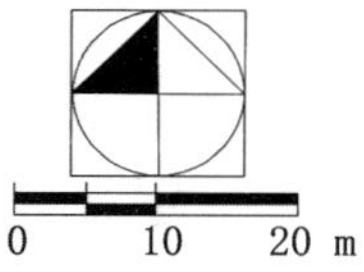

苗木表

序号	图例	植物名称	规格	数量（株）	备注
01		樟子松	H2-3m	22	
02		糠椴	H2-3m	22	
03		丹东松柏	D3-5cm	22	
04		旱柳	D5-8cm	22	
05		花楸	D5-8cm	22	
06		糖槭	D3-5cm	22	
07		暴马丁香	G80-100cm	22	
08		云杉	G30-50cm	212m²	25株/m²
09		金山绣线菊	G30-50cm	82m²	25株/m²
10		金焰绣线菊	G30-50cm	130m²	25株/m²
11		圆柏	G80-100cm	285m²	9株/m²
12		榆	G80-100cm	200m²	9株/m²
13		铺地柏		190m²	9株/m²
14		草地			

注：
地形在现状基础上，稍加整理，尤其在靠近道路的8-30m沿线内地形整理为由绝对高程768.00到765.00的缓坡地，便于栽植景观性植物组团。其后的地形则基本保持，仅稍加整理，片植花楸和林下常绿灌木。

说明：
1. 种植防线采用与总图相同的坐标系统，放线网格间距为5m。
2. 花楸（14）所代表的意义是植物名称（数量）。
3. 榆（70m²）所代表的意义是植物名称（种植面积）。
4. 所有苗木均应保持株型饱满统一，并确认无病虫害。
5. 所有植物间距应满足各植物材料的规格及生长需求。
6. 种植土深度乔木为1.10m，花灌木及绿篱为C.60m，地被为0.3m。

图7-8　乔灌木栽培施工图

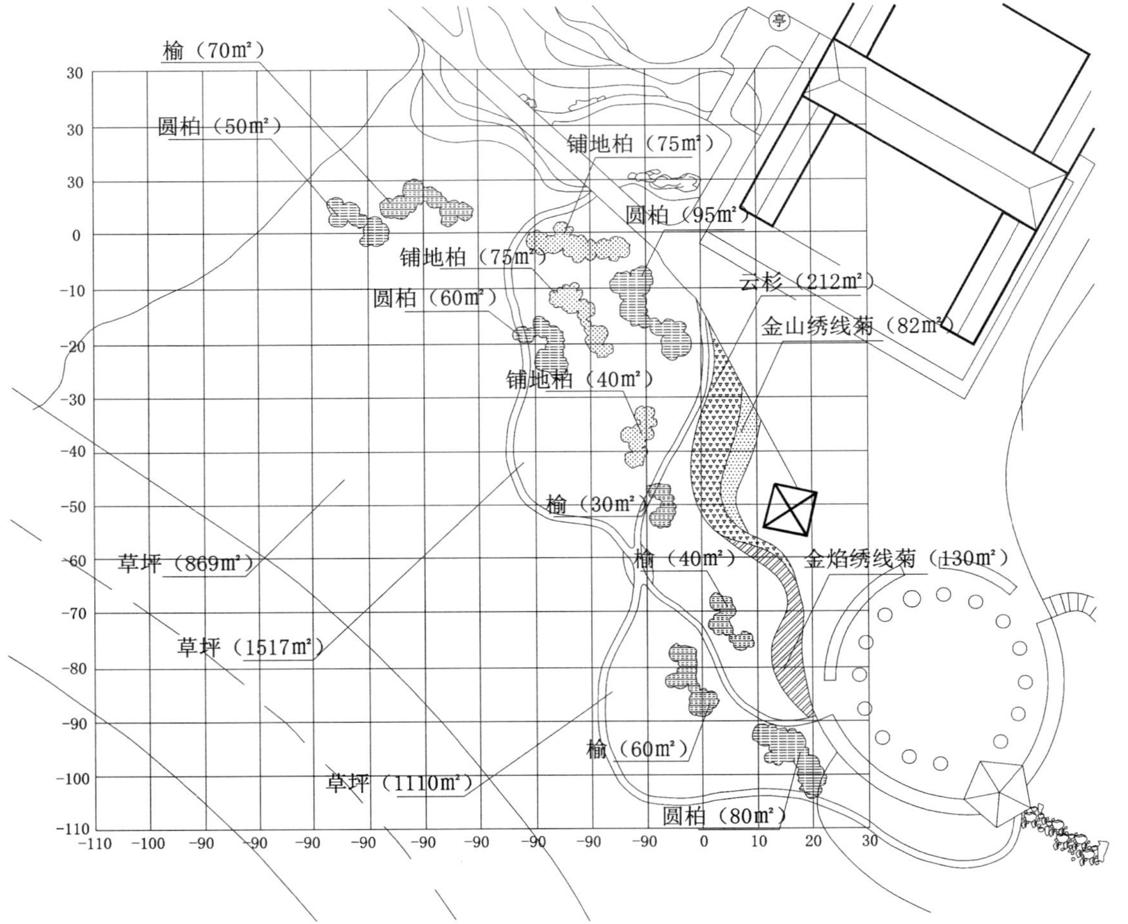

苗木表

序号	图例	植物名称	规格	数量（株）	备注
01		樟子松	H2-3m	22	
02		糠椴	H2-3m	22	
03		丹东松柏	D3-5cm	22	
04		旱柳	D5-8cm	22	
05		花楸	D5-8cm	22	
06		糖槭	D3-5cm	22	
07		暴马丁香	G80-100cm	22	
08		云杉	G30-50cm	212m²	25株/m²
09		金山绣线菊	G30-50cm	82m²	25株/m²
10		金焰绣线菊	G30-50cm	130m²	25株/m²
11		圆柏	G80-100cm	285m²	9株/m²
12		榆	G80-100cm	200m²	9株/m²
13		铺地柏		190m²	9株/m²
14		草地			

注：
地形在现状基础上，稍加整理，尤其在靠近道路的8-30m沿线内地形整理为由绝对高程768.00到765.00的缓坡地，便于栽植景观性植物组团。其后的地形则基本保持，仅稍加整理，片植花楸和林下常绿灌木。

说明：
1. 种植防线采用与总图相同的坐标系统，放线网格间距为5m。
2. 花楸（14）所代表的意义是植物名称（数量）。
3. 榆（70m²）所代表的意义是植物名称（种植面积）。
4. 所有苗木均应保持株型饱满统一，并确认无病虫害。
5. 所有植物间距应满足各植物材料的规格及生长需求。
6. 种植土深度乔木为1.10m，花灌木及绿篱为0.60m，地被为0.3m。

图7-9　乔灌木栽植施工图

3. 要点提示

工作步骤如下：

施工准备→场地平整→定点放线→选苗→掘苗及运输→挖种植穴→定植→植后管理。

4. 自我评价

序号	评价内容	评价标准	自我评价
1	施工准备	正确并熟读施工图表达内容，了解设计意图；施工机具准备充分；场地清理干净，高程符合要求(20 分)	
2	定点放线	放线方法合理，乔木位置定位正确(15 分)	
3	选苗、掘苗及运输	所选苗木优良；起苗方法正确，根系完好；运输途中保护措施得当(15 分)	
4	挖种植穴	栽植穴标准，大小符合要求(15 分)	
5	栽植	栽植操作得当，树木直立，栽植牢固(15 分)	
6	养护	设支柱牢固、浇水时间及时、浇水量充足(10 分)	
7	栽植效果	树木栽植符合要求，树木生长良好(10 分)	

项目二

大树移植

大树移植，在城市园林绿化建设中具有重要的意义，有些重点工程，往往要求在较短的时间内就要体现绿化美化的效果，这就需要移植相当数量的大树(所谓大树指干径 10 cm 以上、高 4 m 以上的大乔木)，如何移植需要具体的树种具体对待。

任务一 软材包装法移植

任务描述

软材包装法移植适用于挖掘圆形土球，树木胸径 10～15 cm 或稍大一些的常绿乔木。

相关知识

一、大树的选择

根据设计图纸和说明所要求的树种规格、树高、冠幅、胸径、树形(需要注明观赏面和原有朝向)、长势等，到郊区或苗圃进行调查，选树并编号。注意选择接近新栽地环境的树木，野生树木主根发达、长势过旺的不易成活，适应能力也差。

不同类别的树木，移植难易不同。一般灌木比乔木移植容易；落叶树比常绿树容易；扦插繁殖或经多次移植须根发达的树比播种未经移植、直根性和肉质根类树木容易；叶型细小比叶少而大者容易；树龄小比树龄大的容易。大树移植，一般选用乡土树种，特殊情况例外。此外，应选择生长在地形平坦，便于挖掘和包装运输地段的树木。

二、大树移植的时间

严格说来，如果掘起的大树带有较大的土球，在移植过程中严格执行操作规程，移植后要注意养护，那么在任何时间都可以进行大树移植。但在实际中，最佳移植时间是早春，因为这时树液开始流动并开始生长、发芽，挖掘时损伤的根系容易愈合和再生，移植后，经过从早春到晚秋的正常生长，树木移植时受伤的部分已复原，给树木顺利越冬创造了有利条件。在春季树木开始发芽而树叶还没全部长成以前，树木的蒸腾还未达到最旺盛时期，此时带土球移植，缩短土球暴露的时间，栽后加强养护也能确保大树的存活。

盛夏季节，由于树木的蒸腾量大，此时移植对大树成活不利，在必要时可加大土球，加强修剪、遮阴，尽量减少树木的蒸腾量，也可成活，但费用较高。在北方的雨季和南方的梅雨期，由于空气中的湿度较大，有利于移植，可带土球移植一些针叶树种。

深秋及冬季，从树木开始落叶到气温不低于－15℃这一段时间，也可移植大树。这期间树木虽处于休眠状态，但地下部分尚未完全停止活动，故移植时被切断的根系能在这段时间进行愈合，给来年春季发芽生长创造良好的条件。但在严寒的北方，必须对移植的树木进行土面保护，才能达到这一目的。

南方地区尤其在一些气温不太低、湿度较大的地区一年四季均可移植，落叶树还可裸根移植。

我国幅员辽阔，南北气候相差很大，具体的移植时间应视当地的气候条件以及需移植的树种不同而有所选择。

三、大树移植前的准备工作

(1)大树预掘的方法。为了保证树木移植后能很好地成活，可在移植前采取一些措施，促进树木的须根生长，这样也可以为施工提供方便条件，常用下列方法：

多次移植　此法适用于专门培养大树的苗圃。速生树种的苗木可以在头几年每隔1～2 年移植一次，待胸径达 6 cm 以上时，可每隔 3～4 年再移植一次。而慢生树待其胸径达3 cm 以上时，每隔 3～4 年移植一次，长到 6 cm 以上时，则隔 5～8 年移植一次。这样，树苗经过多次移植，大部分的须根都聚生在一定的范围，因而再移植时可缩小土球的尺寸和减少对根部的损伤。

预先断根法(回根法)　适用于一些野生大树或一些具有较高观赏价值树木的移植。一般是在移植前 1～3 年的春季或秋季，以树干为中心，2.5～3 倍胸径为半径，或较小于移植时的土球尺寸为半径画一个圆形或方形，再在相对的两面向外挖 30～50 cm 宽的沟(其深度视根系分布而定，一般为 60～100 cm)，对较粗的根应用锋利的锯或剪齐平内壁切断，然后用沃土(最好是沙壤土或壤土)填平，分层踩实，定期浇水，这样便会在沟中长出许多须根。到第二年的春季或秋季再以同样的方法挖掘另外相对的两面，到第三年时，在四周沟中均长满了须根，这时便可移走。挖掘时应从沟的外缘开挖，断根的时间可按各地气候条件有所不同。

根部环状剥皮法　同上法挖沟，但不切断大根，而采取环状剥皮方法，剥皮的宽度为 10～15 cm，这样也能促进须根的生长，这种方法由于大根未断，树身稳固，可不加支柱。

(2)大树的修剪。修剪是大树移植过程中，对地上部分进行处理的主要措施。修剪枝叶是修剪的主要方式，凡病枯枝、过密交叉徒长枝、干扰枝均应剪去。修剪量与移植季节、根系情况有关。除修剪枝叶的方法外，有时也采用摘叶、摘心、摘果、摘花、除芽、去蘖和刻伤、环状剥皮等措施。

(3)编号定向。编号是当移栽成批的大树时，为使施工有计划地顺利进行，可把栽植坑及要移栽的大树均编上一一对应的号码，使其移植时可对号入座，以减少现场混乱及事故。

定向是在树干上标出南北方向，使其在移植时仍能按原方位栽下，以满足它对庇荫及阳光的要求。

(4)清理现场及安排运输路线。在起树前，应把树干周围 2～3 m 以内的碎石、瓦砾堆、灌木丛及其他障碍物清除干净，并将地面大致整平，为顺利移植大树创造条件。然后按树木移植的先后次序，合理安排运输路线，以使每棵树都能顺利运出。

(5)支柱、捆扎。为了防止在挖掘时由于树身不稳、倒伏引起工伤事故及损坏树木，在挖掘前应对需移植的大树进行支柱，一般是用 3 根直径 15 cm 以上的大戗木，分立在树冠分支点下方，然后再用粗绳将 3 根戗木和树干一起捆紧，戗木底脚应牢固支持在地面，与地面呈 60°左右。支柱时应使 3 根戗木受力均匀，特别是避风向的一面。戗木的长度不定，底脚应立在挖掘范围以外，以免妨碍挖掘工作。

(6)工具材料的准备。准备好移植所需的工具材料，如吊车、草绳、铁锹、蒲包等。

任务实施

1. 土球大小的确定

树木选好后，可根据树木胸径的大小来确定挖土球的直径和高度，一般来说，土球直径为树木胸径的 7～10 倍，土球过大，容易散球且会增加运输困难；土球过小，又会伤害过多的根系，影响成活。所以土球的大小还应考虑树种的不同以及当地的土壤条件，最好是前往现场试挖一株，观察根系分布情况，再确定土球大小。

2. 土球的挖掘

挖掘前，先用草绳将树冠围拢，其松紧程度以不折断树枝又不影响操作为宜，然后铲除树干周围的浮土，以树干为中心，比规定的土球大 3～5 cm 画一圆，并顺着此圆圈往外挖沟，沟宽 60～80 cm，深度以到土球所要求的高度为止。

3. 土球的修整

修整土球要用锋利的铁锹，遇到较粗的树根时，应用锯或剪将根切断，不要用铁锹硬扎，以防土球松散。当土球修整到 1/2 深度时，可逐步向里收底，直到缩小到土球直径的 1/3 为止，然后将土球表面修整平滑，下部修一小平底，土球就算挖好了。

4. 土球的包装

土球修好后，应立即用草绳打上腰箍，腰箍的宽度一般为 20 cm 左右，然后用蒲包或蒲包片将土球包严，并用草绳将腰部捆好，以防蒲包脱落，然后即可打花箍：将双股草绳一头拴在树干上，草绳绕过土球底部，顺序拉紧捆牢，草绳的间隔在 8～10 cm，土质不好的，还可以密些。花箍打好后，在土球外面结成网状，最后再在土球的腰部密捆 10 道左右的草绳，并在腰箍上打成花扣，以免草绳脱落。

土球打好后，将树推倒，用蒲包将底堵严，用草绳捆好，土球的包装就完成了。在我国南方，一般土质较黏重，故在包装土球时，往往省去蒲包或蒲包片，而直接用草绳包装，常用的有橘子包(其包装方法大体如前)、井字包和五角包。

5. 吊运

起吊时用专业帆布带起吊容易伤皮，所以在起吊树木时应在树干上包扎麻袋片。在吊树时还要在麻袋周围均匀加木条，再扣帆布吊树带，以免将树皮拉伤。树干吊点最好选择在分杈与树节处，但必须注意树与土球的平衡(图 7-10)。把树吊上车时，因树冠大、枝多，车上应准备

图 7-10　大树吊运

一根长木条或沙包。把树放上车时土球靠车头，树冠朝后，车上横架木条或堆放沙包，将树架在木条或沙包上，靠木条处用麻袋垫上，避免伤到树皮。土球两侧用砖或沙包靠紧，使土球不会两侧摇动。

6. 挖穴

选择种植点时不得在积水、地势低处。在挖穴时根据每棵树的土球大小决定穴的大小，一般比土球直径大 30～40 cm，深 40～60 cm。在穴底层处放好底肥，回客土 20 cm 左右。回填土要比土球高些，因为松土经过浇水后会下降。树种植高度比原地面高 20 cm 左右，利于排水。

7. 种植

树种植时看准树冠方向，选定朝向。在树未下穴时将底部网和绳解开。如土球松散可不解底层，土球放入树穴后铲入客土，并用棍插紧周围。待土回填近 1/3 时，松吊树带，看树是否正直平稳，如斜一边用吊机勾吊树带拉直，并铲泥底部用棍插紧压实，直到树正直为止。将遮阳网和绳解开取出，再填满泥。

8. 栽植后的养护管理

(1)支撑树干。刚栽上的大树特别容易歪倒，要设立支架，把树牢固地支撑起来，确保大树不会歪斜。

(2)浇水。养护期中，要注意浇水。在夏天，要多对地面和树冠喷洒清水，增加环境湿度，降低蒸腾作用。

(3)施肥。移植后第一年秋天，就应当施一次追肥。第二年早春和秋季，也至少要施肥 2～3 次。

(4)生长素处理。为了促进根系生长，可在浇灌的水中加入 0.02%的生长素，使根系提早生长健全。

(5)包裹树干。为了保持树干的湿度，减少树皮蒸腾的水分，要对树干进行包裹。盛夏，为降低蒸腾量，也可在树冠周围搭荫棚或挂草帘。裹干时可用浸湿的草绳从树基往上密密地缠绕树干，一直缠裹到主干顶部。接着，再将调制的黏土泥浆厚厚地糊满草绳子裹着的树干。以后，可经常用喷雾器为树干喷水保湿。

(6)根系保护。对于北方的树木，特别是带冻土块移植的树木，移植后，定植穴内要进行土面保温，即先在穴面铺 20 cm 厚的泥炭土，再在上面铺 50 cm 的雪或 15 cm 的腐殖土或 20～25 cm 厚的树叶。早春，当土壤开始化冻时，必须把保温材料拨开，否则被掩盖的土层不易解冻，影响树木根系生长。

阅读材料

促进大树移植成活的有关措施和注意事项

大树移植是园林种植施工中难度较大的栽植工程，费工且费用也高，所以确保大树移植成活尤为重要，因此移植过程中必须认真做好每一道环节并设法采取各项有力措施。

(1)对于需要强度修剪的大树,应尽量在移植前15～30天进行修剪,并对3～5 cm以上口径的伤口进行保护。这样既可避免移植时树体损伤太重,树势过弱而难以成活,又可防止移植前伤口处大量萌发细嫩枝条。

(2)树木挖掘时,粗根必须用锋利的手锯或枝剪切断。然后用利刀削平切口,并用0.2%～0.5%的高锰酸钾涂抹伤口。这样有利于根系伤口的快速愈合并防止愈合前出现腐烂。

(3)在离种植穴0.5～1.0 m处开1～2个暗沟或盲沟,沟宽40～50 cm,沟深要超过种植穴深度。目的在于雨季排走地表径流,降低地下水位,排干种植穴土壤的过多水分。

(4)大树移植前1～2天,用50 mg/kg的赤霉素、萘乙酸、吲哚丁酸、1号或2号ABT生根粉溶液喷洒树冠枝叶或作为定根水浇灌,有利于大树成活。如果采用裸根移植,更应将根系在上述溶液中浸泡数小时。

(5)秋后及时撤除包扎在树干上的腐烂草绳,然后立即涂刷白涂剂,防止在喷水和包扎的湿润环境下的树皮出现冬季溃烂而使树木第二年死亡。树皮溃烂的原因是由于树皮抗性差易在冬季日夜温差较大的情况下产生冻害。

任务二　带土方箱移植

任务描述

树木胸径超过15 cm,土球直径超过1.3 m以上的大树,由于土球体积、重量较大,如用软材包装移植时,较难保证安全吊运,宜采用木箱包装移植法。这种方法一般用来移植胸径达15～25 cm的大树,少量的用于胸径30 cm以上的,其土台规格可达2.2 m×2.2 m×0.8 m,土方量为3.2 m^3。在北京曾成功地移植过个别的桧柏,其土台规格达到3 m×3 m×1 m,大树移植后生长良好。

任务实施

1.移植前的准备

首先要准备好包装用的板材,如箱板、底板和上板。掘苗前应将树干四周地表的浮土铲除,然后根据树木的大小决定挖掘土台的规格,一般可按树木胸径的7～10倍作为土台的规格(表7-5)。

表7-5　树木胸径与土箱规格

树木胸径/cm	15～18	19～24	25～27	28～30
土箱规格/m(上边长×高)	1.5×0.6	1.8×0.7	2.0×0.7	2.2×0.8

2.包装

移植前,以树干为中心,以比规定的土台尺寸大10 cm为边长,画一正方形作土台的雏形,从土台往外开沟挖掘,沟宽60～80 cm,以便下沟操作。挖到土台深度后,将四壁修理平整,使土台每边较箱板长5 cm。修整时,注意使土台侧壁中间略突出,以使上完箱板后,箱板能紧贴

土台。土台修好后(图 7-11),应立即安装箱板。

安装箱板时先将箱板沿土台的四壁放好,使每块箱板中心对准树干,箱板上边略低于土台 1～2 cm 作为吊运时的下沉系数。在安放箱板时,两块箱板的端部在土台的角上要相互错开,可露出土台一部分,再用蒲包片将土台包好,两头压在箱板下,然后在木箱的上下套好两道钢丝绳。每根钢丝绳子的两头装好紧线器,两个紧线器要装在两个相反方向的箱板中央带上,以便收紧时受力均匀(图 7-12)。紧线器在收紧时,必须两边同时进行,箱板被收紧后可在四角上钉上铁底板。全部钉好后,即可钉装上板,钉装上板前,上台应满铺一层蒲包片。上板铁皮 8～10 道,钉好铁皮后,用 3 根杉篙将树支稳后,即可进行掏底。掏挖时,首先在沟内沿着箱板下挖 30 cm,将沟清理干净,用特制的小板镐和小平铲在相对的两边同时掏挖土台的下部。当掏挖的宽度与底板的宽度相符时,在两边装上底板。在上底板前,应预先顶在箱板上,垫好木墩,另一头用油压千斤顶顶起,使底板与上台底部紧贴。钉好铁皮,撤下千斤顶,支好支墩。两边底板钉好后即可继续向内掏底。要注意每次掏挖的宽度应与底板的宽度一致,不可多掏。在上底板前如发现底土有脱落或松动,要用蒲包等物填塞好后再装底板。底板之间的距离一般为 10～15 cm,如土质疏松,可适当加密。

图 7-11　修整土台

图 7-12　安装侧板

底板全部钉好后,即可钉装上板,钉装上板前,上台应铺满一层蒲包片。上板一般 2～4 块(图 7-13),其方向应与底板成垂直交叉,如需多次吊运,上板应钉成“井”字形。

图 7-13　安装上板

◈ 阅读材料

其他移植法

一、机械移植

近年来，在国内发展起来一种新型的植树机械，名为树木移植机(tree transporter)，又名树铲(trees pades)，主要用来移植带土球的树木，可以连续完成挖栽植坑、起树、运输、栽植等全部移植作业。

树木移植机分自行式和牵引式两类，目前各国大量发展的都为自行式树木移植机，它由车辆底盘和工作装置两大部分组成。车辆底盘一般都是选择现成的汽车、拖拉机或装载机等，稍加改装而成，然后再在上面安装工作装置，包括铲树机构、升降机构、倾斜机构和液压支腿四部分。

铲树机构是树木移植机的主要装置，也是其特征所在，它有切出土球和在运移中作为土球的容器以保护土球的作用。树铲能沿铲轨上下移动，当树铲沿铲轨下到底时，铲片曲面正好能包容出一个曲面圆锥体，这也就是土球的形状。起树时通过升降机构导轨将树铲放下，打开树铲框架，将树围合在框架中心，锁紧和调整框架以调节土球直径的大小和压住土球，使土球不致在运输和栽植过程中松散。切土动作完成后，把树铲机构连同它所包容的土球和树一起往上提升，即完成了起树动作。

倾斜机构是使门架在把树木提升到一定高度后能倾斜在车架上，以便于运输。液压支腿则在作业时起支承作用，以增加底盘在作业时的稳定性和防止后轮下陷。

树木移植机的主要优点是：

(1)生产率高，一般能比人工提高5～6倍以上，而成本可下降50%以上，树木径级越大效果越显著。

(2)成活率高，几乎可达100%。

(3)可适当延长移植的作业季节，不仅春季而且夏天雨季和秋季移植时成活率也很高，即使冬季在南方也能移植。

(4)能适应城市的复杂土壤条件，在石块、瓦砾较多的地方也能作业。

(5)减轻了工人劳动强度，提高了作业的安全性。

目前我国主要发展三种类型移植机：

(1)能挖土球直径160 cm的大型机，一般用于城市园林部门移植径级16～20 cm以下的大树。

(2)挖土球直径100 cm的中型机，主要用于移植径级10～12 cm及以下的树木，可用于城市园林部门、果园、苗圃等处。

(3)能挖60 cm土球的小型机，主要用于苗圃、果园、林场、橡胶园等移植径级6 cm左右的大苗。

二、冰冻土球移植

在土壤冻结期挖掘土球，不必包装，可利用冻结河道或泼水冻结的平整土地，只用人畜便可拉运。优点是可以利用冬闲，省包装和减轻运输。中国古代北方帝王宫苑中移植大树，多用此法。

选用当地(尤其是根系)耐严寒的乡土树种,冬季土壤冻结不很深的地区,可于土壤封冻前灌水湿润土壤。待气温下降至－15～－12℃,土层冻结深达 20 cm 时,开始用羊角镐等挖掘土球。下部尚未冻结,可于坑穴内停放 2～3 天,预先未灌水,土壤干燥冻结不实,可于土球外泼水使其冻结。在土壤冻结很深的地区,为减少挖掘困难,应提前在冻得不深时挖掘,并泼水保冻。挖好的树未能及时移栽时,应用枯草落叶覆盖,以免日晒或经寒风侵袭而冻坏根系。运输时应选河道充分冻结时期;于土面运输时,应预先修平泥土地,选择泼水即冻的时期或利用夜间达到此低温时泼水形成冰层,以减少拖拉的摩擦阻力。

训练与评价

1. 目的要求

能正确运用软材包装移植法和土箱移植法进行大树移植。

2. 施工内容

某高等职业学院拟在大门前两块空地上进行绿化栽植工程。图 7-14 为该工程的平面图。根据设计要求将如图 7-15 所示雪松 2 株正确移植至该工程指定位置。

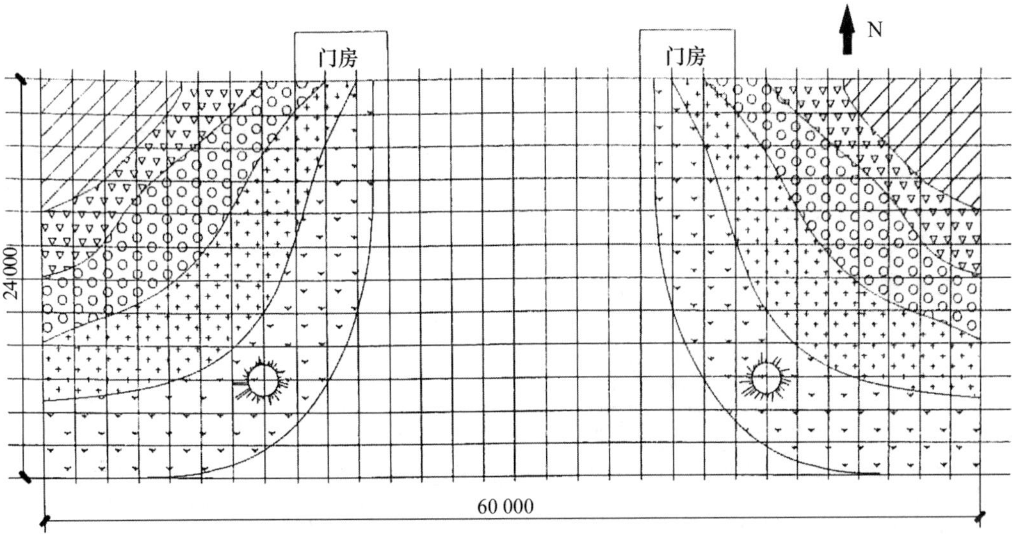

1∶250

设计说明:

该设计采用自然式设计,把有限的空间分割,疏朗空间与封闭空间相结合。乔、灌、草搭配良好,色彩对比强烈。里面层次丰富,一层比一层高地递进,形成丰富的立面效果,寓意“步步高”,象征该院蓬勃发展,一年上一个台阶。

苗木表

序号	图例	名称	规格	序号	图例	名称	规格
1		龙柏	h:0.8 m	4		红花酢浆草	
2		红檵木	h:0.6 m	5		马蹄金	
3		金叶女贞	h:0.4 m	6		雪松	

图 7-14　平面图

图 7-15 雪松

3. 要点提示

工作步骤为:栽植前准备→土台挖掘→木箱包装→起吊→运输→吊卸栽植→养护管理。

4. 自我评价

序号	评价内容	评价标准	自我评价
1	施工准备	施工工具准备充分;现场条件准备符合施工要求;不影响施工进度(10分)	
2	挖栽植穴	穴大小符合要求,穴底堆一土台(10分)	
3	土台挖掘	土台挖掘方法正确,土台规格符合要求(15分)	
4	木箱包装	包装次序正确,包装符合要求(15分)	
5	起吊运输	方法正确,满足施工要求(15分)	
6	吊卸栽植	木箱拆卸方法正确;定植方法正确(15分)	
7	养护管理	措施得当、及时、有效(10分)	
8	栽植效果	栽植符合设计要求,成活,生长良好(10分)	

项目三

草花与草坪的建植

任务一　花坛草花的栽植

任务描述

花坛是城市园林绿地的重要组成部分，常见的有圆形花坛、带状花坛、平面花坛、立体花坛等。花坛美化了城市，丰富了人们的文化生活，给人以美的享受。随着人民生活水平的提高，花坛的作用将越来越重要。成品草花的种植和养护是花坛草花种植工程建设的一个重要环节。

任务实施

1.栽植前的准备工作

(1)整地。花坛在栽种前首先要整地，一般需将土壤翻挖 25～40 cm，进行除草、翻晒，清除土壤中的碎石及其他杂物，并进行消毒处理。要求是富含大量有机质的腐殖土，底层垫上有机肥料或复合肥做基肥，然后盖上一层细的原土，且花坛内泥土土层面低于花坛(花池)口约 4 cm，连续多次种植草花的，要更换花坛(花池)土壤的土层。通常花坛地面中心应高于四周成倾斜面，若一面观赏的花坛应前低后高。一面倾斜花池的坡度一般为 7%～9%，花钵坡度为 40%～45%。

(2)施工放线。图案简单的花坛，可根据设计要求，应用几何原理，直接用皮尺量好尺寸，并用白灰线作明显标记，亦可用尼龙线标出图案轮廓。如果花坛面积较大，则可用方格网法放线。必要时可用粗铅线弯出图案模型；检查无误后，压于花坛地面。种植时接线到位，种完后小心取出铅线。

2.栽植过程

(1)起苗。裸根苗应随起随栽，保持根系完整。带土球苗起苗应保持土球完整，根系丰满。

起苗前应适当停水，起苗后立即包装好土球，确保土球不松散，即运即种。盆苗或袋苗，宜将盆或袋褪去，并确保土球不松散。

(2)种植时间。时间一般选择在 10:00 前或 16:00 后。若条件允许，最好选择在阴天进行。草花移植后，应及时淋水，并保持植株清洁。

(3)种植方法。灌水渗透，种植前 3～4 天，应充分灌水渗透花坛种植土，待土壤干湿度适宜再行栽植。苗木处理，裸根苗在栽前宜切断部分须根以促生新根，带土球苗应保持土球完整，种植前，苗木均应放在阴凉处。栽植穴、坑应稍大于土球和根系，保证苗根舒展；花坛的栽植间距，应以植株的高低、分蘖的多少、冠丛的大小而定，保证成长后具有良好的景观效果；花苗的栽植深度应充分考虑植物的生物学特性，一般以所埋之土与根茎处相齐为宜。栽植时，高的苗栽中间，矮的苗栽边缘，使花坛突出景观效果。栽入后，用手压实土壤，同时将余土耙平。栽后必须在当天淋透定根水。

(4)种植顺序。图案简单的花坛、单个的独立花坛，应由中心向外的顺序退栽；坡式的花坛，应由上向下地栽植。图案复杂的花坛应先栽好图案的各条轮廓线，再栽内部填充部分。大型花坛宜分区、块栽植。不同性质的花坛植物、高低不同的花卉混栽时，应先栽高的，后栽矮的；宿根、球根花卉与一、二年生草花混栽时，应先栽宿根、球根花卉，后栽一、二年生草花。

3. 日常养护管理

(1)淋水时间。一般在每天 10:30 前或 15:00 后淋水，避开暴晒的中午时段，提倡夜间淋水。

(2)淋水量。在雨水缺少季节，每天的淋水量要稍大于该种类的蒸腾量，淋水时要用花洒浇灌，禁用水枪直射。每日淋水必须浇透，遇到高温天气，每天可增加 1～2 次叶面喷水，保湿降温。

(3)施肥时间。每月可施肥 1～2 次。成品草花第一次施肥在移植后 7～10 天薄施，第二次施肥在移植后 25～30 天，第三次施肥在移植后 40 天左右进行。

(4)肥料选择。适当追施磷、钾肥，以使花多色艳，花期更长。

(5)施肥量。施肥量多少因植物的种类，品种而异，复合肥和叶面肥可根据需要混施，但肥料浓度一般不能超过 150 mg/kg。

(6)施肥方法。可采用埋施或水施等。埋施可先挖穴或开沟，施肥后要回填土、淋足水，除杂松土时要保护根系，不能伤根及造成根系裸露。

(7)修剪。及时清理或摘除已凋谢的残花及枯叶，以利于抽新芽、长新蕾，保持花坛的美观，徒长的花枝叶不得超过整体高度的 20 cm。如发现部分草花出现局部徒长，可通过摘心、摘花及换苗等方法保证花带的平整。

(8)补植、换植。及时清理死苗，补植同种类的草花，并力求规格与原来植株接近，以保证优良的景观效果。对已呈老化或明显与周围环境不协调的花卉应及时进行换植。

(9)病虫害的防治。坚持预防为主的原则防治病虫害。通过精心管护，使植物增强抗病虫能力，同时经常检查，做到早发现早处理。采取化学防治、物理人工防治、生物防治等综合措施防止病虫害的蔓延和影响植物生长。

训练与评价

1. 目的要求

能够熟读花坛施工图纸；根据花卉的栽植技术、能够独立完成或指导盛花花坛和模纹花坛的栽植施工。

2. 施工内容

(1)某校园机关楼前有半径为 10 m 的花坛，按照图 7-16 所示设计要求进行花卉栽植，花坛边缘为砌筑好的砖砌结构。

苗木表

序号	植物	图例	高度	花色	花期（月）
1	毛百合		100-300	红色	7-9
2	芍药		60-120	紫红、红、粉、白	5-6
3	彩叶草		50-80		观叶
4	菊花		30-50	红、黄、橙、紫红	5-8,10-12
5	孔雀草		15-20	黄、橙	4-5,7-10

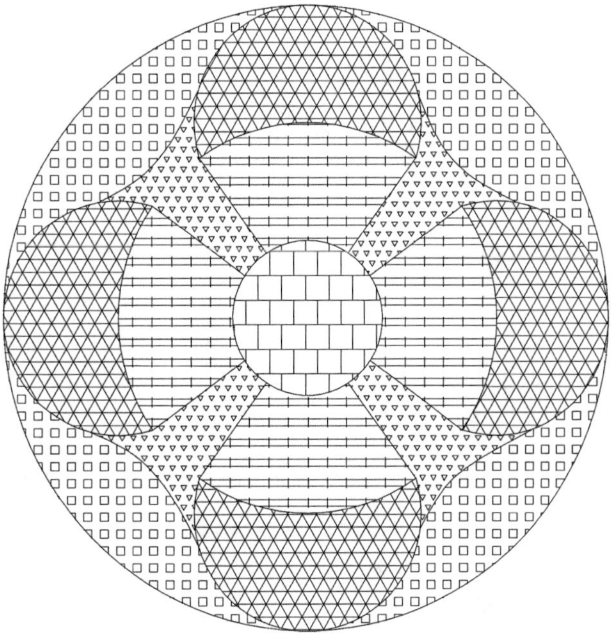

图 7-16　盛花花坛平面设计图(单位：cm)

(2)为烘托节日气氛，某城市主干道交通岛里要栽植一模纹花坛，图案设计如图 7-17 所示。根据设计要求完成各种花卉的栽植。

3. 要点提示

(1)盛花花坛的施工步骤为：种植床整理→图案放样→起苗→栽植→养护管理。

(2)模纹花坛的施工步骤为：整地翻耕→上顶子→定点放线→起苗→栽植→养护管理。

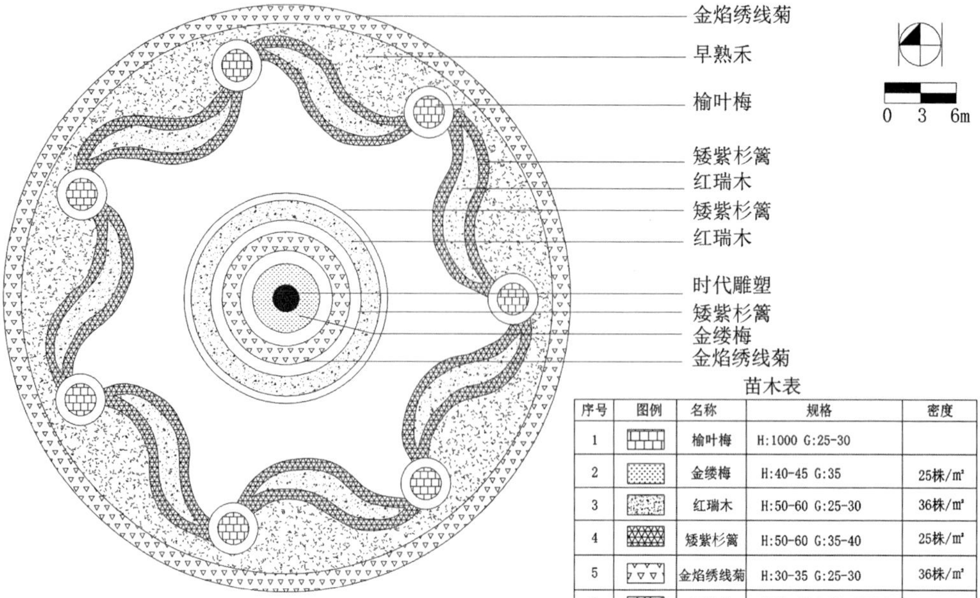

苗木表

序号	图例	名称	规格	密度
1		榆叶梅	H:1000 G:25-30	
2		金缕梅	H:40-45 G:35	25株/㎡
3		红瑞木	H:50-60 G:25-30	36株/㎡
4		矮紫杉篱	H:50-60 G:35-40	25株/㎡
5		金焰绣线菊	H:30-35 G:25-30	36株/㎡
6		早熟禾	满铺，无杂草，无病害	

图 7-17　横纹花坛平面设计图

4. 自我评价

序号	评价内容	盛花花坛施工评价标准	自我评价
1	施工准备	现场条件符合施工要求;准备工作到位,不影响施工进度(10 分)	
2	整地翻耕	施肥,土地深翻,整细,耙平(10 分)	
3	定点放线	花坛图案放样正确,符合设计要求(20 分)	
4	起苗	所选苗木生长势好,起苗方法正确(20 分)	
5	栽植	栽植顺序正确,栽植满足花卉生长要求(20 分)	
6	养护管理	养护管理及时到位,定期除草,换花(10 分)	
7	色彩效果	花卉成活率高,色彩搭配合理,观赏性强(10 分)	

序号	评价内容	横纹花坛施工评价标准	自我评价
1	施工准备	现场条件符合施工要求;准备工作到位,不影响施工进度(10 分)	
2	整地翻耕	施有机肥,土地深翻 60～80 cm(10 分)	
3	上顶子	位置正确,处理得当(10 分)	
4	定点放线	花坛图案放样正确,符合设计要求(15 分)	
5	起苗	起苗方法正确(15 分)	
6	栽植	栽植顺序正确,栽植满足花卉生长要求(20 分)	
7	养护管理	符合管护标准,定期进行花卉修剪(10 分)	
8	色彩效果	花卉成活率高,色彩搭配合理,观赏性强(10 分)	

任务二　草坪的建植

任务描述

草坪草是指作为地面覆盖的草本植物。草坪草大多数是质地纤细，具有扩散生长特性的低矮的禾本科草类，也包括那些符合草坪特性的其他科草类。

草坪与草坪草是两个不同的概念。草坪草只涉及植物群落，是指作为地面覆盖的草本植物。草坪则代表一个较高水平的生态有机体，它不仅包括草坪草，而且还包括草坪草生长的环境部分。

任务实施

1. 建植时间选择

由于不同类型的草坪草种适宜的生长温度有所不同，建植时间的选择也有所区别。冷季型草坪草种适宜的生长温度为15～25℃，因此冷季型草坪的建植多选择早春和秋季。春播草坪浇水压力大，易受杂草危害，相比而言，秋季建植为最佳时间。在我国部分夏季冷凉干燥地区，夏初雨季来临前建植草坪效果也较好。暖季型草坪种适宜生长温度为25～35℃，暖季型草坪的建植主要以夏季为主。

2. 坪床处理

坪床处理是建坪的重要步骤，主要包括土壤清理、翻耕、平整、改良、施肥及排水灌溉系统的安装等项工作。

(1)主要是尽量清除或减少影响草坪建植和草坪草良好生长的障碍物，如树木、灌丛的清挖，石块、瓦砾等建筑垃圾的清除，田间杂草的防除等。对特别难以一次性清除的杂草，如匍匐冰草、革命草等靠根茎繁殖的杂草，用物理方法或化学药剂都较难防除，通常可采用土壤休闲法防除。休闲是指在夏季坪床不种植任何植物，且定期地进行耙锄作业，以杀死杂草可能生长出来的营养繁殖器官。休闲期越长，杂草清除就越彻底。

(2)坪床的翻耕、平整工作主要是为草坪草的生长提供一个疏松、透气的土壤层，提高土壤的持水能力，减少草坪草根系向下生长的阻力，如同农作物耕作一样将表土挖松、耙细。面积较小时，可进行人工挖或用耕机耕作，但当面积较大时，须用机械犁耕、圆盘犁耕等。当然，耕作时须土壤含水量适中，即土壤湿度适合耕作，以免土壤太湿时易形成泥条，而太干了则不易破碎，不能很好地形成适宜植物生长的土壤颗粒。

(3)理想的草坪坪床土壤应是土层深厚、排水性良好、pH在5.5～6.5、结构适中的能供草坪草良好生长和草坪功能发挥的土壤，但建坪的土壤一般都不全具有这种特性。因此，必要时需对土壤进行改良，以创造15～20 cm深的疏松肥沃的土壤供植物根系生长发育。

(4)在土壤肥料不足时，施入一定量的基肥减轻了以后草坪管理的难度。足够的养分是草坪草良好生长的保证。基肥主要是磷肥和钾肥，在土壤有特别需要时也可施入其他的大量元素和微量元素。在将底肥和石灰粉均匀地撒在粗糙的土表后，可以用旋耕式耕种机将这些物质与土壤充分地混合均匀，旋耕机的机齿一般要调整到合适的深度，旋耕作业在纵横两个方向进行两次，使之混合充分。

(5)水分是草坪草正常生长所必需的物质之一，过犹不及，必须适中。因此，排灌系统的安装对草坪的养护管理非常重要，其准备工作和设施的安装一般在场地粗整之后即开始进行。对于要预埋管道的，为安全和保险起见，可分段进行。

(6)不管是否对土壤进行了15～20 cm深的改良，播种前均需对土壤表面进行处理，特别是遇恶劣天气或特殊情况时，整完地后间隔了一段时间才开始播种的坪床。如果存在适宜的表土层，则不必施有机质，但是若土壤很硬或下雨后造成了土壤板结，则应施少量的泥炭或腐殖质，再次改良土壤，以便促进种子的萌发和幼苗的定植。为了保证种子或枝条的良好地生长发育，还需在每100 m^2 的土壤中施入12.5～23 kg的氮磷钾为1∶2∶1的化学肥料(其中50%的氮肥是长效氮)。

3.草种选择及混配比例

选择适合当地气候土壤条件的草坪草种是成功建坪的重要前提。其基本原则：首先要选择适宜当地土壤气候条件的草种，即先解决生存问题，其次再选择颜色、质地、均一性等特性；再次要依据不同的管理条件选择适宜的草种。一般冷季型草种可选早熟禾、高羊茅、黑麦草、紫羊茅、剪股颖等；暖季型草种可选狗牙根、百喜草、结缕草和马蹄金等。

草坪草种混配原则：由于几种草种混合播种，可以适应差异较大的环境条件，形成优势互补，因此混合播种是目前建植草坪所普遍采用的方式。草坪草种混配的重要依据是要充分考虑到混播建植草坪的外观、质地等方面的均一性，即要有完整均一的景观效果。不同地区、同一地区不同用途的草坪混配选择及比例有所不同。而且管理条件的好坏，其混播比例亦有所不同。播种方式及播种量：草坪播种主要以撒播为主，播种量因品种及播种时间不同略有区别。混播草种的方法有两种：同一种中不同品种混播可采用先将草种混合均匀，然后进行播种。不同种间草种混播，如果种间种子大小相差不多，可采用先混后播的方法(如高羊茅、多年生黑麦草混播)；如果种间种子大小相差较大，应按混播比例进行单独播种(如草地早熟禾、高羊茅混播等)。播种方式多采用交叉播种。播种后适当覆土有利种子发芽，覆土厚度应小于0.5 cm，可采用草坪专用覆土耙覆土。有条件的地方可增加地表覆盖。

4.草坪管理

"三分种植，七分管理"，草坪管理的好坏，决定着草坪建植的成败。草坪管理主要包括以下几个方面：

(1)灌溉。草坪建植后进入养护管理阶段，播种后应及时灌溉，可采用地表移动、地下固定等多种喷灌方式。充足的水分供应是保证建坪成功的关键。苗期要保证充足的水分，新草坪建植过程中，不及时灌溉是建坪失败的主要原因之一，水分不足(时断时续)对种子的萌发影响非常重要。另外，过量的水分将会使草坪根系变浅，因此草坪草苗期要适时进行"蹲苗"处理，以利于草坪草根系向深层发育。

成熟草坪的灌溉，主要应考虑灌水时间、灌水量及土壤性质等方面。在夏季高温季节，草坪灌水应避免中午或晚上进行，以防止因高湿而引起的病害对草坪草所产生的危害。当土壤湿润到10～15 cm深时草坪草就可有充分的水分供给。另外，草坪草需水量的大小，还受土壤性质的影响，黏质土壤、沙质土壤对灌水量及灌水次数均有不同的要求。

(2)修剪。修剪是建植高质量草坪的一项重要管理措施。其遵循的基本规则为"剪去高度的1/3”原则。第一次修剪在草坪草长到7 cm左右时进行，对新建草坪适时进行修剪，可促进草坪的分蘖和增加草坪密度。成熟草坪在返青前进行低修剪，可促进草坪提早返青。适当使用草坪矮化剂，可减少剪草次数，促进分蘖，增加草坪密度，提高草坪草的抗逆性。当草坪受到不利因素胁迫时，要适当提高修剪高度，以提高草坪的抗性。不同草种建植的草坪修剪高度不同，而且因其不同用途亦有所不同。草坪修剪的质量取决于所用剪草机的类型、修剪方式、修剪时间等方面。

(3)施肥。施肥是草坪养护中又一重要环节，草坪修剪的次数越多，从土壤中带走的营养越多。因此，必须补充足够的营养，以恢复生长。草坪施肥一般以施氮肥为主，兼施复合肥。施肥量每667 m^2 施8～12 kg为宜，即15～18 g/m^2，施肥次数根据草坪种类不同要求有所差别。一般草坪每年施肥次数达7～8次，施肥集中时间在4—10月份，特别是10月份的秋肥尤为重要。

(4)杂草控制。草坪杂草防除涉及的领域较广，主要包括杂草发生、农药使用、草坪管理措施等方面综合防治技术，加之我国为农业大国，长期使用除草剂对农田杂草的防除，导致杂草对除草剂产生了抗药性。抗药性杂草种群迅速发展和蔓延，给以化学防治为主体的杂草综合管理措施提出了新的课题。因此草坪杂草的防除已成为草坪建植管理过程中的主要问题之一。

清除杂草应遵循“除早、除小、除净”的原则。清除方式有人工清除、机械修剪清除和化学除草剂清除。人工清除干净无污染，但耗费人力和时间，适宜面积较小的草坪。化学除草剂清除应用较为广泛，但易造成环境污染。对于种子繁殖的一年生杂草，可通过机械修剪使其不能开花结实而达到防除的目的。另外，为避免杂草种子随流水进入草坪，最好不选用沟灌而采用地下埋管或喷灌。

(5)病虫害防治。病虫害防治在草坪养护管理中占有极其重要的地位，应引起草坪管理者的高度重视。春季气温回升，土壤湿度大，易造成病害的发生和蔓延，草坪的病害主要有锈病、枯萎病、叶斑病、根腐病、腐霉菌病等。为减少病害发生，应做好坪床处理，清除杂草，控制灌溉次数，多施磷、钾肥，少施氮肥，适时修剪。化学防治药剂有多菌灵、萎锈灵、托布津、异菌脲、甲霜灵、五氯硝基苯。使用方法主要有三种：种子处理、土壤处理、对发生病虫害的草坪及时喷雾或喷粉。

草坪草常见虫害较多，其地下害虫有蛴螬、蝼蛄、象甲等，食茎叶害虫有野螟、黏虫、地老虎、斜纹夜蛾等。为做好防治工作，应注意虫情测报，在害虫卵期或1～2龄幼虫时及时防治，否则难以达到防治效果。在农药使用上，应定期更换农药种类，配制适宜的药液浓度。常用药剂有敌敌畏、敌百虫、乐果、辛硫磷、马拉硫磷、敌杀死等。对趋化性强的害虫，可使用糖醋酒液等有酸甜味食物配成的诱杀剂进行防治。

阅读材料

草坪的繁殖方法及种植技术

一、播种繁殖技术

(一)种子处理

一般色泽正常、干燥的新鲜草籽可直接播种，但对一些发芽困难的，如我国所产的结缕草种子，则需在播种前进行种子催芽处理，方法有：

(1)冷水浸种法。如白颖苔草、细叶苔草等,可在播种前将种子浸泡于冷水中数小时,捞出晾干,随即播种,目的是让干燥的种子吸到水分,这样播后容易出苗。

(2)机械处理法。如羊胡子草等,可采用搓揉的方法,一般将种子装入布袋内揉搓,则可提高种子的发芽率。

(3)层积催芽法。如结缕草的种子,可采用积沙催芽,将种子装入纱布袋内,投入冷水中浸泡 48 h 或 72 h 左右,然后用 2 倍于种子的泥炭或河沙拌和均匀,再将它置入铺有 8 cm 厚度河沙的大口径花盆或木箱内摊平,最后在盆口处或木箱上口处,披盖湿河沙厚 8 cm。装妥后,移至室外用草帘覆盖,5 天后再移至室内(室温增至 24℃),掺有河沙的种子,湿度始终保持 70%左右,经 12~20 天的积沙催芽,湿沙内的结缕草种子大部分开始裂口,或显露出嫩芽,此时即可连同拌和的河沙或泥炭一起播种。这种古老的传统催芽方法,出苗率良好。

(4)堆放催芽法。适用于进口的冷地型草籽,如草地早熟禾、黑麦草、紫羊茅、剪股颖类等草籽。即将种子掺入 10~20 倍的湿河沙中,堆放在室外全日照下,沙堆上覆盖塑料地膜,主要防止水分蒸发及适当保温。堆放催芽的时间一般 1~2 天即可。由于冷地型草籽一般干播亦能出苗,采用堆放催芽,可以大大提高出苗率。

(5)化学药物催芽法。由于结缕草种子的外皮具有一层附着物,水分和空气不易进入,直接播入土中,发芽极为困难。为提高其发芽率,国际上最常用的化学药物催芽方法是,采用 1 000 kg 的水,加入 5 kg 的氢氧化钠(即烧碱),将结缕草种子倒入已经配好的溶液中,浸泡 24 h,浸泡过程中必须用木棍拌和,捞出后用清水冲洗干净,然后再用清水浸泡 6~10 h,捞出略晒干,即可播种。国外近年来,利用机械装置可日处理结缕草种子 1 000 kg,主要是加大了氢氧化钠的浓度和水温,缩短了药物浸泡时间,能使种子发芽率提高到 90%以上。

(6)变温催芽处理法。有些草籽直接种发芽率很低,因此,可将种子保持 70%的湿度,置于 40℃的高温处堆积处理数小时,或者采用 40℃高温及 5℃的低温,变温处理 4~5 天。采用此法,则可使发芽率低的,提高发芽率 1 倍以上。

(二)播种技术

秋季或春季进行,多数草种在炎热的气候条件下生长不良,所以应尽可能秋播,春播则应尽早进行。同时秋季播种可以避免夏季杂草为害,播种后至冬季到来前可形成初期草皮。大面积播种可用播种机,小面积播种常用手工撒播。为了使播种均匀,播种应选无风的天气,以防种子被风吹走。播种完一小区后,立即薄薄地覆一层细土或轻轻耙动土面,使种子混入土中,再镇压,以促进种子发芽。若土壤干燥而天气无雨时,则需喷水保湿。发芽速度因种类而异,如狗牙根春播 2~3 周发芽,秋播 1 周左右发芽,春播后 3~5 个月即可覆盖地面。

草籽的播种量,大粒种子如黑麦草,每亩播种 8~10 kg;中粒种子如结缕草、假俭草,每亩播种 6~8 kg;细小种子如小糠草、草地早熟禾,每亩播种 4~6 kg。发芽率高,场地平整,土质疏松,有喷雾灌溉条件的,播种量可适当减少。

种子撒播方法:

(1)为了使种子撒播均匀,应将播种地区划成 10 m 宽的若干长条,把每亩规定的播种量与实地播种面积,计算准确,这样就可以逐条均匀撒播。

(2)为了做到播种更均匀,又可将每一长条的应播种子,再分成两份,一份顺方向撒种,另一份逆方向撒播。每份种子撒播前再掺入部分细沙或细土,拌和均匀后进行撒播。

(3)种子或掺沙的种子,撒好后,应立即覆土,厚约 1 cm,并进行滚压。如覆土困难,尤其大面积播种时，可改用细齿耙，往返拉松表土面，帮助细小草籽落入土粒下面。

草种混播多用于匍匐茎或根茎不发达的草种，草种混播可适应差异较大的环境条件，以延长草坪的寿命。在选择混播草种时，其中一个应是主生草种，另几个则是保护草种，保护草种应具备发芽迅速、苗期生长快等特点，用它为生长缓慢、苗期柔弱的主生草种蔽阴，并抑制其他杂草的生长。如南方常以狗牙根、细叶结缕草为主生草种，可混入10%的宿根黑麦草一同下种，能提早形成草坪，使草坪维持时间长久。

（三）出苗前后的管理

为了让草籽出苗快、出苗齐，首先要加强播后场地的喷水。每次喷水，应以喷湿表土层为度，要求做到连续喷水，确保播下的草籽能吸到水分。各种草籽的出苗期不同，如冷地型草中的黑麦草，播后5天左右即可出齐；草地早熟禾，则需10～12天时间；而假俭草、地毯草、结缕草和狗牙根等暖地型草类，最好是初夏地温稍高时进行，出苗期10～15天。

苗期以内，清除杂草是一项费工的工作，最好的办法是撒播草籽以前，先在播种区浇足水分，让土层表面的杂草种子出苗，将杂草的幼苗铲除后，再撒播种子，这是一项很好的经验，能大大节约苗期管理人工。

二、播茎繁殖技术

播茎繁殖多在3月下旬至6月中旬，或8月下旬至9月下旬，但其中以春末夏初为最合适。凡匍匐茎发达的草种，如狗牙根、细叶结缕草、假俭草等都可用此法繁殖。通常将选取的优良草皮连根铲起，除去根部泥土，将它的匍匐嫩枝及根茎，在庇阴处剪成长5～10 cm的小段，每段上具2～3个芽，然后将茎段条播或撒播，上面盖一层薄薄的细土，以轻镇压一遍后浇水。以后经常喷水，保持地面湿润。一般情况下，在草坪植物旺盛生长期内，护理30～45天，埋撒在土层内的草段会萌发出新嫩芽。

早春草坪刚要萌发时进行，也可在梅雨季进行，但成活率相对较低。结缕草、细叶结缕草、马尼拉草等用播茎时，每平方米母草皮可繁殖10～15 m^2 的新草皮；而野牛草每平方米母草皮可繁殖15～20 m^2 的新草皮。

三、分株繁殖技术

一般在早春草坪返春后，挖起生长稠密的草皮，抖掉周围的泥土，按单株或小丛把它们撕开，并将老化的根系或匍匐茎剪掉，分栽到新的繁殖草场或苗床，然后充分灌水，以保持土壤湿润。如细叶结缕草以分株繁殖，按照30～40 cm的株行距栽植，每平方米老草皮可繁殖20～30 m^2 的新草皮，2年后可覆盖地面。如为了尽早覆盖地面，则可缩小株行距。

四、分块繁殖技术

在我国南方地区，细叶结缕草、假俭草、马尼拉草等常用此法繁殖。将老草皮切成10 cm×10 cm大小的方块，或切成5 cm×15 cm大小的长条状草块，将切好地草块按20 cm×30 cm或30 cm×30 cm的间距分栽，栽好后，滚压浇水，以后要经常浇水，保持地面湿润。成活后又可长出新的匍匐茎，向四面蔓延形成新的草坪。此法比播茎法、分株法容易养护，管理粗放，但形成新草坪较慢。

五、切草坪直接移栽铺设技术

切草坪直接移栽铺设技术是我国各地最常用的铺设草坪方法，即将甲地生长的优良健壮草坪，用平板铲按照一定的大小规格铲起装车运至铺设地，在整平的场地上重新铺设，使之迅速形成新草坪，具体操作如下：

(1)铲运草块。将选定的优良草坪,一般以30 cm宽的长条状草皮,使用薄形平板状的钢质铲,先向下垂直截3 cm深,然后再用铲横切。草块的厚度约3 cm,整地必须均匀一致。这样长条状草皮,像蛋卷似的,成卷铲起运走,并可随时装车运出。

(2)草块铺栽。草块搬运至铺设场地后,应立即进行栽种。铺设草块前,应先清除场地上的石块、垃圾等杂物,增施基肥,力求表土层疏松、平整。更重要的是排水坡度的管理,面积大的场地,为了达到2%~3%的斜坡排水,最好使用仪器测定。草块铺前,场地再次拉平,并增加1~2次压平,以免铺后出现泥土下沉所带来的不平整或者积水等不良现象。

铺栽草块时,根据铺设场地的要求裁切成一定长度的草皮条块,块与块之间应保留0.5~1 cm的间隙,以防在搬运途中干缩的草块遇水浸泡后膨胀,形成边缘重叠。块与块间的隙缝应填入细土,然后滚压,并进行浇水,要求灌透。一般浇水后2~3天再次滚压,则能促进块与块之间的平整。

一般说来,新铺设的块状草坪,压滚一两次是压不平的,以后每隔一周浇水滚压一次,直到草坪完全平整为止。在滚压过程中,如发现草块部分下沉不平,应把低凹下沉部分的草块掀起,用土填平重新铺平。

(3)草块铺设后的护理。新铺草块必须加强护理,防止人畜车辆入内。新铺的草坪返青后,可增施一次尿素氮肥,每亩施用量8~10 kg。当年的冬季可适当增施堆肥土或土屑土等疏松肥料,则能迅速促进新铺草坪的平整度。

(4)铺种草块的时间。方块草坪铺设,不论是冷地型还是暖地型草种,都忌在冬季进行。因为禾草在冬季大部分停止生长或者休眠,铺后容易遭干冻。

训练与评价

1.目的要求

正确认识园林中常用的草坪草;学会播种法和铺栽法进行草坪建植,并能指导草坪建植施工。

2.施工内容

某机关单位行政楼前有一块约2 000 m^2地块需要进行草坪建植。该工程具体位置如图7-18所示,图中斜线部分为草坪建植区域。请采用播种法或草皮铺栽法完成该草坪的建植。

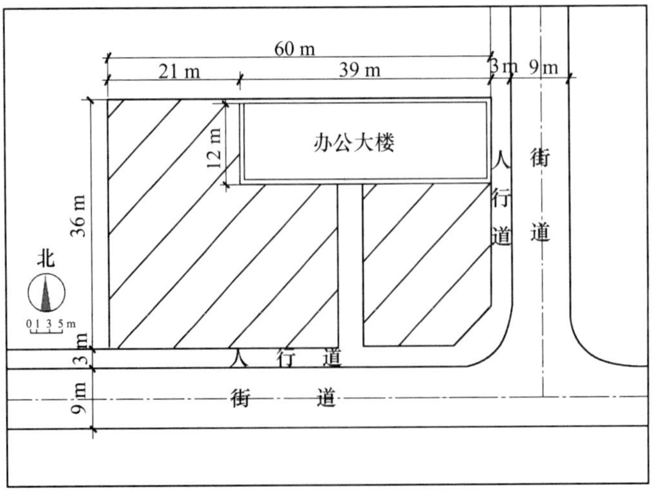

图7-18 总平面图

3. 要点提示

(1)播种法步骤：

施工准备→场地平整→草种选择→种子处理→播种→养护管理→草坪出苗效果。

(2)铺植法步骤：

施工准备→场地平整→选草皮→铲草皮→草皮铺植→养护管理→草坪建植效果。

4. 自我评价

序号	评价内容	播种法评价标准	自我评价
1	施工准备	现场条件准备符合施工要求;准备工作充分到位(10分)	
2	场地平整	场地处理得当,满足草坪播种要求(10分)	
3	草种选择	草种选择合适(15分)	
4	种子处理	种子处理方法得当,种子数量准备充足(10分)	
5	播种	种子撒播均匀,播种量适宜(25分)	
6	养护管理	无纺布覆盖,浇水及时(20分)	
7	草坪出苗效果	草种发芽一致,成型草坪质量好(10分)	

序号	评价内容	铺植法评价标准	自我评价
1	施工准备	现场条件准备符合施工要求;准备工作充分到位(10分)	
2	场地平整	场地处理得当,满足草坪建植要求(15分)	
3	草皮选择	所选草皮质量优良(10分)	
4	铲草皮	草皮铲割整齐,大小一致(15分)	
5	草皮铺植	草皮接合无缝隙,紧贴地面(20分)	
6	养护管理	浇水、施肥、修剪等及时,管理到位(20分)	
7	草坪建植效果	成形草坪质量好,无斑秃(10分)	

项目四

水生植物的栽植

任　务　种植水生植物

任务描述

广义的水生植物包括所有沼生、沉水或漂浮的植物。依据植物旺盛生长所需要的水的深度,水生植物可以进一步细分为深水植物、浮水植物、水缘植物、沼生植物或喜湿植物。水生植物是出色的游泳运动员或潜水者,在现代园林绿化中的应用越来越广泛。

任务实施

水生植物应根据不同种类或品种的习性进行种植。在园林施工时,栽植水生植物有两种不同的技术途径:一是在池底砌筑栽植槽,铺上至少 15 cm 厚的培养土,将水生植物植入土中;二是将水生植物种在容器中,再将容器沉入水中。以上介绍的两种方法各有利弊。用容器栽植水生植物再沉入水中的方法更常用一些,因为它移动方便,例如北方冬季须把容器取出来收藏以防严寒,在春季换土、加肥、分株的时候,作业也比较灵活省工。而且,这种方法能保持池水的清澈,清理池底和换水也较方便。

1. 种植器

水池建造时,在适宜的水深处砌筑种植槽,再加上腐殖质多的培养土。种植器一般选用木箱、竹篮、柳条筐等,1 年之内不致腐烂。选用时应注意装土栽种以后,在水中不致倾倒或被风浪吹翻。一般不用有孔的容器,因为培养土及其肥效很容易流失到水里,甚至污染水质。不同水生植物对水深要求不同,容器放置的位置也不相同。一般是在水中砌砖石方台,将容器放在方台的顶托上,使其稳妥可靠。另一种方法是用两根耐水的绳索捆住容器,然后将绳索固定在岸边,压在石下。如水位距岸边很近,岸上又有假山石散点,要将绳索隐蔽起来,否则会影响景观效果。

2. 土壤

可用干净的园土细细筛过，去掉土中的小树枝、杂草、枯叶等，尽量避免用塘里的稀泥，以免掺入水生杂草的种子或其他有害生物菌。以此为主要材料，再加入少量粗骨粉及一些缓释性氮肥。

3. 栽种

栽植睡莲或菱角等浮水植物，须在容器底部填入田土或烂泥，以栽种植株的根或地下茎，水深 5 cm 以上；迷你睡莲则只需 2 cm 浅水。充足的日照对睡莲的生长非常重要，日照不足不但会使茎叶徒长、叶片变小变薄，还会影响开花的数量。白天开了花，只要移入室内日照不足的地方，花朵也会立即闭合。简易水池的制作法：用空心砖围边，一张塑胶布铺底即可，大小可以自由调整，既经济又方便，即使在居家的庭院或顶楼也可以搭建。一般常见的睡莲，都是经由杂交选拔出来的园艺品种，按生长习性可分为：热带昼开型、热带夜开型、温带耐寒型和迷你睡莲四类，花色有白、黄、紫、桃红、粉红等，其中以迷你睡莲最为普遍，叶片最大直径为 8～10 cm，对空间的需求不大，较适合地狭人稠的都市。

4. 管理

(1)日照。大多数水生植物都需要充足的日照，尤其是生长期，即每年 4—10 月份，如阳光照射不足，会发生徒长、叶小而薄、不开花等现象。

(2)用土。除了漂浮植物不需底土外，栽植其他种类的水生植物，须用田土、池塘烂泥等有机黏质土作为底土，在表层铺盖直径 1～2 cm 的粗沙，可防止灌水或震动造成水混浊现象。居家栽植时，为防止异味及滋生蚊虫，可将盛泥土的盆缸置于户外，挑选生长良好的植株置于盛水容器中，放在室内观赏，并随时替换，水边植物则以田土加碎水苔栽植。

(3)施肥。以油粕、骨粉的玉肥作为基肥，放 4～5 个玉肥于容器角落即可，水边植物不需基肥。追肥则以化学肥料代替有机肥，以避免污染水质，用量较一般植物稀薄 10 倍。

(4)水位。水生植物依生长习性不同，对水深的要求也不同。漂浮植物最简单，仅须足够的水深使其漂浮；沉水植物则水高必须超过植株，使茎叶自然伸展。水边植物则保持土壤湿润，稍呈积水状态。挺水植物因茎叶会挺出水面，须保持 50～100 cm 的水深。浮水植物较麻烦，水位高低须依茎梗长短调整，使叶浮于水面呈自然状态为佳。

(5)疏除。若同一水池中混合栽植各类水生植物，必须定时疏除繁殖快速的种类，如浮萍、大萍等，以免覆满水面，影响睡莲或其他沉水植物的生长；浮水植物过大时，叶面互相遮盖时，也必须进行分株。

(6)换水。为避免蚊虫滋生或水质恶化，当用水发生混浊时，即必须换水，夏季则须增加换水次数。

水生植物的管理一般比较简单，栽植后，除日常管理工作之外，还要注意以下几点：检查有无病虫害；检查植株是否拥挤，一般过 3～4 年时间分一次株；定期施加追肥；清除水中的杂草，池底或池水过于污浊时要换水或彻底清理。

栽种水生植物，必须掌握一些原则，使其生长良好。

复习思考题

1. 简述乔灌木栽植的步骤和方法。
2. 简述软材包装移植大树的方法。
3. 简述带方箱移植大树的方法。
4. 讨论大树移植成活的关键技术。
5. 简述草花的栽植技术。
6. 简述草坪草的繁殖方法。
7. 简述水生植物的栽植技术。

附录

城市绿化工程施工及验收规范

CJJ/T 82—99

目次

1 总则

1.0.1 为了对城市绿化工程施工全过程实施工程监理和质量控制，提高城市绿化种植成活率，改善城市绿化景观，节约绿化建设资金，确保城市绿化工程施工质量，创建良好的城市生态环境，制定本规范。

1.0.2 本规范适用于公共绿地、居住区绿地、单位附属绿地、生产绿地、防护绿地、城市风景林地、城市道路绿化等绿化工程及其附属设施的施工及验收。

1.0.3 为绿化工程配套的构筑物和市政设施工程，应符合国家现行有关标准的规定。

1.0.4 城市绿化工程的施工及验收除符合本规范外，尚应符合国家现行有关强制性标准的规定。

2 术语

2.0.1 绿化工程

树木、花卉、草坪、地被植物等的种植工程。

2.0.2 种植土

理化性能好，结构疏松、通气、保水、保肥能力强，适宜于园林植物生长的土壤。

2.0.3 客土

将栽植地点或种植穴中不适合种植的土壤更换成适合种植的土壤，或掺入某种土壤改善理化性质。

2.0.4 种植土层厚度

植物根系正常发育生长的土壤深度。

2.0.5 种植穴(槽)

种植植物挖掘的坑穴。坑穴为圆形或方形称种植穴，长条形的称种植槽。

2.0.6 规则式种植

按规则图形对称配植，或排列整齐成行的种植方式。

2.0.7 自然式种植

株行距不等，采用不对称的自然配植形式。

2.0.8 土球

挖掘苗木时，按一定规格切断根系保留土壤呈圆球状，加以捆扎包装的苗木根部。

2.0.9 裸根苗木

挖掘苗木时根部不带土或带宿土(即起苗后轻抖根系保留的土壤)。

2.0.10 假植

苗木不能及时种植时，将苗木根系用湿润土壤临时性填埋的措施。

2.0.11 修剪

在种植前对苗木的枝干和根系进行疏枝和短截。对枝干的修剪称修枝，对根的修剪称修根。

2.0.12 定干高度

乔木从地面至树冠分枝处即第一个分枝点的高度。

2.0.13 树池透气护栅

护盖树穴，避免人为践踏，保持树穴通气的铁箅等构筑物。

2.0.14 鱼鳞穴

为防止水土流失，对树木进行浇水时，在山坡陡地筑成的众多类似鱼鳞状的土堰。

2.0.15 浸穴

种植前的树穴灌水。

3 施工前准备

3.0.1 城市绿化工程必须按照批准的绿化工程设计及有关文件施工，施工人员应掌握设计意图，进行工程准备。

3.0.2 施工前，设计单位应向施工单位进行设计交底，施工人员应按设计图进行现场核对，当有不符之处时，应提交设计单位作变更设计。

3.0.3 根据绿化设计要求,选定的种植材料应符合其产品标准的规定。

3.0.4 工程开工前应编制施工计划书,计划书应包括下列内容:

(1)施工程序和进度计划。

(2)各工序的用工数量及总用工日。

(3)工程所需材料进度表。

(4)机械与运输车辆和工具的使用计划。

(5)施工技术和安全措施。

(6)施工预算。

(7)大型及重点绿化工程应编制施工组织设计。

3.0.5 城市建设综合工程中的绿化种植,应在主要建筑物、地下管线、道路工程等主体工程完成后进行。

4 种植材料和播种材料

4.0.1 种植材料应根系发达,生长茁壮,无病虫害,规格及形态应符合设计要求。

4.0.2 苗木挖掘、包装应符合现行行业标准《城市绿化和园林绿地用植物材料——木本苗》CJ/T 34 的规定。

4.0.3 露地栽培花卉应符合下列规定:

(1)一、二年生花卉,株高应为 10~40 cm,冠径应为 15~35 cm,分枝不应少于 3~4 个,叶簇健壮,色泽明亮。

(2)宿根花卉,根系必须完整,无腐烂变质。

(3)球根花卉,根茎应茁壮,无损伤,幼芽饱满。

(4)观叶植物,叶色应鲜艳,叶簇丰满。

4.0.4 水生植物,根、茎发育应良好,植株健壮,无病虫害。

4.0.5 铺栽草坪用的草块及草卷应规格一致,边缘平直,杂草不得超过 5%。草块土层厚度宜为 3~5 cm,草卷土层厚度宜为 1~3 cm。

4.0.6 植生带、厚度不宜超过 1 mm,种子分布应均匀,种子饱满,发芽率应大于 95%。

4.0.7 播种用的草坪、草花、地被植物种子均应注明品种、品系、产地、生产单位、采收年份、纯净度及发芽率,不得有病虫害。自外地引进种子应有检疫合格证。发芽率达 90%以上方可使用。

5 种植前土壤处理

5.0.1 种植或播种前应对该地区的土壤理化性质进行化验分析,采取相应的消毒、施肥和客土等措施。

5.0.2 园林植物生长所必需的最低种植土层厚度应符合表 5.0.2 的规定。

表 5.0.2 园林植物种植必需的最低土层厚度

cm

植被类型	草本花卉	草坪地被	小灌木	大灌木	浅根乔木	深根乔木
土层厚度	30	30	45	60	90	150

5.0.3 种植地的土壤含有建筑废土、其他有害成分以及强酸土、强碱土、盐土、盐碱土、重黏土、沙土等,均应根据设计规定,采用客土或采取改良土壤的技术措施。

5.0.4　绿地应按设计要求构筑地形。对草坪种植地、花卉种植地、播种地应施足基肥，翻耕25～30 cm，搂平耙细，去除杂物，平整度和坡度应符合设计要求。

6　种植穴、槽的挖掘

6.0.1　种植穴、槽挖掘前，应向有关单位了解地下管线和隐蔽物埋设情况。

6.0.2　种植穴、槽的定点放线应符合下列规定：

(1)种植穴、槽定点放线应符合设计图纸要求，位置必须准确，标记明确。

(2)种植穴定点时应标明中心点位置。种植槽应标明边线。

(3)定点标志应标明树种名称(或代号)、规格。

(4)行道树定点遇有障碍物影响株距时，应与设计单位取得联系，进行适当调整。

6.0.3　挖种植穴、槽的大小，应根据苗木根系、土球直径和土壤情况而定。穴、槽必须垂直下挖，上口下底相等，规格应符合表6.0.3-1至表6.0.3-5的规定。

表6.0.3-1　常绿乔木类种植穴规格　cm

树高	土球直径	种植穴深度	种植穴直径
150	40～60	50～60	80～90
150～250	70～80	80～90	100～110
250～400	80～100	90～110	120～130
400以上	140以上	120以上	180以上

表6.0.3-2　落叶乔木类种植穴规格　cm

胸径	种植穴深度	种植穴直径
2～3	30～40	40～60
3～4	40～50	60～70
4～5	50～60	70～80
5～6	60～70	80～90
6～8	70～80	90～100
8～10	80～90	100～110

表6.0.3-3　花灌木类种植穴规格　cm

冠径	种植穴深度	种植穴直径
200	70～90	90～110
100	60～70	70～90

表6.0.3-4　竹类种植穴规格　cm

种植穴深度	种植穴直径
盘根或土球深20～40	比盘根或土球大40～60

表 6.0.3-5 绿篱类种植槽规格(深×宽) cm

苗高	种植方式	
	单行	双行
50～80	40×40	40×60
100～120	50×50	50×70
120～150	60×60	60×80

6.0.4 在土层干燥地区应于种植前浸穴。

6.0.5 挖穴、槽后，应施入腐熟的有机肥作为基肥。

7 苗木运输和假植

7.0.1 苗木运输量应根据种植量确定。苗木运到现场后应及时栽植。

7.0.2 苗木在装卸时应轻吊轻放，不得损伤苗木和造成散球。

7.0.3 起吊带土球(台)小型苗木时应用绳网兜土球吊起，不得用绳索缚捆根颈处起吊。重量超过 1 t 的大型土台，应在土台外部套钢丝缆起吊。

7.0.4 土球苗木装车时，应按车辆行驶方向，将土球向前，树冠向后码放整齐。

7.0.5 裸根乔木长途运输时，应覆盖并保持根系湿润。装车时应顺序码放整齐；装车后应将树干捆牢，并应加垫层防止磨损树干。

7.0.6 花灌木运输时可直立装车。

7.0.7 装运竹类时，不得损伤竹竿与竹鞭之间的着生点和鞭芽。

7.0.8 裸根苗木必须当天种植。裸树苗木自起苗开始暴露时间不宜超过 8 h。当天不能种植的苗木应进行假植。

7.0.9 带土球小型花灌木运至施工现场后，应紧密排码整齐，当天不能种植时，应喷水保持土球湿润。

7.0.10 珍贵树种和非种植季节所需苗木，应在合适的季节起苗，并用容器假植。

8 苗木种植前的修剪

8.0.1 种植前应进行苗木根系修剪，宜将劈裂根、病虫根、过长根剪除，并对树冠进行修剪，保持地上地下平衡。

8.0.2 乔木类修剪应符合下列规定：

(1)具有明显主干的高大落叶乔木应保持原有树形，适当疏枝，对保留的主侧枝应在健壮芽上短截，可剪去枝条 1/5～1/3。

(2)无明显主干、枝条茂密的落叶乔木，对干径 10 cm 以上树木，可疏枝保持原树形；对干径为 5～10 cm 的苗木，可选留主干上的几个侧枝，保持原有树形进行短截。

(3)枝条茂密具有圆头型树冠的常绿乔木可适量疏枝。枝叶集生树干顶部的苗木可不修剪。具轮生侧枝的常绿乔木用作行道树时，可剪除基部 2～3 层轮生侧枝。

(4)常绿针叶树，不宜修剪，只剪除病虫枝、枯死枝、生长衰弱枝、过密的轮生枝和下垂枝。

(5)用作行道树的乔木，定干高度宜大于 3 m，第一分枝以下枝条应全部剪除，分枝点以上枝条酌情疏剪或短截，并应保持树冠原型。

(6)珍贵树种的树冠宜作小量疏剪。

8.0.3　灌木及藤蔓类修剪应符合下列规定：

(1)带土球或湿润地区带宿土裸根苗木及上年花芽分化的开花灌木不宜作修剪，当有枯枝、病虫枝时应予以剪除。

(2)枝条茂密的大灌木，可适量疏枝。

(3)对嫁接灌木，应将接口以下砧木萌生枝条剪除。

(4)分枝明显、新枝着生花芽的小灌木，应顺其树势适当强剪，促生新枝，更新老枝。

(5)用作绿篱的乔灌木，可在种植后按设计要求整形修剪。苗圃培育成形的绿篱，种植后应加以整修。

(6)攀缘类和蔓性苗木可剪除过长部分，攀缘上架苗木可剪除交错枝、横向生长枝。

8.0.4　苗木修剪质量应符合下列规定：

(1)剪口应平滑，不得劈裂。

(2)枝条短截时应留外芽，剪口应距留芽位置以上 1 cm。

(3)修剪直径 2 cm 以上大枝及粗根时，截口必须削平并涂防腐剂。

9　树木种植

9.0.1　应根据树木的习性和当地的气候条件，选择最适宜的种植时期进行种植。

9.0.2　种植的质量应符合下列规定：

(1)种植应按设计图要求核对苗木品种、规格及种植位置。

(2)规则式种植应保持对称平衡，行道树或行列种植树木应在一条线上，相邻植株规格应合理搭配，高度、干径、树形近似，种植的树木应保持直立，不得倾斜，应注意观赏面的合理朝向。

(3)种植绿篱的株行距应均匀。树形丰满的一面应向外，按苗木高度、树干大小搭配均匀。在苗圃修剪成型的绿篱，种植时应按造型拼栽，深浅一致。

(4)种植带土球树木时，不易腐烂的包装物必须拆除。

(5)珍贵树种应采取树冠喷雾、树干保湿和树根喷布生根激素等措施。

(6)种植时，根系必须舒展，填土应分层踏实，种植深度应与原种植线一致。竹类可比在种植线深 5～10 cm。

9.0.3　树木种植应符合下列规定：

(1)树木置入种植穴前，应先检查种植穴大小及深度，不符合根系要求时，应修整种植穴。

(2)种植裸根树木时，应将种植穴底填土呈半圆土堆，置入树木填土至 1/3 时，应轻提树干使根系舒展，并充分接触土壤，随填土分层踏实。

(3)带土球树木必须踏实穴底土层，而后置入种植穴，填土踏实。

(4)绿篱成块种植或群植时，应由中心向外顺序退植。坡式种植时应由上向下种植。大型块植或不同彩色丛植时，宜分区分块种植。

(5)假山或岩缝间种植，应在种植土中掺入苔藓、泥炭等保湿透气材料。

9.0.4　落叶乔木在非种植季节种植时，应根据不同情况分别采取以下技术措施：

(1)苗木必须提前采取疏枝、环状断根或在适宜季节起苗用容器假植等处理。

(2)苗木应进行强修剪，剪除部分侧枝，保留的侧枝也应疏剪或短截，并应保留原树冠的1/3，同时必须加大土球体积。

(3)可摘叶的应摘去部分叶片，但不得伤害幼芽。

(4)夏季可搭棚遮阴、树冠喷雾、树干保湿、保持空气湿润,冬季应防风防寒。

9.0.5 干旱地区或干旱季节,种植裸根树木应采取根部喷布生根激素、增加浇水次数等措施。针叶树可在树冠喷布聚乙烯树脂等抗蒸腾剂。

9.0.6 对排水不良的种植穴,可在穴底铺 10～15 cm 砂砾或铺设渗水管、盲沟,以利于排水。

9.0.7 树木种植后浇水、支撑固定应符合下列规定:

(1)种植后应在略大于种植穴直径的周围,筑成高 10～15 cm 的灌水土堰,堰应筑实不得漏水,坡地可采用鱼鳞穴式种植。

(2)新植树木应在当日浇透第一遍水,以后应根据当地情况及时补水,北方地区种植后浇水不少于 3 遍。

(3)黏性土壤,宜适量浇水,根系不发达树种,浇水量宜较多,肉质根系树种,浇水量宜少。

(4)秋季种植的树木,浇足水后可封穴越冬。

(5)干旱地区或遇干旱天气时,应增加浇水次数。干热风季节,应对新发芽叶的树冠喷雾,宜在 10:00 前和 15:00 后进行。

(6)浇水时应防止因水流过急冲刷裸露根系或冲毁围堰,造成跑漏水。浇水后出现土壤沉陷,致使树木倾斜时,应及时扶正、培土。

(7)浇水渗下后,应及时用围堰土封树穴,再筑堰时,不得损伤根系。

9.0.8 对人员集散较多的广场、人行道,树木种植后,种植池应铺设透气护栅。

9.0.9 种植胸径 5 cm 以上的乔木,应设支柱固定。支柱应牢固,绑扎树木处应夹垫物,绒扎后的树干应保持直立。

9.0.10 攀缘植物种植后,应根据植物生长需要,进行绑扎或牵引。

10 大树移植

10.0.1 移植胸径在 20 cm 以上的落叶乔木和胸径在 15 cm 以上的常绿乔木,应属大树移植。

10.0.2 大树移植前应对移植的大树生长情况、立地条件、周围环境、交通状况等进行调查研究,制定移植的技术方案。有条件的地区,可采用机械移植作业。

10.0.3 当需移植大树时,移植时间宜 1 年前确定,移植前应分期断根,修剪,做好移植准备。

10.0.4 大树移植应符合下列规定:

(1)移植时对树木应标明主要观赏面和树木阴阳面。

(2)一般地区大树移植时,必须按树木胸径的 6～8 倍挖掘土球或方形土台装箱。

(3)高寒地区可挖掘冻土台移植。

(4)吊装和运输大树的机具必须具备承载能力。移植大树在装运过程中,应将树冠捆拢,并应固定树干,防止损伤树皮,不得损坏土球(土台),操作中应注意安全。

(5)大树移植卸车时,应将主要观赏面安排适当,土球(或箱)应直接吊放种植穴内,拆除包装,分层填土夯实。

(6)大树移植后,必须设立支撑,防止树身摇动。

10.0.5 大树移植后,两年内应配备专业技术人员做好修剪、剥芽、喷雾、叶面施肥、浇水、排水、设置风障、荫棚、包裹树干、防寒和病虫害防治等一系列养护管理工作,在确认大树成活后，方可进入正常养护管理。

10.0.6　大树移植应建立技术档案，其内容包括：实施方案、施工和竣工记录、图纸、照片或录像资料、养护管理技术措施和验收资料等。记录表内容应符合表 10.0.6 的规定。

表 10.0.6　大树移植记录表

原栽地点	移植地点	树种	规格年龄/年	移植日期	参加施工人员
技术措施					

年　　　月　　　日填表

11　草坪、花卉种植

11.0.1　草坪种植应根据不同地区、不同地形选择播种、分株、茎枝繁殖、植生带、铺砌草块和草卷等方法。种植的适宜季节和草种类型选择应符合下列规定：

(1)冷季型草播种宜在秋季进行，也可在春、夏季进行。

(2)冷季型草分株栽植北方地区宜在春、夏、秋季进行。

(3)茎枝栽植暖季型草南方地区宜在夏季和多雨季节。

(4)植生带、铺砌草块或草卷，温暖地区四季均可进行；北方地区宜在春、夏、秋季进行。

11.0.2　草坪播种应符合下列规定：

(1)选择优良种子，不得含有杂质，播种前应做发芽试验和催芽处理，确定合理的播种量。

(2)播种时尖先浇水浸地，保持土壤湿润，稍干后将表层土耙细耙平，进行撒播，均匀覆土 0.30～0.50 cm 后轻压，然后喷水。

(3)播种后应及时喷水，水点宜细密均匀，浸透土层 8～10 cm，除降雨天气，喷水不得间断。亦可用草帘覆盖保持湿度，至发芽时撤除。

(4)植生带铺设后覆土、轻压、喷水、方法同播种。

(5)坡地和大面积草坪铺设可采用喷播法。

11.0.3　草坪混播应符合下列规定：

(1)选择两个以上草种应具有互为利用、生长良好、增加美观的功能。

(2)混播应根据生态组合、气候条件和设计确定草坪植物的种类和草坪比例。

(3)同一行混播应按确定的比例混播在一行内，隔行混播应将主要草种播在一行内，另一草种播在另一行内。混合撒播应筑播种床育苗。

11.0.4　分株种植应将草带根掘起，除去杂草后 5～7 株分为一束，按株距 15～20 cm，呈“品”字形种植于深 6～7 cm 穴内，再踏实浇水。

11.0.5　茎枝繁殖宜取茎枝或匍匐茎的 3～5 个节间，穴深应为 6～7 cm，埋入 3～5 枝，其露出地面宜为 3 cm，并踏实、灌水。

11.0.6　铺设草块应符合下列规定：

(1)草块应选择无杂草、生长势好的草源。在干旱地掘草块前应适量浇水，待渗透后掘取。

(2)草块运输时宜用木板置放 2～3 层，装卸车时，应防止破碎。

(3)铺设草块可采取密铺或间铺。密铺应互相衔接不留缝，间铺间隙应均匀，并填以种植土。草块铺设后应滚压、灌水。

11.0.7　种植花卉的各种花坛(花带、花境等)，应按照设计图定点放线，在地面准确划出位置、轮廓线。面积较大的花坛，可用方格线法，按比例放大到地面。

11.0.8 花卉用苗应选用经过1～2次移植，根系发育良好的植株。起苗应符合下列规定：

(1)裸根苗，应随起苗随种植。

(2)带土球苗，应在圃地灌水渗透后起苗，保持土球完整不散。

(3)盆育花苗去盆时，应保持盆土不散。

(4)起苗后种植前，应注意保鲜，花苗不得萎蔫。

11.0.9 各类花卉种植时，在晴朗天气、春秋季节、最高气温25℃以下时可全天种植；当气温高于25℃时，应避开中午高温时间。

11.0.10 模纹花坛种植时，应将不同品种分别置放，色彩不应混淆。

11.0.11 花卉种植的顺序应符合下列规定：

(1)独立花坛，应由中心向外的顺序种植。

(2)坡式花坛，应由上向下种植。

(3)高矮不同品种的花苗混植时，应按先矮后高的顺序种植。

(4)宿根花卉与一、二年生花卉混植时，应先种植宿根花卉，后种植一、二年生花卉。

(5)模纹花坛，应先种植图案的轮廓线，后种植内部填充部分。

(6)大型花坛，宜分区、分块种植。

11.0.12 种植花苗的株行距，应按植株高低、分蘖多少、冠丛大小决定，以成苗后不露出地面为宜。

11.0.13 花苗种植时，种植深度宜为原种植深度，不得损伤茎叶，并保持根系完整。球茎花卉种植深度宜为球茎的1～2倍。块根、块茎、根茎类可覆土3 cm。

11.0.14 花卉种植后，应及时浇水，并应保持植株清洁。

11.0.15 水生花卉应根据不同种类、品种习性进行种植。为适合水深的要求，可砌筑栽植槽或用缸盆架设水中，种植时应牢固埋入泥中，防止浮起。

11.0.16 对漂浮类水生花卉，可从产地捞起移入水面，任其漂浮繁殖。

11.0.17 主要水生花卉最适水深，应符合表11.0.17的规定。

表 11.0.17 水生花卉最适水深

类别	代表品种	最适水深/cm	备　注
沿生类	菖蒲、千屈菜	0.5～10	千屈菜可盆栽
挺水类	荷、宽叶香蒲	100以内	—
浮水类	芡实、睡莲	50～300	睡莲可水中盆栽
漂浮类	浮萍、凤眼莲	浮于水面	根不生于泥土中

12 屋顶绿化

12.0.1 屋顶绿化种植，必须在建筑物整体荷载允许范围内进行，并符合下列规定：

(1)应具有良好的排灌、防水系统，不得导致建筑物漏水或者渗水。

(2)应采用轻质栽培基质，冬季应有防冻措施。

(3)绿化种植材料应选择适应性强、耐旱、耐贫瘠、喜光、抗风、不易倒伏的园林植物。

12.0.2 种植植物的容器宜选用轻型塑料制品。

13 绿化工程的附属设施

13.0.1 各类绿地应根据气候特点、地形、土质、植物配植和管理条件，设置相应的附属设施。

13.0.2 绿地的给水的喷灌的施工应符合下列规定：

(1)给水管道的基础应坚实和密实，不得铺设在冻土和未经处理的松土上。

(2)管道的套箍、接口应牢固、紧密，管端清洁不乱丝，对口间隙准确。

(3)管道铺设应符合设计要求，铺设后必须进行水压试验。

(4)管道的沟槽还土后应进行分层夯实。

13.0.3 绿地排水管道的施工应符合下列规定：

(1)排水管道的坡度必须符合设计要求，管道标高偏差不应大于±10 mm。

(2)管道连接要求承插口或套箍接口应平直，环形间隔应均匀。灰口应密实、饱满，抹带接口表面应平整，无间断和裂缝、空鼓现象。

(3)排水管道覆土深度应根据雨水井与接边管的坡度、冰冻深度和外部荷载确定，覆土深度不宜小于 50 cm。

13.0.4 绿地排水采用明沟排水时，明沟的沟底不得低于附近水体的高水位。采用收水井时，应选用卧泥井。

13.0.5 绿地护栏施工时应符合下列规定：

(1)铁制护栏立柱混凝土墩的强度等级不得低于 C15，墩下素土应夯实。

(2)墩台的预埋件位置应准确，焊接点应光滑牢固。

(3)铁制护栏锈层应打磨干净后刷防锈漆一遍，调和漆两遍。

13.0.6 花池挡墙施工应符合下列规定：

(1)花池挡墙地基的素土应夯实。

(2)花池地基埋设深度，北方宜在冰冻层以下。

(3)防潮层以 1∶2.5 水泥砂浆，内掺 55 防水粉，厚度 20 mm，压实。

(4)清水砖砌花池挡墙，砖的抗压强度标号应大于或等于 MU7.5，水泥砂浆砌筑时标号不低于 M5，应以 1∶2 水泥砂浆勾缝。

(5)花岗岩料石花池挡墙，水泥砂浆标号不应低于 M5，宜用 1∶2 水泥砂浆勾凹缝，缝深 10 mm。

(6)混凝土预制或现浇花池挡墙，宜内配直径 6 mm 钢筋，双向中距 200 mm，混凝土强度等级不应低于 C15，壁厚不宜小于 10 mm。

13.0.7 园路施工应符合下列规定：

(1)定桩放线应依据设计的路面中线，宜每隔 20 m 设置一中心桩，道路曲线应在曲线的起点、中点、终点各设一中心桩，并写明标号后以中心桩为准，按路面宽度定下边桩，最后放出路面平曲线。各中心桩应标注道路标高。

(2)开挖路槽应按设计路面宽度，每侧加放 20 cm 开槽，槽底应夯实或碾压，不得有翻浆、弹簧现象。槽底平整度的误差，不得大于 2 cm。

(3)铺筑基层，应按设计要求备好铺装材料，虚铺厚度宜为实铺厚度的 140%～160%，碾压夯实后，表面应坚实平整。铺筑基层的厚度、平整度、中线高程均应符合设计要求。

(4)铺筑结合层可采用 1：3 白灰砂浆，厚度 25 mm，或采用粗沙垫层，厚度 30 mm。

(5)道牙的基础应与路槽同时填挖碾压，结合层可采用 1：3 白灰砂浆铺筑。道牙接口处应以 1：3 水泥砂浆勾缝，凹缝深 5 mm。道牙背后应以 12%白灰土夯实。

13.0.8 各种面层铺设时应符合下列规定：

(1)铺筑各种预制砖块，应轻轻放平，宜用橡胶锤敲打、稳定，不得损伤砖的边角。

(2)卵石嵌花路面，应先铺垫 M10 水泥砂浆，厚度 30 mm，再铺水泥素浆 20 mm，卵石厚度的 60%插入素浆，待砂浆强度升至 70%时，应以 30%草酸溶液冲刷石子表面。

(3)水泥或沥青整体路面，应按设计要求精确配料，搅拌均匀，模板与支撑应垂直牢固，伸缩缝位置应准确，应振捣或碾压，路表面应平整坚实。

(4)嵌草路面的缝隙应填入培养土，栽植穴深度不宜小于 8 cm。

14 工程验收

14.0.1 种植材料、种植土和肥料等，均应在种植前由施工人员按其规格、质量分批进行验收。

14.0.2 工程中间验收的工序应符合下列规定：

(1)种植植物的定点、放线应在挖穴、槽前进行。

(2)种植的穴、槽应在未换种植土和施基肥前进行。

(3)更换种植土和施肥，应在挖穴、槽后进行。

(4)草坪和花卉的整地，应在播种或花苗(含球根)种植前进行。

(5)工程中间验收，应分别填写验收记录并签字。

14.0.3 工程竣工验收前，施工单位应于 1 周前向绿化质检部门提供下列有关文件：

(1)土壤及水质化验报告。

(2)工程中间验收记录。

(3)设计变更文件。

(4)竣工图和工程决算。

(5)外地购进苗木检验报告。

(6)附属设施用材合格证或试验报告。

(7)施工总结报告。

14.0.4 竣工验收时间应符合下列规定：

(1)新种植的乔木、灌木、攀缘植物，应在 1 个年生长周期满后方可验收。

(2)地被植物应在当年成活后，郁闭度达到 80%以上进行验收。

(3)花坛种植的一、二年生花卉及观叶植物，应在种植 15 天后进行验收。

(4)春季种植的宿根花卉、球根花卉，应在当年发芽出土后进行验收。秋季种植的应在第二年春季发芽出土后验收。

14.0.5 绿化工程质量验收应符合下列规定：

(1)乔、灌木的成活率应达到 95%以上，珍贵树种和孤植树应保证成活。

(2)强酸性土、强碱性土或干旱地区，各类树木成活率不应低于 85%。

(3)花卉种植地应无杂草、无枯黄，各种花卉生长茂盛，种植成活率应达到 95%。

(4)草坪无杂草、无枯黄，种植覆盖率应达到 95%。

(5)绿地整洁，表面平整。

(6)种植的植物材料的整形修剪应符合设计要求。

(7)绿地附属设施工程的质量验收应符合《建筑安装工程质量检验评定统一标准》GBJ 301 的有关规定。

14.0.6 竣工验收后，填报竣工验收单，绿化工程竣工验收单应符合表 14.0.6 形式。

表 14.0.6 绿化工程竣工验收单

<table>
<tr><td>工程名称</td><td colspan="2"></td><td colspan="3">工程地址</td></tr>
<tr><td>绿地面积/m²</td><td colspan="2"></td><td colspan="3"></td></tr>
<tr><td>开工日期</td><td></td><td>竣工日期</td><td></td><td>验收日期</td><td></td></tr>
<tr><td colspan="2">树木成活率/%</td><td colspan="4"></td></tr>
<tr><td colspan="2">花卉成活率/%</td><td colspan="4"></td></tr>
<tr><td colspan="2">草坪覆盖率/%</td><td colspan="4"></td></tr>
<tr><td colspan="2">整洁及平整</td><td colspan="4"></td></tr>
<tr><td colspan="2">整形修剪</td><td colspan="4"></td></tr>
<tr><td colspan="2">附属设施评定意见</td><td colspan="4"></td></tr>
<tr><td colspan="2">全部工程质量评定及结论</td><td colspan="4"></td></tr>
<tr><td colspan="2">验收意见</td><td colspan="4"></td></tr>
<tr><td colspan="3">施工单位</td><td>建设单位</td><td colspan="2">绿化质检部门</td></tr>
<tr><td colspan="3">签字
公章</td><td>签字
公章</td><td colspan="2">签字
公章</td></tr>
</table>

本规范用词说明

1 总则

1.0.1 绿化是现代城市建设的主要组成部分，它能改善生态环境、美化生活、增进人民身心健康、创造良好投资环境、促进经济发展，是大都市与国际接轨的主要指标。目前，我国城市绿化工作发展迅速，但是，自新中国成立以来，我国未专门制定过城市绿化工程施工技术性规范，20 世纪 50 年代基本套用苏联的有关模式，1956 年国家建委颁布的《建筑安装工程施工及验收暂行技术规范》的第九篇对绿化工程施工曾做了部分规定，但由于这些技术法规不完善，且原有的规定已不适应形势的要求，使城市绿化工程施工在实际工程中缺乏应有的依据和必要的法规管理，致使一些绿化工程质量不高、成活率低，影响了社会、经济、环境三个效益的统一。

制定本规范的目的，是在总结新中国成立以来国内各主要城市绿化施工经验的基础上，针对园林植物的主要生物学特性及城市独特的生存环境，制定切实可行的绿化施工规范，作为绿化工程施工法规性文件，使城市绿化施工有章可循，有据可依，以提高城市绿化树木种植成活率，改善城市绿化景观，节约绿化建设资金，创建良好的城市环境。

编制本规范的依据是：

(1)我国各城市在绿化工程中积累了较丰富的经验，并进行了技术总结，如北京、上海、天津、沈阳等城市的绿化技术规程以及其他城市绿化施工经验是制定本规范的基础。

(2)1992年中华人民共和国颁布的《城市绿化条例》中指出:"城市绿化工程的施工,应当委托有相当资历格证书的单位承担,绿化工程施工后,应当经城市人民政府、城市绿化主管部门或者该工程的主管部门验收合格方可交付使用。"本规范即是绿化工程质量和验收的依据。

1.0.2 本规范适用于城镇各类绿地及风景林地的工程施工及验收,不包括农村及山区绿化,因其使用和立地条件不同。其中生产绿地的施工,育苗规范已有详尽规定。

1.0.3~1.0.4 绿化工程施工中相关的各专业应遵循国家有关技术标准的规定,以提高绿化工程整体施工质量。

2 术语

在绿化工程中,由于我国幅员辽阔,个别施工术语,各地名称不一。本章内容是对本规范涉及的基本术语进行统一用词、统一词解以利于对本规范内容的正确理解和使用。

对于用词,本规范力将使用的术语给出确切的名称和内涵。

如本规范中的种植穴和种植槽,有的地区称种植坑和种植带,或称树坑和树带。为了统一用词,经分析,坑的内涵随意性较大,穴的内涵有一定要求,槽的内涵有一定长度和深度,带的内涵泛指一定长度。因此,本规范对种植穴、槽的定义为:种植植物挖掘的坑穴,圆形、方形称穴,长条形称槽。

又如,在栽植树木时,有时需带土球栽植,有的地区称土台,大多数地区称为土球,本规范根据大多数地区使用习惯,对土球和土台加以区分命名,即挖掘苗木时,按一定规格切断根系保留土壤,加以捆扎包装。圆形者称为土球,方形者称为土台。

肯定已成熟的术语,如修剪、定长高度、鱼鳞穴等均采纳使用。

3 施工前准备

3.0.1 绿化工程施工的主要依据是规划和种植设计图。绿地属于城市建设用地,必须符合城市规划的绿地系统。种植设计是园林植物造景和进行合理配植的依据,在施工前必须熟悉设计图纸和有关文件。

3.0.2 为了在施工中充分领会设计意图,施工前,应由设计人进行设计交底,到现场进行核对地形,以减少工作中失误。

3.0.3 绿化的景观好坏,取决于优良的植物材料,所以在施工前,对准备的植物材料应进行检测,以符合设计要求和产品质量标准。

3.0.4 为了使绿化工程进度快,质量好,成本低,事先必须编制施工计划,部署全部施工活动,以达到施工程序合理,施工方法和技术先进,施工机具、劳动组织合理,各方面协作配合协调,确保全面按期完成施工任务。

3.0.5 凡是遇有建筑、市政、绿化的综合工程时,同时施工,必然会产生矛盾。为了避免绿地遭到损坏,应在建筑、市政及地下管线工程完工后,再进行绿化栽植,有利于巩固绿化成果。

4 种植材料和播种材料

4.0.1~4.0.2 植物材料是直接影响绿化的效果和成活率,除了符合设计要求的干径、树冠造型以外,还必须选择根系发达、树形美观、无病虫害的植物材料,从而保证绿化工程质量。

4.0.3 种植露地花卉,根据其类型不同,提出不同的质量要求,如一、二年草花,要求植株高度、冠径、分枝不少于规定数，叶簇丰满花色鲜艳。宿根花卉与球根花卉，要求根系茁壮，根径及幼芽不得少于规定数，观叶植物要求叶簇丰满茁壮。

4.0.4 水生植物类别很多，各类水生植物都要求根系发达，具地下横茎的，如荷花则要求根茎健壮。

4.0.5～4.0.7 铺栽草坪的草块和草卷要求规格划一，便于运输和施工，要求不含杂草。草种及花卉的种子要求纯净和发芽率高，以保播种后，达到预期观赏效果，因此，在播种前要求做发芽率试验。

5 种植前土壤处理

5.0.1 土壤是园林植物生长的基础，含有害物质及杂物必须清除，达到植物生长的条件。因此，在绿化工程施工前必须进行土壤化验，对不合格的土壤，采取相应措施，改善土壤理化性质，提高土壤肥力。

5.0.2 园林植物按其类型划分为草坪、地被、露地花卉、灌木、小乔木、乔木。最低土层厚度是指园林植物生长的最低根系列化发育空间。

5.0.3 城市人口密集，因各种构筑物、地面、地下管网的施工，导致城市土壤大多数失去自然性质，并且由于地区不同，有的土壤含酸、碱、盐等有害成分，有的土壤为重黏土、沙土，均不符合园林植物生长。凡不符合种植的土壤均应按照设计要求采取改良土壤，为植物生长创造条件。

5.0.4 按照设计形成绿地的地形构筑及种植草坪、花卉前的施肥、翻地、平整等均为绿化工程的土壤整理工作。

6 种植穴、槽的挖掘

6.0.1 挖种植穴槽前，应调查附近所设地下管线标志，并联系有关单位了解地下管线设施情况，避免损伤设施。

6.0.2 各种树木种植的位置必须准确，挖掘种植穴时，按图进行定点放线。属于规则式种植时，树穴要排列整齐。属于自然式种植时，树穴应保持自然，力求达到设计的配置艺术要求。

6.0.3 挖种植穴、槽时，应根据苗木根系、土球直径决定大小。在新垫土区，挖穴后应将穴底踏实，避免浇水后沉陷。种植穴、槽的规格，按花灌木、常绿树、乔木、竹类、绿篱分成五类，树穴规格大小，有伸缩幅度，各地区可根据当地土壤和气候条件，在幅度内调整。

6.0.4 土壤含水量不足的土层干燥地区，新填垫土壤地，均应在种植前在穴、槽浸水补给水分，并有夯实作用。

6.0.5 树穴施肥作为基肥，应将充分腐熟的有机肥与土壤搅拌均匀，在穴底铺平再覆土一层，以防根部直接与肥接触，烧伤根系。

7 苗木运输和假植

7.0.1 苗木运输是绿化工程的重要环节，必须与当日种植数量衔接，做到随起苗、随运输、随种植，以减少暴露时间。

7.0.2～7.0.7 苗木在运输工程中容易受到损伤，因此规定了苗木在运输时必须注意的事项。如苗木在装卸车时，必须轻吊轻放，不得损伤苗木和散球。带土球苗木起吊时，应用绳网兜土球，不得用绳索缚捆根颈处起吊。重量超过 1 t 的大型土台，应在土台木箱外套钢丝缆起吊，装车时应注意码放整齐。大型土台应放置车厢承重部位。裸根苗木长途运输时，应将根部加以覆盖或喷水保持根系湿润。也可将根系沾泥浆减少蒸发量，保持根系不失水分。

7.0.8 竹类地下横茎竹鞭上的鞭芽和不定根，可延伸生成竹笋和新根，损伤后影响生长。

7.0.9～7.0.10 苗木起苗后至种植，裸根苗应尽量降低暴露时间，超过规定暴露时间不能及时种植时，应用湿润土壤埋填根系，假植储存苗木。

带土球苗木当日不能种植时，应喷水保持土球湿润，珍贵树种和非种植季节所需苗木，必须在起苗前按规定直径挖环沟切断根系，填充种植土培养须根，在需要时切断主根种植，或起苗后用容器假植备用。

假植是减少暴露的有效措施，安排好假植，能降低苗木脱水，提高成活率。

8 苗木种植前的修剪

8.0.1 种植前对苗木进行修剪的目的，有以下三条：

(1)起苗后苗木根系受到严重损伤，为了保持地上和地下平衡，必须适当对树冠进行疏剪，使根系吸收的水分、养分能充分供给地上部分的需要。

(2)修剪有保持树冠均匀分布、造型美观、促进生长的作用。

(3)修剪树冠具有特殊造型。

8.0.2 对乔木修剪列举了有明显主干的高大乔木、无明显主干枝条茂密的落叶乔木、常绿乔木、常绿针叶树、行道树、珍贵树种六类。所做的修剪规定，只提出原则要求，不可能包括所有树种，有的树种受地区立地条件影响，修剪方式可能与规定略有不同，均可参照本地区习惯修剪。

8.0.3 灌木种植一般带土球者较多，根系损伤较轻，加以灌木要求发挥现场种植效果(特别是春季开花的花灌木)，一般不应做强剪。

8.0.4 提出修剪苗木的质量要求目的，是使修剪的苗木栽植后能尽快愈合，以免感染病害，合理形成树冠，促进生长。

9 树木种植

9.0.1 树木种植选择保持生理平衡的非生长期，种植效果最佳，可达到节省人工和设施的目的。因各地季节性不同故具体种植时间不做统一规定，各地可根据当地情况提出落叶乔灌木、阔叶常绿树、针叶常绿树和早春开花的灌木适宜种植期。

9.0.2～9.0.3 树木种植是绿化工程的重要环节，树木种植为生命工程，不能返工，在种植时应对各项准备工作进行检查、核实、做到一次种植成活。为了保证种植质量，对种植时根部填土、根系置放、分层还土、种植的垂直度等工序都做了严格规定。

9.0.4 鉴于我国尚未达到常年供应苗木的水平，因此分别提出疏枝、强剪、摘叶、断根、容器假植等措施，供应非种植期对苗木的需要。今后应在适宜种植期，用适宜的容器假植，全年可随时供应苗木出圃。

9.0.5～9.0.6 对特定条件的地区，如干旱地区或干旱季节种植时规定可在苗木根部喷布生根激素，针叶树喷布抗蒸腾剂等措施，提高种植成活率。对排水不良地区，铺设渗水管等措施，为树木生长创造条件。

9.0.7 种植浇水是树木成活的关键，迟浇、浇水过多、过少均不适宜。对不同树种、不同立地条件种植时，浇水和浇水方法做了原则性规定，各地区应根据当地气候、土壤条件进行浇水。

9.0.8 树池铺设通气的护栅，应在土层上保留空隙，不可平铺土层上而影响通气，护栅可采用铸铁或水泥制成。

9.0.9～9.0.10 为防止种植后树木受人为或自然损害产生摇晃，规定了种植胸径 5 cm 以上的乔木应设支柱，对攀缘植物可根据生长需要，进行绑扎牵引。

10 大树移植

10.0.1 大树移植范围，落叶乔木胸径 20 cm 以上，常绿乔木胸径 15 cm 以上，即视为大树移植范围。对于少数特大树木和珍贵树种应予以保护，宁移构筑物，不移大树。

10.0.2 要求大树移植前，进行调查研究，制订移植技术方案，目的是保成活，限制任意移植大树。

10.0.3～10.0.5 大树移植前，做好断根、修剪等措施，能促使树木成活。大树移植后，养护管理更为重要，为树木成活的关键，一般应养护 2 年以上，确认成活后，方可进入正常养护管理。

10.0.6 大树移植建立技术档案，能促使进行实施方案调研、施工和竣工记录、各种资料汇集、养护管理措施等内容，为移植大树积累经验。

11 草坪、花卉种植

11.0.1 草坪种植可以选用播种、分株、茎枝繁殖、铺草块等方法。选择不同方式，应注意适宜季节和草种类型。

11.0.2 草坪播种节省人工、收效快，适用大面积铺设，必须选择优良种子，播种前做发芽试验，确定合适的播种量。

11.0.3 混播草坪可以使草种适应差异较大的环境条件，加速草坪形成，使草坪维持时间较久，但难以获得纯色草坪。发展混播草坪主要注意选择两种或两种以上草种之间的互为利用及配比，才能收到较好效果。

11.0.4～11.0.5 分株种植也是发展草坪的主要方法。茎枝繁殖适用于暖季型草，在夏季和多雨季节进行。

11.0.6 铺设草块需要掘块、装卸运输、铺设，费人工、投入大，一般不采用。近期推行铺设草卷，工艺先进，草卷规格大的可达 1.2 m×(5～10) m，小的约 30 cm×40 cm，施工速度快，效果好，可缩短工期，适合各类草坪需要，国内已有大量生产，为今后草坪的发展方向。综上所述，草坪铺设以播种(含喷播)、分株、植生带、草卷等方法，优点较多，可根据本地区条件采用。

11.0.7～11.0.9 花卉种植用苗应选用经过 1～2 次移植，根系发育良好的植株，裸根苗应随起苗随种植，土球苗不得散球，注意保鲜，不得萎蔫，目的是为了提高种植成活率。

11.0.10～11.0.11 花坛种植时，应按设计要求分色彩种植，在起苗、运苗、分苗当中，应将不同品种、不同色彩的苗木分别置放，严防混淆。

11.0.12～11.0.14 花苗种植时注意植株高低，冠径大小合理搭配。栽植深度以原种植深度为好，栽后及时浇水，注意浇水方法，不能沾污植株。

11.0.15～11.0.17 水生植物的挺水类如荷花，对水深要求严格，必须控制在 100 cm 以下。

12 屋顶绿化

12.0.1 屋顶绿化是为城市绿化和利用建筑向空间多层次发展的新技术。我国有的城市已在不同规模地开展屋顶绿化，但国内房屋建筑大多数不具备屋顶绿化的条件。本章只做屋顶绿化的原则规定，大规模屋顶绿化必须在建筑物整体荷载允许范围内进行。建筑物设计时，即应提出适应绿化种植的条件，否则会造成对建筑物的破坏。

12.0.2 为了减轻屋顶荷载，选用轻型塑料容器较为理想。

13 绿化工程的附属设施

13.0.1～13.0.5 绿化工程即园林植物种植工程，包括种植树木、花卉、草坪、地被植物。它不是园林工程，因此诸如园林小品、园林建筑等不应包括在绿化工程之内。但考虑到绿化工程往往离不开给水、排水、花坛构筑物等设施，它涉及植物种植的成活率和今后养护管理的保存率，与绿化工程关系密切，所以绿化工程附属设施一章列举了五个类型：给水灌溉设施、绿地排水设施、绿地护栏设施、花坛设施、绿地园路。在天津专家审查会上，同意列入本规范内容，有利于绿化工程的施工和绿化成果的巩固。

13.0.6～13.0.8 文中所用“M”为砌砖砂浆强度代号，“C”为混凝土强度代号。

14 工程验收

14.0.1 绿化工程施工环节较多，为了保证工作质量，做到预防为主，全面加强质量管理，必须加强施工材料(种植材料、种植土、肥料)的验收。

14.02 必须强调中间工序验收的重要性，因为有的工序属于隐蔽性质。如挖种植穴、换土、施肥等，待工程完工后已无法进行检验。

14.0.3 工程竣工后，施工单位应进行施工资料整理，做出技术总结，提供有关文件，于1周前向验收部门提请验收，提供有关文件如下：

(1)土壤及水质化验报告

(2)工程中间验收记录

(3)设计变更文件

(4)竣工图及工程预算

(5)外地购入苗检验报告

(6)附属设施用材合格证或试验报告

(7)施工总结报告

14.0.4 验收时间，乔灌木种植原则上定为当年秋季或翌年春季进行。因为绿化植物是具有生命的，种植后顺利经过缓苗、发芽、长出枝条，经过1个年生长周期，达到成活方可验收。对于草坪、花卉种植，缓苗时间较短，可参照本节规定，确定验收时间。

14.0.5 绿化工程竣工后，是否合格、是否能移交建设单位，特制定了六个方面的标准，即树木成活率达到95%以上；强酸、强碱、干旱地区树木成活率达到85%以上；花卉植株成活率达到95%以上；草坪无杂草，覆盖率达到95%；整形修剪符合设计要求；附属设施符合有关专业验收标准。

参考文献

1.吴立威,等.园林工程设计.北京:机械工业出版社,2012.

2.张树民,等.园林工程.北京:航空工业出版社,2013.

3.崔星,等.园林工程施工.天津:天津科学技术出版社,2014.

4.宁平,等.园林工程施工从入门到精通.北京:化学工业出版社,2017.

5.克里斯托夫·布里克尔.园林工程图析.凤凰空间·华南编辑部译.南京:江苏凤凰美术出版社,2014.